AF557973

Bernhard Gruber

Handbuch Brotbacköfen selber bauen

2. Auflage 2020

loewenzahn@studienverlag.at
www.loewenzahn.at

Satz, Bildbearbeitung: Hana Hubálková

Umschlagfotos: Vorderseite: © Rita Newman (unten, groß), © Klaus Engelmayer (oben, 3 ×),
Rückseite: Wolfgang Leonhardsberger (links), Bernhard Gruber (Mitte und rechts)

Zeichnungen: Bernhard Gruber, Clemens Schnaitl (S. 127), Sebastian Thiemann (S. 117),
Josef Gierzinger (S. 222, 224, 225, 226)

Bildnachweis: Seite 227

Gedruckt auf umweltfreundlichem, chlor- und säurefrei gebleichtem Papier.

Bibliografische Information Der Deutschen Bibliothek
Die Deutsche Bibliothek verzeichnet diese Publikation in der Deutschen Nationalbibliografie;
detaillierte bibliografische Daten sind im Internet über <http://dnb.ddb.de> abrufbar.

ISBN 978-3-7066-2623-1

Bernhard Gruber

Handbuch Brotbacköfen selber bauen

Schritt-für-Schritt-Anleitungen und Praxistipps vom Profi

Löwenzahn

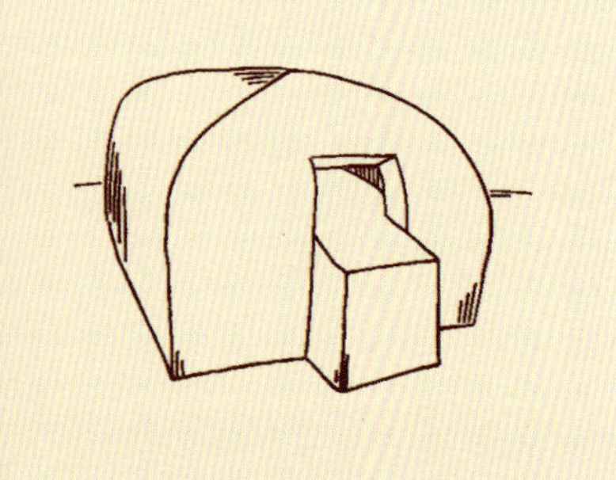

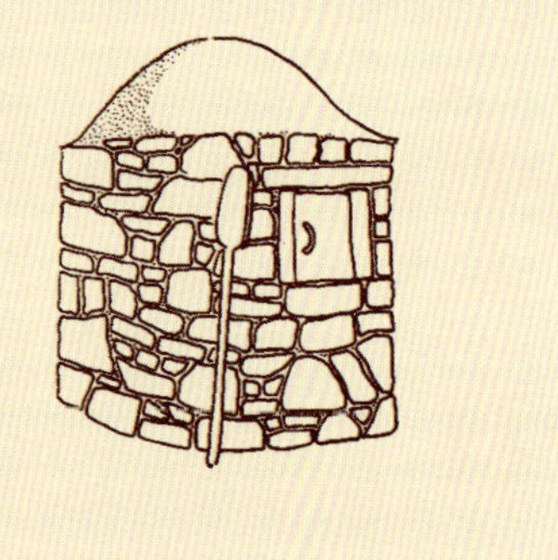

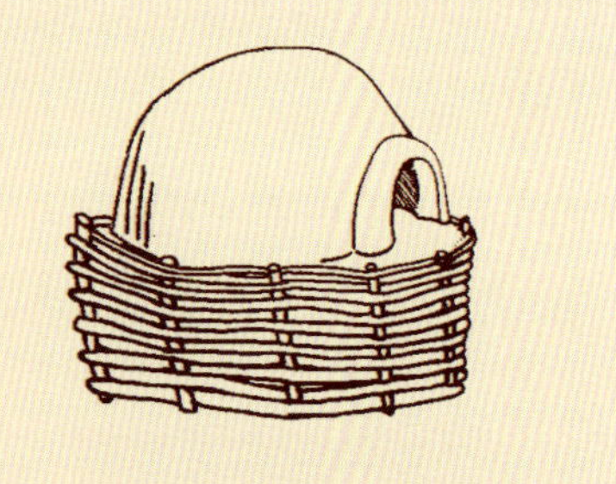

Inhalt

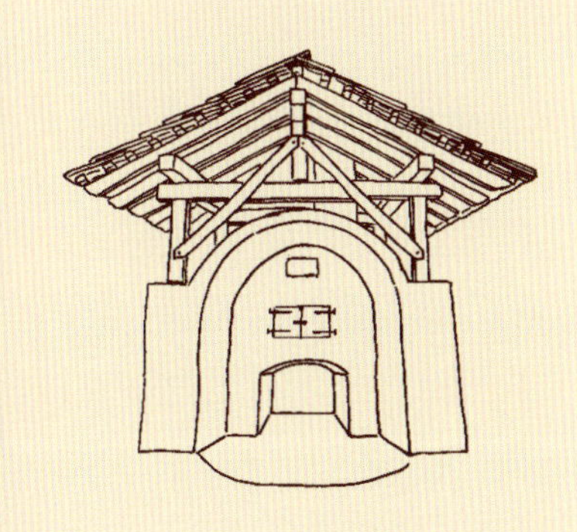

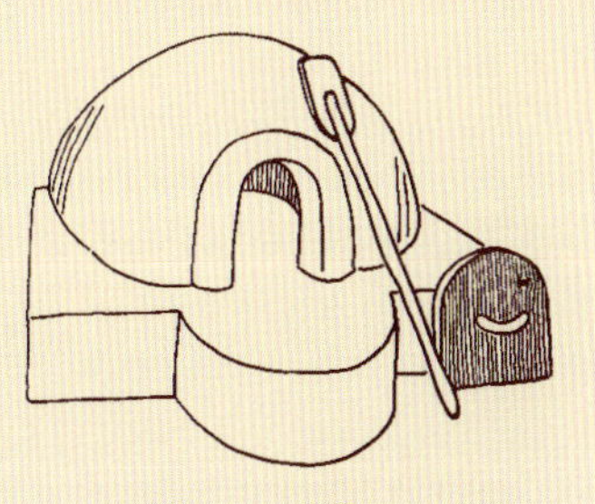

Anhang

Bernhard Gruber

Mein persönlicher Hintergrund

Wie kommt man eigentlich auf die Idee, einen Brotbackofen zu bauen? Bei den einen ist es sicher das Brotbacken selbst, das sie zu diesem Schritt bringt. Denn wann schmeckt Brot schon besser, als wenn es aus dem eigenen Brotbackofen kommt? Das Brotbacken im Holzofen hat etwas Archaisches an sich, wir spüren die Kraft des Feuers und werden geerdet. Für andere steht sicher auch die Freude am Selberbauen im Vordergrund. Schließlich ist es ein wahnsinnig tolles Gefühl, etwas Eigenes zu schaffen.

Ich bin mit dem Duft von frisch gebackenem Brot groß geworden. Früher gab es bei uns zu Hause ein Nebengebäude, in dem ein mit Lehmmörtel gemauerter Brotbackofen aus Ziegeln stand. In diesem gemauerten Gebäude, der sogenannten Waschküche, wurde der Schweinetrunk zubereitet, die Wäsche gewaschen – und eben Brot gebacken. Meine Eltern legten viel Wert darauf, ein Leben im Einklang mit der Natur zu führen. Das bedeutete auch, nichts zu verschwenden. Von den zahlreichen Walnussbäumen und Haselnusssträuchern im Waldgarten werden beispielsweise nicht nur die Früchte geerntet, sondern mein Vater macht daraus auch hochwertiges Nussöl. Den Presskuchen, der bei diesem Vorgang entsteht, mischt meine Mutter beim Brotbacken einfach zum Mehl. Diese Philosophie habe ich früh gelernt, und sie begleitet mich bis heute.

Ich selbst lernte das Brotbacken in der Fachschule für Lebensmitteltechnologie, die ich von 1986 bis 1989 besuchte. Dort konnten wir den ganzen Prozess vom Korn bis zum Brot mitverfolgen. Es gab eine richtige Getreidemühle mit zahlreichen Gerätschaften zur Reinigung, Sortierung, Schrotung und Vermahlung des Korns und dann

Der Brotbackofen – ein Versuch, das Feuer zu bändigen

zum Sichten oder Aussieben und Mischen des Mehles. Parallel dazu untersuchten wir die Qualität des angelieferten Korns und dann auch das Mehl auf seine Backeigenschaften. Neben den oft sehr theoretischen Laborversuchen im Mikrobiologie- und Getreidemüllereilabor lernten wir auch das richtige Schleifen und Falten von Kaisersemmeln oder das Flechten von Mohnflesserln, einem typischen österreichischen Gebäck.

In den Ferien hatte ich die Gelegenheit, in der an eine Mühle angeschlossenen Versuchsbäckerei zu arbeiten. Dort wurde den ganzen Tag Teig gemischt, geknetet und dann gebacken. Gebacken wurde vom Briochezopf über Kaisersemmeln bis hin zum Roggensauerteigbrot alles. Ich brauchte mir nie eine Jause mitzunehmen, die wurde frisch gebacken, am offenen Fenster zum Mühlbach kurz abgekühlt und dann voller Genuss verspeist. Am Abend konnte ich meist noch einen ganzen Sack Brot und Gebäck mit nach Hause nehmen.

Meinen ersten Brotbackofen aus Lehm, Sand und Stroh baute ich ihm Rahmen meiner Permakultur-Ausbildung beim Permakultur-Designzertifikatskurs im Ökozentrum von Kloster Neustift in Vahrn nahe Brixen in Südtirol. Fasziniert vom Bauen mit Lehm beschloss ich wieder zu Hause, gleich einen einfachen Pizzaofen mit meinen Kindern und Kindern aus der Nachbarschaft zu bauen. Relativ schnell stellte sich aber heraus, dass das Bauen eines Lehmbackofens keine Kinderangelegenheit ist. Diese Erfahrung hat sich auch in den folgenden Jahren bei zahlreichen weiteren Brotbackofen-Bauworkshops, die ich abhielt, bestätigt. Oft verlieren die Kids einfach sehr schnell die Lust und wollen dann vom Dreck, der vielleicht zu Beginn noch Spaß gemacht hat, nichts mehr wissen.

Ein einfacher Backofen, beim Permakultur-Designkurs gebaut

Beim Bau eines Backofens am Biofest in Fürstenfeld/Steiermark

Fertiger Rocketstove (einfache Kochstelle mit dünnem Astwerk), der bei einem Projekt im Sudan gebaut wurde

Weitere Brotbacköfen baute ich auf verschiedenen Festivals, wo ich Besuchern das Thema Permakultur auf praktische Art nahebringen wollte. Permakultur ist für mich ein Gestaltungswerkzeug für eine sozial gerechte, naturnahe Zukunft für uns und unsere Kinder. Die fünf Säulen sind dabei für mich gesunde Lebensmittel, endlose Energie, zukunftsfähige Architektur, einfache menschenfreundliche Technologien und Kooperation. Vieles davon verbinde ich mit Brotbacköfen aus Lehm und dem Backen von eigenem Brot. So führte eines zum anderen, und irgendwann war dann das Bauen von Brotbacköfen einer meiner bestgebuchten Workshops von Bildungshäusern über Schulen bis hin zu Vereinen und Privatpersonen. Nach jahrelanger Tätigkeit im Umfeld der Permakultur veröffentlichte ich schließlich auch „Die kleine Permakultur-Fibel" im Eigenverlag.

Bei verschiedenen Projektreisen in den Sudan, nach Tansania, Kenia, Sri Lanka und El Salvador nahm ich das Bauen von Brotbacköfen und Kochstellen mit einfachen Mitteln in meine Permakultur-Trainings auf. Überall, wo ich hinkam, wurde mit dem Lehm gebaut, den es vor Ort gab. In Sri Lanka wurden beispielsweise die Lüftungstürme von Termitenkolonien abgetragen. Termiten mischen Sand und Lehm nämlich in einem idealen Verhältnis ab, sodass wir nur noch Kokosfaser als Verstärkung dazugeben mussten und damit einen simplen Lorenastove bauen konnten. In der oberen Nilregion im Südsudan baute ich mit Dorfbewohnern einen Rocketstove, eine einfache Kochstelle, aus einer Mischung aus Nilschlamm und Schwemmsand.

Besonders wichtig ist mir immer der Austausch mit meinen Workshopteilnehmern und -teilnehmerinnen und Interessierten. Wissen ist eine Ressource, die nie aufgebraucht und beim Teilen immer mehr wird. Auch wenn ich in den letzten Jahren in Workshops über hundert Brotbacköfen gebaut habe, beruht ein großer Teil meines Wissens darüber auch auf dem Austausch und den Erfahrungen anderer. Natürlich lernt man zudem aus gemachten Fehlern.

Bücher sind nicht nur Wissensvermittler, sondern können auch Motivation und Anregung sein. Es ist schön zu sehen, wenn Ideen weitergetragen und individuelle Ideen eingebracht werden. Besonders freut es mich, wenn ich wieder mal einen wunderschönen Brotbackofen eines meiner Workshopteilnehmer zu sehen bekomme. Dieses Buch soll darum inspirieren, anregen und die Freude am eigenen und selbst gebauten Brotbackofen wecken. Trauen Sie sich ran an die Sache, Sie werden sehen, es wird sich lohnen.

Wolfgang Leonhardsberger aus Wilhering in Oberösterreich baute nach einem Workshop einen sehr schönen Brotbackofen zu Hause in seinem Garten.

Sind Lehm, Sand und Stroh gut durchmischt, kann mit der mechanischen Bearbeitung begonnen werden. Dazu wird die Mischung in die Mitte der Plane gerollt und mit bloßen Füßen und mit Ferseneinsatz von der Mitte nach außen getreten (siehe Seite 158).

Eine kleine Gebrauchsanweisung

Dieses Buch soll ein umfassendes Werk zum Thema Brotbacköfen sein. Mir war es wichtig, Vielseitigkeit aufzuzeigen. Deshalb finden Sie neben Schritt-für-Schritt-Anleitungen vom Fundament bis zum Dach auch Praxisberichte anderer Ofenbauer, Rezepte, Ausflugsziele und einen Veranstaltungshinweis.

Die Praxisberichte werden Ihnen zeigen, wie jeder Ofen individuell und auf die eigenen Bedürfnisse abgestimmt gestaltet werden kann, welche Materialien verwendet werden können, mit welchen Herausforderungen die Selberbauer konfrontiert waren und wie sie ihren Ofen nach der Fertigstellung nutzen.

Die Rezepte stammen von Wegbegleitern und Wegbegleiterinnen, die wie ich eine Leidenschaft für gutes und frisches Brot aus dem Brotbackofen haben. Sie sollen anregen und Lust auf den ersten Backdurchgang im eigenen Brotbackofen machen.

Die Ausflugsziele beinhalten verschiedenste Museen und Orte, an denen die Geschichte und Kultur von Brotbacköfen sichtbar wird. Schauen Sie sich alte oder wieder rekonstruierte Brotbacköfen an, genießen Sie die Natur und lassen Sie sich für Ihren eigenen Brotbackofen inspirieren.

Mit dem Veranstaltungshinweis möchte ich Sie auf den Südtiroler Brot- und Strudelmarkt aufmerksam machen. Neben verschiedenen Brotköstlichkeiten hat der Markt auch diverse Aktivitäten zu bieten, weshalb er ein tolles Ausflugsziel für die ganze Familie ist.

Wichtig war mir außerdem, dass auch einige meiner Wegbegleiter und Wegbegleiterinnen in diesem Buch zu Wort kommen. Die Leidenschaft für Brot und Brotbacköfen verbindet, weshalb Sie auch Beiträge von Freunden und Freundinnen und Kollegen und Kolleginnen finden, die ihre Gedanken zum Thema niedergeschrieben haben, die ihre Expertise zu einem bestimmten Thema oder ein Rezept teilen.

Mein Buch soll eine Anleitung zum Eigenbau eines Brotbackofens sein. Aber es soll auch für das Thema allgemein begeistern, soll die Vielfältigkeit aufzeigen und Freude beim Lesen machen!

Was hat der Fuchs im Brotbackofen verloren?

Grundbegriffe des Brotbackofenbaus

- **Abfetten/Abspecken:** hoher Tongehalt wird durch die Zugabe von Sand und/oder anderen Zuschlagstoffen ausgeglichen
- **Adobe:** Bautechnik mit Lehm und organischen Zuschlägen in Form von getrockneten Lehmziegeln oder auch einfach aufgeschichtetes Material, welches beim Trocknen in Form gebracht *(gerade abgehackt)* wird; aus dem arabischen „Aldobe", was so viel wie Erdklumpen bedeutet., im Englischen wird diese Bautechnik als Cob bezeichnet
- **Backgewölbe:** rechteckiger, walzenförmiger Backraum
- **Backkrücke:** Aschenkrücke, Glutschieber zum Verteilen oder Entfernen der Glut im Backraum
- **Backkuppel:** runder bis birnenförmiger Backraum

Adobe – Lehmziegel

Grünlinge

- **Brotschießl:** Ofenschüssel, Brotschieber oder auch Backschaufel zum Ein- und Umschießen des Brotes
- **Einschlämmen:** Erde bzw. Lehm wird in Wasser aufgelöst, grobe Betandteile sinken nach unten, feine setzen sich dazwischen und darüber ab
- **Einsumpfen:** Lehm wird in einem Behälter gewässert und für längere oder kürzere Zeit rasten gelassen *(zumindest über Nacht)*
- **Flegge:** An den Backofen angelehnte Arbeitsfläche, meist ein Brett mit zwei Beinen. Garkörbchen werden darauf zum Einschießen des Brotes bereitgestellt. Brote werden nach dem Backen mit der Schießl darauf abgelegt.

Der Fuchs mit Rauchgasklappe

- **Fuchs:** Verbindungsstück zwischen Backofen und Kamin
- **Gärkörbchen:** Brotkörbchen zum Gehen lassen des Teigs, gefertigt aus Stroh, Weide oder Peddingrohr
- **Grünling:** ungebrannter Lehmziegel, getrocknet oder auch noch feucht
- **Hudlwisch:** je nach Region unterschiedlich bestückter Besen mit frischem Reisig, Maisblättern oder auch feuchtem Tuch

Lehmproben

- **Lehm:** anorganisches Gemisch aus verschiedenen Korngrößen – fein *(Ton)* – mittel *(Schluff)* – grob *(Sand)*
- **Lorenastove:** mit Holz zu befeuernder Herd mit mehreren Kochstellen, welcher wie ein Rocketstove nach dem Prinzip der engen Brennkammer arbeitet
- **Mauken:** Fäulnis- oder Gärungsprozess, bei welchem Algen und Bakterien entstehen und eine Erhöhung der Plastizität des Lehms bewirken

Die ideale Bogenform eines Mundlochs ist die Parabel. (Freilichtmuseum Massing)

- **Mundloch:** Backofenloch *(bzw. Backofentür)*, durch das eingeheizt und auch Brot eingeschossen wird
- **Rauchzüge:** werden symmetrisch über das Backgewölbe in der Dämmschicht geführt, wobei alle Züge die gleiche Länge haben sollten; mit den Zügen kann das Feuer im Backraum gelenkt werden
- **Rocketstove:** einfacher Ofen zum Kochen, in der engen Brennkammer wird die Kraft des Feuers in Richtung Topf gelenkt; mit kleinen Zweigen werden große Mahlzeiten gekocht
- **Schluff:** mittlere Korngröße *(Fraktion)* zwischen Ton und Sand, liegt im Lehm in der gleichen Mineralstoffzusammensetzung vor wie Ton und Sand
- **Schwaden:** Zugabe von Wasser in den Backraum beim Brotbacken; mithilfe einer Sprühflasche, einer Wasserschale oder durch eine in Wasser getränkte Backofentür
- **Stampflehmbau:** mithilfe einer Schalung, in welcher Lehm und Zuschlagstoffe verdichtet werden, wird eine Wand hochgezogen
- **Stupfen:** Einstechen des Brotes beim Einschießen mit einer Gabel oder Einschneiden mit einem Messer, damit die Brotkruste nicht unkontrolliert reißt
- **Tandur:** asiatisches Gegenstück zum Brotbackofen; Brotfladen werden von oben auf die heißen Backofenwände gelegt
- **Ton:** feinste Korngröße *(Fraktion)* neben Schluff und Sand im Lehm
- **Umschießen:** Verfrachten des Backgutes mit Hilfe der Brotschießl an einen anderen Platz; in manchen Brotbacköfen notwendig

Rauchzüge (Österreichische Freilichtmuseum in Stübing)

Übersicht – alle Schritte bis zum fertigen Brotbackofen

Der Bau eines Brotbackofens von der Materialauswahl bis zum Backdurchgang

1. **die Materialauswahl**
siehe Seite 53 ff.

2. **der richtige Standort**
siehe Seite 91 ff.

3. **das Fundament**
siehe Seite 100 ff.

4. **der Sockel**
siehe Seite 100 ff.

5. **die Dämmung der Backfläche**
siehe Seite 122 ff.

6. **die Gestaltung der Backfläche**
siehe Seitc 128 ff.

7. **die Ausstattung (Mundloch, Backraumhöhe, Rauchzüge und Kamin)**
siehe Seite 134 ff.

8. **die Art des Backgewölbes**
siehe Seite 145 ff.

9. die Auswahl der Schablone, Schalung oder Form für das Backgewölbe

siehe Seite 147 ff.

10. der Aufbau des Backraumgewölbes

siehe Seite 156 ff.

11. die Dämmung des Brotbackofens

siehe Seite 196 ff.

12. die Oberflächenbehandlung und die Trockenzeit

siehe Seite 202 ff.

13. das erste Feuer

siehe Seite 208 ff.

14. der erste Backdurchgang

siehe Seite 215 ff.

Wichtige Hinweise!

Informieren Sie sich vor Baubeginn Ihres Brotbackofens, welche rechtlichen Auflagen bestehen. Es ist möglich, dass Sie eine Baugenehmigung brauchen. Die rechtlichen Bestimmungen können von Bundesland zu Bundesland oder sogar von Gemeinde zu Gemeinde ganz unterschiedlich sein. Zusätzlich ist vor allem bei der Standort- und Materialwahl darauf zu achten, dass keine Brandgefahr besteht. Achten Sie auf genügend Abstand zu anderen Bauwerken und verwenden Sie nur feuersicheres Material.

Wissenswertes rund ums Thema Brot

Brot ist Bestandteil ausgewogener Ernährung

50 % des täglichen Kalorienbedarfs sollen als Kohlenhydrate aufgenommen werden, welche im Getreide vor allem im Mehlkörper in Form von Stärke vorliegen. Stärke aus Getreideprodukten ist ein wichtiger Energielieferant, vor allem Vollkornbrot hebt den Blutzuckerspiegel nur langsam und bewirkt eine lang anhaltende Sättigung und sehr gutes Leistungsvermögen. Ballaststoffe, welche ebenfalls zu den Kohlenhydraten gezählt werden, werden zwar vom Verdauungstrakt nicht verwertet, vergrößern aber die Menge des Darminhaltes und beschleunigen die Darmpassage. Vollkornbrot und auch Brot aus niedrig ausgemahlenen Mehlen sind gute Ballaststofflieferanten, wobei ihr Eiweiß vom Körper nicht so gut verwertbar ist wie tierisches Eiweiß.

Der Fettgehalt von Getreide ist generell gering, bei den meisten ist Fett im Keimling enthalten. Hafer hat den höchsten Fettgehalt, bei ihm ist das Fett auf das ganze Korn verteilt. Die für unseren Körper wichtige mehrfach ungesättigte Fettsäure, die Linolsäure, ist in hoher Menge im Fett des Getreides enthalten. Am vitaminreichsten sind Schale und Keimling. Das fettlösliche Vitamin E des Keimlings schützt Zellmembranen, Vitamine der B-Gruppe sind wichtige Energielieferanten und essenziel für den Stoffwechsel und das Nervensystem. In der Schale sind Eisen, Kalium, Kalzium, Phosphor, Magnesium, Kupfer, Zink und Mangan enthalten.

Ideale Zusammensetzung unserer Ernährung zur Energiedeckung

Um unseren physischen Körper in Gang zu halten, brauchen wir Wasser und Nährstoffe. Bei den Nährstoffen unterscheiden wir zwischen Makronährstoffen (alles, was wir in großen Mengen zu uns nehmen; Nährstoffe, die dem Körper Energie liefern) und Mikronährstoffe (alles, was wir in geringen Mengen zu uns nehmen; Nährstoffe, die der Körper aufnehmen muss, die ihm aber keine Energie geben). Makronährstoffe sind Kohlenhydrate, Proteine und Fette, Mikronährstoffe sind Antioxidantien, Elektrolyte, Phytonährstoffe, Vitamine und Mineralstoffe.

- 55 % Kohlenhydrate
  Weizen, Roggen, Gerste, Hafer, Mais, Reis, Hirse, Brot, Nudeln, Kartoffeln, Erbsen, Bohnen, Linsen
- 15 % Proteine
  Eier, Milch, Fleisch, Erbsen, Bohnen, Linsen, Buchweizen, Amaranth, Quinoa, Wildreis, Leindotter, Leinsamen, Hanf, Sesam, Sprossen
- 30 % Fette
  Eier, Fleisch, Fisch, Milchprodukte, Mais, Sonnenblumenkerne, Nüsse, Leinsamen, Hanf, Kürbiskerne, Avocado, Kokosnuss

Die moderne Getreidemüllerei

In der modernen Getreidemüllerei ist das Mahlen von Getreide zu Mehl nach dem Reinigen und Aussortieren von Schmach- und Schrumpfkörnern, verschiedenen Sämereien, kleinen Steinen und anderen Verunreinigungen ein Zusammenspiel von Zermahlen und Sieben. Zuerst wird das Getreidekorn zwischen zwei horizontal laufenden Stahlwalzen geschrotet. Im Sichter, einem exzentrisch laufenden Kasten mit Sieben in verschieden Größen, wird zuerst der Mehlkörper von Kleie und Keimling getrennt. In folgenden Mahl- und Siebgängen wird der Mehlkörper fein vermahlen und nach Type getrennt.

Die Mehltypenzahl gibt die Menge an Mineralstoffen an, die in 100 g trockenem Mehl enthalten sind. Qualitativ hochwertige Mehle haben eine hohe Typenzahl, die mit niedrigen sind nur reich an Stärke und Kleber. Bei Vollkornmehlen ist das gesamte Korn, sprich Mehlkörper, Kleie und Keimling, enthalten, alle lebenswichtigen Inhaltsstoffe des Getreidekornes sind vorhanden.

Mehltypen im Handel

Typen **österreichischer Mehle** im Handel	
Weizenmehl:	480, 700, 1600
Roggenmehl:	960
Dinkelmehl:	Dinkelfeinmehl oder Dinkelvollkornmehl
Typen **deutscher Mehle** im Handel	
Weizenmehl:	405, 550, 812, 1050, 1600
Roggenmehl:	815, 997, 1150, 1370, 1740
Dinkelmehl:	630, 812, 1050
Typen **Schweizer Mehle** im Handel	
Weizenmehl:	405, 550, 812, 1050, 1200
Roggenmehl:	720, 1100
Dinkelmehl:	630, 1050

Treibmittel zur Lockerung des Teiges

Treibmittel lockern den ansonsten schwer verdaulichen Teigklumpen durch das Entstehen von Gasen und ermöglichen so ein gelockertes Brot. Natürliche Treibmittel sind Germ (Hefe) und Sauerteig, sie bewirken, dass Enzyme Zucker in Kohlensäure und Alkohol spalten. Die entstehenden Bläschen treiben den Teig in die Höhe. Im heißen Backofen wirkt zusätzlich auch der Alkohol treibend. Chemische Treibmittel sind Pottasche, Hirschhornsalz, Natron und Backpulver, sie geben während des Backprozesses Kohlensäure ab. Das Einschlagen von Luft ist eine physikalische Lockerung bei stark zucker- und eiweißhaltigen Teigen.

Brot, wie wir es kennen, setzt grundsätzlich Treibmittel und eine geschlossene Ofenform voraus. Als einfacher Backofen reicht ein auf die Backfläche gestülpter Tontopf, eine sogenannte Backglocke oder auch Backtopf, welcher die Wärme nicht entweichen lässt und das Brot zusätzlich von oben her erhitzt. Diese Methode habe ich bei einer Projektreise in den Südsudan kennengelernt. In unserem Feldcamp in einem kleinen Dorf in der oberen Nilregion haben sudanesische Frauen eine große Aluminiumschüssel mit flachen Brotteiglingen auf die Glut gestellt, eine weitere Schüssel übergestülpt und oben noch einmal Glut drauf gegeben. Kurze Zeit später gab es frisches Fladenbrot.

Herstellung von Natursauerteig

Natursauerteig ist bei der Zubereitung von Brot und Gebäck aus Roggenmehl notwendig, kann aber auch mit Weizenmehl und anderen Mehlen verwendet werden. Durch die Teigsäuerung wird die Enzymtätigkeit reguliert und das Stärkegerüst, die sogenannte Krume, aufgebaut. Wesentlich ist, dass bei fehlender oder zu geringer Säuerung das Roggenmehl beim Backen das Wasser nicht halten kann. Bei Roggenmehl sind mindestens 20 bis höchstens 50 % der benötigten Menge vorzuversäuern.

- 1. Tag:
  200 g Roggenmehl oder Roggenvollkornmehl mit 200 ml lauwarmem Wasser vermischen und 24 Stunden mit feuchtem Geschirrtuch abgedeckt ruhen lassen.
- 2. Tag:
  200 ml lauwarmes Wasser und 200 g Roggenmehl oder Roggenvollkornmehl dazugeben und wieder 24 Stunden ruhen lassen.
- 3. Tag:
  Weitere 200 ml lauwarmes Wasser und 200 g Roggenmehl oder Roggenvollkornmehl dazugeben und wieder 24 Stunden ruhen lassen.
- 4. Tag:
  Noch einmal 200 ml lauwarmes Wasser und 200 g Roggenmehl oder Roggenvollkornmehl dazugeben und 12 Stunden ruhen lassen.

Jetzt kann der Sauerteig für Brot und Gebäck aus Roggenmehl verwendet werden. Kühl gelagert wird ein Teil des Sauerteiges aufbewahrt und mit Mehl und Wasser im Verhältnis 1:1 aufgefrischt.

EXKURS:
Traditionelle Brotgetreidearten

Durch die Selektion und Kreuzung von Süßgräsern *(Poaceae)* entstanden im fruchtbaren Halbmond vor ungefähr 10.000 Jahren die ersten Getreide-

Der fruchtbare Halbmond erstreckte sich von Sumer bis Ägypten.

arten wie Weizen *(Triticum)*, Roggen *(Secale cereale)* und Gerste *(Hordeum vulgare)*. Der fruchtbare Halbmond spannte einen weiten Bogen von Sumer, Mesopotamien, über Assyrien, Phönizien bis Ägypten und gilt als Ursprung für Ackerbau und Viehzucht.

In Europa wurden einfache Brote aus Einkorn *(Triticum monococcum)* oder Emmer *(Triticum dicoccum)* und im angrenzenden Asien auch aus Buchweizen *(Fagopyrum esculentum)* auf Steinplatten oder auch rundlichen Steinen, sogenannten Hirtsteinen, die im Feuer erhitzt und mit Teig bedeckt wurden, gebacken. Erste steinzeitliche Brote werden auch als Schalenbrot oder Becherbrot bezeichnet. Diese Brote sind wahrscheinlich mehr oder weniger durch Zufall beim Erhitzen von Getreidebrei entstanden. Vermutlich wurde Wasser und Brei in der Urzeit in mit Tierhäuten oder Tiermägen ausgekleideten Gruben mithilfe von im Feuer erhitzten Steinen gekocht. Bei heißen Steinen bildete sich eine wohlschmeckende Kruste aus dem Brei, welche trocken gelagert und auf Streifzüge mitgenommen werden konnte.

Gerste

Die Gerste *(Hordeum vulgare)*, die älteste vom Menschen kultivierte Getreideart, wurde schon in der Jungsteinzeit weitverbreitet angebaut. Gerste kann aufgrund seiner schlechten Backeigenschaften durch einen Mangel an klebefähigen Proteinen nur zu anderen Mehlen beigemischt und als Brei oder Suppeneinlage verzehrt werden, enthält jedoch Kieselsäuren, die für den Haltungsapparat und die Gehirntätigkeit äußerst wichtig sind.

Weizen

Weizen *(Triticum)* ist nach der Gerste die älteste Getreideart, wobei Emmer *(Triticum dicoccon)* und Einkorn *(Triticum monococcum)* die ältesten und ursprünglichsten Weizenarten, die angebaut wurden, sind. Der in unserer Zeit nicht nur als Brotgetreide sehr beliebte Dinkel stellt eine weitere Weizenart dar. Er wird vom Körper ernährungsphysiologisch besser vertragen als Weichweizen *(Triticum aestivum)*, der weltweit seine größte Verbreitung als Brotgetreide findet. Dinkel stammt aus dem Gebiet des Südkaukasus und wird in Mitteleuropa seit der Bronzezeit kultiviert. Dinkel kennen wir auch als Grünkern, wobei das unreif geerntete Korn speziell geröstet wird. Eine weitere alte Weizensorte, die sich nach feiner Vermahlung auch gut zum Brotbacken eignet, ist der großkörnige Khorasan-Weizen *(Triticum turgidum × polonicum)*, der eine natürliche Kreuzung aus Hartweizen *(Triticum durum)* und einer Weizenwildform *(Triticum polonicum)* ist. Durch den hohen Kleberanteil ist das Weizenmehl sehr gut zur Back- und Teigwarenherstellung verwendbar.

Roggen

Roggen *(Secale cereale)* war bis Anfang des 20. Jahrhunderts in unseren Breiten die am häufigsten verwendete Getreideart zum Backen von Brot. Er stammt aus dem Kaukasus und wanderte als Unkraut in Weizen oder Gerste in Europa ein. Dort ist er seit der Eisenzeit nachgewiesen und war schon

Roggen (Secale cereale)

bei den Römern neben Weizen und Dinkel ein beliebtes Brotgetreide. Roggenmehl enthält reichlich Mineralstoffe und Vitamine und wird auch gerne mit Weizenmehl gemischt. Beim Backen von Roggenmehl ist Sauerteig unumgänglich.

Triticale

Triticale *(Triticosecale)* ist eine hybride Kreuzung aus Weizen als weiblichem und Roggen als männlichem Partner, welche mit einem Alcaloid behandelt werden muss, um eine fruchtbare Pflanze zu bekommen. Triticale wurde erstmals im 19. Jahrhundert gekreuzt, weil man die guten Backeigenschaften des Weizens mit der hohen Standortverträglichkeit des Roggens paaren wollte. Als Brotgetreide spielen sie aber aufgrund der schlechten Verkleisterungseigenshaft der Stärke kaum eine Rolle, sondern wird hauptsächlich als Futtergetreide angebaut.

Hafer

Hafer *(Avena sativa)* ist dürreempfindlich und stammt von der Haferpflanze aus dem Mittelmeerraum ab. Früher war er in Weizen- und Gerstenfeldern ein Unkraut, um 5.000 v. Chr. sind dann die ältesten Nutzungsnachweise von Hafer in Polen und der nördlichen Schwarzmeerregion, in Mitteleuropa um 2.400 v. Chr. zu finden. Während der Eisenzeit entwickelte er sich zum Kulturgetreide und wurde als Brei verzehrt. Er enthält viel Protein mit einem hohen Nährwert für Mensch und Tier. Unter den Getreidearten gilt Hafer als „Gesundungsfrucht", da sich viele Getreideschädlinge in ihm nicht vermehren.

Blühender Buchweizen (Fagopyrum esculentum)

Buchweizen

Der etwas temperaturempfindliche Buchweizen *(Fagopyrum esculentum)* stammt nicht von Süßgräsern ab, sondern ist ein Knöterichgewächs. Sein Ursprung liegt vermutlich in China, Reitervölker wie die Skythen brachten ihn schon um 600 v. Chr. in den nördlichen Schwarzmeerraum in das heutige Gebiet Südrusslands bis in die Ukraine. Erst im späten Mittelalter breitete sich der Anbau des sogenannten „Heiden" auf weite Teile Europas aus und wurde zu seiner Blüte im 18. Jahrhundert durch den Anbau der Kartoffel abgelöst. Gerade jetzt erlebt der Buchweizen durch verschiedene Lebensmittelunverträglichkeiten wieder eine Blütezeit.

Hirse

Hirse ist ein mineralstoffreiches Getreide und eine alte Kulturpflanze, welche es in Europa seit der Jungsteinzeit gibt. Sie wurde gemeinsam mit Weizen und Gerste kultiviert. In Hirse sind Fluor, Schwefel, Phosphor, Magnesium, Kalium, Silizium, Eisen und Vitamin B6 enthalten. Hirse ist eigentlich nur eine Sammelbezeichnung für kleinfruchtiges Spelzgetreide und wird in zwei Hauptgruppen unterteilt: Sorghumhirsen *(Sorghum)* wie z.B. die Mohrenhirse *(Sorghum bicolor)* aus der afrikanischen Savanne und Millethirsen *(Paniceae)*, zu denen z.B. die Rispenhirse *(Panicum)* gehört. Hirse kann als Brei verzehrt, zu Brot gebacken oder, wie in Afrika, zu Hirsebier gebraut werden.

Mais

Mais *(Zea mays)* gehört zur Familie der Süßgräser *(Poaceae)* und stammt ursprünglich aus Mexiko. Prähistorische Reste wurden an mehreren Orten in Mexiko, Panama, Neu-Mexiko und Peru gefunden. Zu den ersten Funden zählen Maisreste im Tal von Tehuacán um 4.700 v. Chr. Bereits 1525 wurden in Spanien erste Felder mit Mais bestellt, 1574 waren in der Türkei und am oberen Euphrat bereits Felder zu finden, auf denen Mais angebaut wurde. Mais hat sich nach Weizen zum meist gehandelten Getreide weltweit entwickelt und stellt für einen Großteil der Menschen in Lateinamerika, Afrika und Teilen Asiens ein Grundnahrungsmittel

Maisfladenbrot hergestellt am Straßenstand in El Salvador

dar. In vielen dieser Länder werden Maisfladen teilweise noch auf sehr urtümliche Weise hergestellt, in vielen afrikanischen Ländern wird Ugali, ein faustgroßer Teigklumpen, als stärkeliefernde Beilage zu Mahlzeiten gereicht.

Amaranth

Amaranth *(Amaranthus)* ist – wenn er auch als das Korn der Inkas bezeichnet wird – kein Getreide. Seine Gattung umfasst bis zu 70 Arten, welche in wärmeren bis gemäßigten Zonen auf allen Kontinenten vorkommen. Die größte Artenvielfalt ist auf dem amerikanischen Doppelkontinent zu finden, von wo auch vor über 200 Jahren ein Großteil unserer teils ausgewilderten Sorten herkamen. Amaranth eignet sich nur begrenzt zum Backen, wird aber aufgrund seiner zahlreichen positiven Eigenschaften gerne beigemischt. Amaranth hat zwar nur einen geringen Anteil an Kohlehydraten, versorgt aber mit essentiellen Fettsäuren, ist reich an Lysin, enthält viel Eiweiß, Magnesium, Kalzium und Eisen.

Quinoa

Quinoa *(Chenopodium quinoa)* ist ein Verwandter des Amaranth und stammt aus den Anden, wo er seit über 5.000 Jahren kultiviert wird. Er ist sehr anspruchslos und gedeiht in Höhenlagen bis über 4.000 m Seehöhe. In diesen Regionen stellt er noch heute ein Grundnahrungsmittel dar. Wie bei Amaranth können neben dem Samen auch die Blätter in Suppen oder als Gemüse verzehrt werden. Mit Weizenmehl gemischt kann er auch zu Brot gebacken werden.

Sämereien, Knollen, Blätter und Pflanzen, die zu Brot verarbeitet werden können

Neben den bekannten Getreidesorten, aus welchen Mehle hergestellt wurden, gab es auch noch verschiedenste andere Ausgangsprodukte, welche zu Mehl vermahlen, diesem beigemischt oder direkt zu Brot gebacken wurden. Mehl aus trockenem Laub, wie zum Beispiel von Ahorn *(Acer)* oder Linde *(Tilia)*, wurde bis vor wenigen Jahrzehnten dem Getreidemehl beigemengt. Südlich der europäischen Alpen wurde Mehl aus Esskastanien *(Castanea sativa)* verwendet. Aufgrund wertvoller Kohlenhydrate, hochwertigem Eiweiß, Ballaststoffen, Vitaminen und Mineralstoffen bildete die Esskastanie die Basis für „das Brot der Armen". Angeblich liefert ein ausgewachsener Baum der Edel- oder Esskastanie denselben Rohproteinertrag wie ein 2 ha großes Getreidefeld! Im Alpenraum wurden nach dem Brotbacken im Backofen getrocknete bzw. gedörrte Birnen *(Pyrus communis)*, sogenannte Kletzen oder Hutzeln, nicht nur als Trockenfrüchte verzehrt, sie werden auch heute noch zur Herstellung von Früchtebrot um die Weihnachtszeit verwendet. Die Kletzen wurden aber auch zu feinem Mehl zermahlen, welches dem Getreidemehl beigemengt wurde.

Esskastanien (Castanea sativa)

Auch aus der getrockneten Wassernuss *(Trapa natans)* wurde Mehl hergestellt. Bereits im Neolithikum bildete sie von Osteuropa bis zu den oberschwäbischen Pfahlbauten eine wichtige Nahrungsgrundlage, in Russland und Serbien wurde sie bis ins 19. Jahrhundert verwendet.

Amerikanische Völker stellten Brot bzw. Fladen aus Maismehl, Sämereien und Eichelmehl her. Aus trockenen und gemahlenen Kernen des Lederhülsenbaumes *(Gleditsia triacanthos)* wurde ebenfalls

Die Abessinische Faserbanane (Ensete ventricosum)

von der indigenen Bevölkerung Nordamerikas Brot hergestellt und aus seinen unreifen grünen Schoten Bier gebraut.

Wegen seiner stärkehaltigen Wurzelknollen wird Maniok *(Manihot esculenta)*, bekannt auch als Cassava, aus Südamerika stammend, in den Tropen weltweit angebaut. Maniokmehl wird direkt oder mit Maismehl gestreckt zu Brot verarbeitet.

Aus dem stärkehaltigen Scheinstamm der Abessinischen Faserbanane *(Ensete ventricosum)* wird in Ostafrika durch Fermentieren, Trocknen und Vermahlen ein Mehl zum Backen von Brot gewonnen. In Brasilien wurde früher aus der gesamten getrockneten Frucht der unreifen Dessertbanane *(Musa paradisiaca)* Mehl hergestellt und daraus Brot gebacken.

Zwischen mehreren heißen Steinen und in Blätter eingewickelt wurde in den Tropen schon sehr früh Brot aus dem Mehl der getrockneten Rhizome der Taropflanze *(Colocasia esculenta)* gebacken. Taro wird seit 7.000 Jahren in Indien kultiviert und gelangte über China vor über 2.000 Jahren nach Ägypten, wo die Pflanze seine Verbreitung in Ost- und Westafrika und in der Folge durch den Sklavenhandel auch im tropischen Amerika fand.

Die aus Westafrika stammende Bambara-Erdnuss *(Vigna subterranea)* oder auch Erderbse gehört zur Familie der Hülsenfrüchte. Sie wird oft gemeinsam mit Hirse kultiviert oder als Zwischenfrucht angebaut. Die getrockneten Erbsen der ausgesprochenen Trockenpflanze wurden zu einem sehr feinen, weißen Mehl vermahlen und zu Brot gebacken. Sie wird heute in ganz Afrika, Asien, Australien und Mittel- und Südamerika kultiviert, da auch die jungen Hülsen gekocht und verzehrt werden können.

Wenngleich in Südostasien und Japan die Tradition des Brotbackens zur Gänze fehlt – hier wurde traditionell Reis verzehrt, mittlerweile aber auch Weißbrot –, gibt es in Australien eine jahrtausendealte Tradition des Brotbackens auf heißer Glut oder Asche. Je nach Region wurde sogenanntes Buschbrot oder Saatbrot aus Sämereien, Samen, Wurzeln oder Knollen hergestellt. In Zentralaustralien wurde Brot aus Hirse *(Panicum australianse)*, den Samen des Süßgrases Spinifex *(Triodia plant genus)*, aus Samen des Sommerportulak *(Portulaca oleracea)*, aus den Samen verschiedener Akazien und aus der Buschbohne *(Rhyncharrhena linearis)* hergestellt. Im tropischen Norden des ansonsten sehr trockenen Nordterritoriums wurden die Wurzeln der Lotosblume *(Nelumbo nucifera)* und die stärkehaltige Wurzelknolle des wilden Taro *(Colocasia esculenta)* zerkleinert und zu einer Paste vermischt, die als Brot gebacken wurde. Im östlichen Australien stellten die Aborigines Mehl aus den Nüssen der Queensland-Araukarie *(Araucaria bidwillii)*, auch Bunya-Bunya-Baum, her. Westaustralische Ureinwohner entnahmen wie nordamerikanische Ureinwohner aus Mäuseverstecken Wildreis *(Zizania aquatica und Zizania palustris)*, bargen von Ameisen gesammelte Sämereien aus deren Kolonien und trockneten und verarbeiteten diese zu Brot.

Fertiger Brotbackofen im Kräutergarten in Klaffer am Hochficht, errichtet auf einer Fundamentplatte

Walnuss-Dinkelbrot von Erika Gruber

REZEPT:

Walnuss-Dinkelbrot

von Erika Gruber

Seit ich mich erinnern kann, backt meine Mutter Erika Gruber Brot. Und davor hat ihre Mutter Brot gebacken. Meinen Eltern war immer wichtig, ein naturnahes Leben zu führen und dies an ihre Kinder weiterzugeben. Deswegen war es meiner Mutter auch ein Anliegen, Brot selbst zu backen. Unser kleiner Bauernhof wird seit jeher für den Eigenbedarf bewirtschaftet, seit den 1990er Jahren nach den Gestaltungsprinzipien der Permakultur. Ein Großteil der ehemaligen Ackerfläche wurde zum Waldgarten, welcher unter anderem viele Nüsse produziert. Gemeinsam mit Biomehlen wird ein großer Teil der Walnüsse zu Brot gebacken.

Anlässlich meines Brotbackofen-Baubuches hat meine Mutter erstmalig ihr persönliches Brotrezept niedergeschrieben, sie möchte das Walnuss-Dinkelbrot den Lesern meines Buches widmen.

Zutaten:

- 500 g Dinkelvollkornmehl
- 500 g Dinkelmehl glatt
- 250 g Roggenmehl
- 4 EL Braunhirse
- 3 EL Leinsamen
- 3 EL Salz
- Gewürze (Anis, Fenchel, Kümmel, Koriander) nach Belieben
- 2 Päckchen Trockenhefe (oder Sauerteig)
- 2 EL Speiseöl
- 0,5 l warmes Wasser
- 250 g Walnüsse

Zubereitung:

In eine größere Schüssel Mehle, Braunhirse, Leinsamen, Salz, Gewürze, Hefe oder Sauerteig, Öl, lauwarmes Wasser und Walnüsse geben und alles gut durchmischen und dann gut kneten. An einen warmen Platz stellen, zudecken und gehen lassen. Den gut aufgegangenen und gelockerten Teig mit Mehl nochmals durchkneten, bis er nicht mehr klebt und geschmeidig ist, einen oder mehrere Laibe formen und auf das Backblech legen. An einem warmen Platz mit einem Küchentuch bedeckt nochmals gehen lassen, bis sich der Umfang verdoppelt hat.

Backen:

Das so zubereitete Brot im Holzbackofen backen (Erfahrungswerte: 1 kg Brot etwa eine Stunde, ½ kg Brot etwa eine halbe Stunde), oder das Backrohr 10 Minuten vorher auf 200 °C vorheizen und ca. 55 Minuten backen.

Brotfreude

von Eva Maria Lipp

Freude ist teilbar und wird nicht weniger, sondern immer mehr! Meine Mutter hat ihre Brotfreude mit mir und meinen Geschwistern geteilt, wofür ich ihr sehr dankbar bin. Wir teilen nun auch wieder weiter – innerhalb der Familie, bei den Kursen regional und überregional und über die modernen Medien auf der ganzen Welt. Dadurch habe ich sogar ganz liebe Freunde in Japan gewonnen, die bei mir Brotbacken gelernt haben. Und besonders schön ist, wenn irgendwann ein Rezept von mir über viele Wege auch wieder zu mir zurückkommt.

Das Backen mit dem Lehmbackofen ist für meinen Mann und mich eine wunderbare gemeinsame Freude. Er liebt und hegt und pflegt das Feuer. Ich liebe und knete und bearbeite meinen Brotteig. Und zusammen haben wir dann etwas Wunderbares geschaffen. Die Arbeit mit dem Ofen, dem Holz, dem Feuer, dem Brotteig mit dem wunderbaren Natursauerteig schafft in den wenigen Stunden ganz viel inneren Frieden. Nichts lässt sich ereilen. Alles braucht seine Zeit, um sich so zu entwickeln, dass es dann rundum passt. Das Holz will in Ruhe brennen und braucht seine Zeit. Der Lehm kann nicht in ein paar Minuten die Hitze speichern. Er braucht seine Zeit, um die Wärme anzunehmen, aufzunehmen und dann zu halten.

Eva Maria Lipp (links) beim Brotbackkurs im Garten von Josef Thür

• 1 Der Brotbackofen von Eva Maria Lipp ist in einem gemeinsamen Projekt mit Bernhard Gruber entstanden.
• 2 Brotbacken im Backofen von Joseph Thür

Der Teig braucht ebenso seine Zeit zum Rasten und zum Aufgehen, da wir nur ganz natürliche Zutaten verwenden.

Wenn das Brot dann im Ofen ist, strömt der wunderbare Duft durch den Garten und lässt in mir ein großes Heimatgefühl aufkommen. Auch ein Gefühl der inneren Sicherheit, etwas Gutes zu tun und Brot ohne Reue essen zu können. Es gibt nichts Schöneres, als selbstgebackenes Brot an Freunde zu schenken, die dieses Brot schätzen, achten und bis zum letzten Stück voll Ehrfurcht genießen. Oder Menschen ein Brot mitzubringen, die gerade in ein neues Heim einziehen, schließlich übergibt man den Bewohnern damit symbolisch Glücks- und Segenswünsche für ein schönes und gutes Zusammenwohnen. Auch aus dem christlichen Leben ist Brot nicht wegzudenken. Viele der Brote aus unserem Ofen sind darum gesegnet an die Leute verteilt worden.

Für viele Menschen ist es auch heute noch wichtig, richtig gutes Brot zu backen und zu essen. Es tut einfach gut, ein solches Stück Brot in Händen zu halten, es zu genießen und dabei die Natur zu schmecken.

Nicht umsonst ist Brot Symbol des Lebens! Es ist das tägliche Leben, mit dem man achtsam umgeht!

Ihre Eva Maria Lipp
Kochbuchautorin und Kochschulleiterin

Hornos, traditionelle Backöfen, im Pueblodorf Taos

Brotbacken im Sudan

Ein Blick in die Vergangenheit – Brot und Brotbackofen im Wandel der Zeit

Die Entstehung des Brotes ist sehr eng mit unserer Kulturgeschichte in Europa verbunden. Bereits vor über 30.000 Jahren haben in Europa eiszeitliche Jäger und Sammler Sämereien zu Brei vermahlen. Vor rund 12.000 Jahren begannen nomadisierende Hirtenvölker im vorderen Orient sesshaft zu werden und Getreide flächig anzubauen. Mit Wasser angerührter Getreidebrei wurde vermutlich schon sehr früh zur besseren Lagerung in der Sonne getrocknet, im Feuer geröstet oder in der Asche zwischen heißen Steinen gebacken. Aus dem Alten Ägypten sind beispielsweise sogenannte Sonnenbacköfen bekannt, auf welchen Fladenbrote in der Sonne gebacken wurden. Und auch die Gargruben, auch Wannutti oder Hangi genannt, wie sie seit Urzeiten im australischen und polynesischen Raum und ebenso in Südafrika, Brasilien und dem südlichen Nordamerika und auf Sizilien zu finden sind, können als Vorläufer des modernen Brotbackofens bezeichnet werden.

In vielen Kulturen entwickelten sich schon bald ausgereiftere Formen von Backöfen. In Ägypten wurden beispielsweise zylindrische Keramikbecher als Backformen zum Backen von Brot im Feuer verwendet. Die Ägypter waren es auch, die herausfanden, dass Hefe das Brot locker macht, und kultivierten diese Tradition. In verschiedenen jungsteinzeitlichen Kulturkreisen von Italien bis in den skandinavische Raum und die Ukraine wurden vermutlich vor bereits über 6.000 Jahren Back- oder Tonteller als Backhilfen verwendet. Und auch im Römischen Reich wurden einfache Fladenbrote zwischen zwei Kupfertellern gebacken. Aus solchen Backtellern entwickelten sich Backglocken, welche über das Backgut auf eine zuvor erhitzte Fläche gestülpt wurden.

Annähernd kuppel- und walzenförmige Backöfen sind vor etwa 5.000 Jahren entstanden. Erste Lehmbacköfen entwickelten sich vor bereits 4.000 Jahren. Im Einflussbereich der Griechen, Römer, Kelten und Germanen und im gesamten Mittelmeerraum, in Nordafrika und dem Vorderen Orient verbreiteten sich kuppelförmige Lehmbacköfen, wie sie bis in die Neuzeit herauf Verwendung fanden. Ein beeindruckendes Beispiel dieser frühen Entwicklung findet sich in der ehemaligen Colonia Augusta Rauricorum, einer römischen Siedlung nahe Basel. Dort befindet sich der älteste beziehungsweise besterhaltene Brotbackofen in Kuppelform nördlich der Alpen.

Kuppel- bzw. bienenstockförmige Brotbacköfen, sogenannte Hornos, sind auch schon früh neben Behausungen der Pueblo-Indianer im Südwesten der USA und im Norden Mexikos zu finden. Die Tradition dieser Öfen wurde gemeinsam mit dem Anbau von Weizen in der Mitte des 17. Jahrhunderts von spanischen Konquistadoren übernommen. Im osteuropäischen, westasiatischen und nordafrikanischen Raum sowie am indischen Subkontinent entwickelte sich wiederum der Tandur, ein zylindrischer Backofen mit Mundloch als Backöffnung nach oben. Erste Funde solcher Backöfen werden auf über 3.000 Jahre v. Chr. datiert und der Tandur ist bis in unsere Zeit herauf zu finden.

Durch Eroberungsfeldzüge in Mazedonien und die Versklavung griechischer Bäcker entwickelte sich im Alten Rom eine blühende Brotbacktradition. Vor allem die Griechen hatten das Handwerk des Bäckers und den Umgang mit Brot perfektioniert und die Römer übernahmen deren Know-how. Das führte dazu, dass Bäckereien sich zu gut gehenden Betrieben mit angeschlossenen Mühlen,

Lager- und Verkaufsräumen entwickelten. Die Brotbacköfen wurden aus in der Sonne getrockneten Lehmziegeln errichtet und verfügten bereits über eine Aschenlade und eine Esse für den Abzug des Rauches und waren von einem schützenden Mauerwerk umgeben.

Auch wenn das Brotbacken in Mitteleuropa schon eine lange Tradition hatte, wurde Brot doch erst etwa ab dem 8. Jahrhundert n.Chr. zum Grundnahrungsmittel. Neben Bäckereien in Städten, Klöstern und auf Herrschaftssitzen etablierten sich in vielen Dorfgemeinschaften Brotbacköfen zur allgemeinen Nutzung, was den Zugang zu Brot natürlich erleichterte.

Mit dem Zerfall des Römischen Reiches kam es zudem zu einem Stillstand in der technischen Entwicklung des Brotbackofens. Dafür wurden in Wissenschaft und Technik Fortschritte gemacht, die das Brot und seine Beschaffenheit wesentlich veränderten. Durch Erforschung chemischer Vorgänge bei Gär- und Backprozessen und die Entwicklung der Ernährungsphysiologie konnten Herstellung und Nährwert von Brot wesentlich optimiert werden. Die Getreideforschung ermöglichte gezielte Züchtung nährstoffreicher, widerstandsfähiger und ergiebiger Sorten, das Mahlen des Getreides konnte durch stählerne Walzen wesentlich verbessert werden und Hefe wurde beschleunigt hergestellt. Emulgatoren zur Haltbarmachung, Enzyme zum Abbau von Mehlstärke in vergärbarem Zucker, Trennmittel gegen Ankleben des Teiges an Backformen, Frischhaltemittel und Backmischungen vereinfachten und optimierten den Herstellungsprozess von Brot.

Im Ofenbau brachte 1836 das „Perkins-Heizrohr" die entscheidende Wende. Es ermöglichte durch indirekte Heizung über einen geschlossenen Heißwasserkreislauf ein einfacheres Backen, welches nicht mehr durch zeitraubende Heizphasen unterbrochen werden musste. Auch neue Heizmittel wie Kohle, Gas, Öl und Strom konnten so eingesetzt werden.

Mit fortschreitender Entwicklung sowohl auf dem Gebiet der Lebensmitteltechnologie als auch im Ofenbau entwickelte sich das Handwerk des Bäckers immer mehr zur Industrie. Durch seine massenhafte Herstellung hat Brot und Gebäck viel von seiner handwerklichen Ausstrahlung, seiner archaischen Energie und seinem Wert verloren. Durch die Rückbesinnung auf alte Traditionen und das Backen unseres eigenen Brotes können wir aber ein altes Handwerk wiederbeleben und uns diesen Wert wieder zurückholen.

Übersicht über die Geschichte von Brot und Brotbackofen

	v. Chr.	
Europa	**-300.000**	*erste eindeutige Spur von Feuer zum Kochen*
Eurasien/ Nordamerika	**-130.000**	*Beginn Würm- bzw. Weichseleiszeit*
Europa	**-28.000**	*Brei*
Ozeanien	**-25.000**	*Garen in Erdöfen*
Eurasien/ Nordamerika	**-18.000**	*Höhepunkt Würm- bzw. Weichseleiszeit*
Vorderer Orient	**-15.000**	*Ackerbau löst Jäger und Sammler ab*
Europa	**-12.000**	*erste Suppen in Gruben mit Leder, Pferdemagen oder Rentierblase ausgekleidet und erhitzt mit Stein aus Feuer*
Vorderer Orient	**-8.000**	*Kultivierung von Weizen, Roggen und Gerste*
Europa	**-8.000**	*Pfahlbauer backen Sämereien auf Hirtsteinen*
China	**-8.000**	*Kultivierung von Hirse*
Naher Osten	**-8.000**	*mörserähnliche Geräte zum Zerstoßen von Getreide*
Vorderasien/ Mittelamerika	**-8.000**	*Mahlstein mit Läufer*

Region	Jahr	Ereignis
Mittel- und Südamerika	-8.000	Beginn des Ackerbaus
Australien	-8.000	Verarbeitung wilder Hirse
Südosteuropa	-8.000	Beginn des Ackerbaus
Eurasien/ Nordamerika	-8.000	Ende Würm- bzw. Weichseleiszeit
Vorderer Orient	-7.500	Weizenanbau
Vorderer Orient	-6.500	Roggenmehl mit Säuerung mit Sauerteig
Europa	-6.000	Ackerbau löst Jäger und Sammler ab
China	-6.000	Kultivierung von Reis
Kleinasien	-5.500	Brotbacköfen
Europa	-5.500	Dinkelanbau in Mittel- und Nordeuropa
Europa	-5.000	Germanen backen in Feuergruben auf Stein Schalen und Becherbrote/ Mahlstein mit Läufer
Ferner Osten	-5.000	Ausbreitung der Hirse nach Japan, Korea, Mongolei und Russland
Mittelamerika	-5.000	Beginn des Maisanbaus
Indien	-5.000	Reisanbau
Osteuropa	-5.000	belegter Haferanbau
Mexiko	-4.700	Beginn von Maisanbau
Naher Osten	-4.500	Verwendung des Pfluges
Ägypten	-4.000	18 verschiedene Brotsorten, Gerste und Weizen werden kultiviert
Mitteleuropa	-4.000	Ausbreitung der Hirse nach Mitteleuropa
Europa	-3.000	Backteller aus Ton/ Emmer wird angebaut
Ägypten	-3.000	Backroste und Backformen
Indien	-3.000	Tandure
Mitteleuropa	-2.500	belegter Haferanbau
Ägypten	-2.000	Verwendung von Hefe und Sauerteig/ 30 verschiedene Brotsorten

Region	Jahr	Ereignis
Nordafrika	-2.000	Tabuna
Europa	-2.000	Roggen und Hafer werden kultiviert, Ausbreitung der Hirse bis Ost-, Nordsee und Atlantik
Europa	-1.000	zwei runde Mahlsteine übereinander/Backglocken
Naher Osten	-1.000	Windräder treiben Mühlen an
Naher Osten	-500	Tierdrehmühle
Nordeuropa	0	eingewölbtes im Boden eingelassenes Feuerloch
Römisches Reich	0	industrielle Fertigung von Brot mit Wassermühlen, Teigknetmaschinen, Brotbacköfen/ Erste Wassermühlen
Europa	0	Kelten übernehmen von Römern Weizenanbau
	n. Chr.	
Römisches Reich	300	in Rom gibt es mehr als 250 Bäckereien
Mitteleuropa	700	Getreidebrei wird von Brot verdrängt
Europa	800	erste Windmühlen
Europa	1.000	Bäcker organisieren sich in Zunft
Europa	1.100	Beginn der Kultivierung von Buchweizen in Europa
Europa	1.500	Mais, Amaranth, Quinoa kommen von Amerika
Spanien	1.510	erste Maisfelder
Vorderer Orient	1.550	Maisanbau
Europa	1.800	Backmischungen mit Hefen werden hergestellt/ industrielle Fertigung von Brot mit Hilfe moderner Mühlen, Bäckereimaschinen und Brotbacköfen
Weltweit	2015	2.500 Mio. Tonnen Getreide werden weltweit produziert

Ablauf in einer römischen Bäckerei: vom Getreidemahlen, dem Aussieben, dem Teigkneten und Broteformen bis hin zum Brotbacken. Nach einem Relief am Grabmal des Bäckers Marcus Vergilius Eurysaces an der Porta Maggiore in Rom, aus dem ersten Jahrhundert v. Chr.

EXKURS:

Das Problem mit der Qualität – eine kleine Geschichte der Lebensmittelregulierung

von Dr. Susanne Steinböck, Doktor rer. nat., Lebensmittelchemie

Im regionalen und zwischenstaatlichen Handel mit rohen oder teilweise verarbeiteten Lebensmitteln existierten bereits in der Antike Normen. Diese Festlegungen dienten vor allem der Sicherstellung bestimmter Grundqualitäten und damit dem Schutz vor Betrug durch Untergewichtigkeit oder Praktiken wie dem Vermischen mit Sand und Wasser.

Trotz existierender Grundnormen für Lebensmittel gaben verdorbene und verfälschte Nahrungsmittel zu allen Zeiten Grund zur Klagen. Schlechtes Brot, verdorbenes Fleisch, ungenießbarer Wein, gewässerte Milch, Würste mit Mehl oder Brotzusatz oder mit Sägemehl gestreckte Gewürze waren gewissermaßen Klassiker unter den Missständen.

Die ältesten lebensmittelrechtlichen Quellen sind aus dem Codex Hammurabi, der umfangreichsten babylonischen Rechtssammlung aus dem 17. Jahrhundert v. Chr., überliefert. Der Codex setzte eine Reihe drakonischer Strafen für Lebensmittelfälschung fest und normierte genaue Maße und Gewichte; die sumerische Wirtschaft verfügte bereits über Großbetriebe, die den Namen „Nahrungsmittelindustrie" verdienen. Die Bäckereien, Brauereien und Molkereien versorgten in erster Linie die Tempel, die mit den Lebensmittelbetrieben schriftlich abrechneten. Man führte Buch über Qualität und Menge der Rohstoffe, Abfallanteile und Ausbeute an Endprodukten. Da die Wirtschaftsabrechnungen die Rohstoffe und die Endprodukte nach Sorte und Gewicht gliederten, legten sie, obgleich sie nur Lieferscheine waren, zugleich die Rezepturen und Rohstoffqualitäten offen.

Im Alten Ägypten war es ähnlich organisiert. Die Verwaltungshierarchie des Reiches praktizierte im Lebensmittelwesen Schriftlichkeit und Vorratswirtschaft. Es haben sich zahlreiche Abgabe- und Anlieferungslisten für Nahrungsmittel erhalten, in denen die Qualität näher bestimmt wurde. Bei der Lagerhaltung von Öl, Traubenwein, Dattelwein, Granatapfelwein u.a. wurden die Gebinde mit der Angabe der Herkunft, des Jahrgangs und des Namens des für die Qualität verantwortlichen, leitenden Handwerkers versehen. Die Beamtenschaft der Pharaonenreiche entwickelte Normen und Rechenverfahren zur Steuerung und Kontrolle der Nahrungsmittelverarbeitung für Staat und Priesterschaft. Dies galt in besonderem Maß für Brot und Bier, den Grundnahrungsmitteln im Alten Ägypten.

Zur Verrechnung des Getreides gegen die daraus erzeugten Veredelungsprodukte wurde das sogenannte „Backverhältnis" eingeführt, eine Zahl, die angab, wie viele Brote einer bestimmten Art oder wie viel Bier einer bestimmten Stärke bei definiertem Krugvolumen aus einer festgelegten Maßeinheit eines bestimmten Getreides zu erzeugen sind. Dem Interesse eines einheitlichen und

Brotbackofen aus Bösmaign bei Deggendorf im Freilichtmuseum Finsterau (Bild unten: Detailansicht des Lehmbaus)

übersichtlichen Rechnungswesens diente auch die Normung der Endprodukte, von denen jeweils eine besonders gängige Sorte als Bezugsnorm fungierte.

In Rom war die Lebensmittelversorgung bis in alle Einzelheiten geregelt. Die Marktaufsicht lag in den Händen der Ädile; sie mussten die Reinheit der Straßen und die Abgabe des Trinkwassers aus den öffentlichen Leitungen überwachen, die Garküchen und die Läden des Viktualienmarktes (mit seinen Läden für Fleisch, Fisch, Backwaren, Öl, Wein, Gemüse, Geflügel, Delikatessen, etc.) kontrollieren sowie alle untauglichen Nahrungsmittel beschlagnahmen und vernichten. Außerdem hatten sie gegen Wucher und Betrug am Markt einzuschreiten.

Von wachsender Bedeutung wurden subventionierte Lebensmittelverteilungen. Vom 3. Jahrhundert v. Chr. an, wurde ein Teil der Bevölkerung Roms regelmäßig gratis mit Brot, Schweinefleisch und Öl versorgt. Das führte schließlich zu planwirtschaftlichen Zuständen und Missernten; Korruption und Transportschwierigkeiten führten zu ständigen Versorgungskrisen, die umso schlimmer waren, da die damaligen Grundnahrungsmittel, in erster Linie Getreide, Schweinefleisch, Öl und Wein, nicht durch andere Nahrungsmittel ersetzt werden konnten. Der ständige Mangel an Lebensmitteln hatte eine nach heutigen Maßstäben großzügige Zulassung untauglicher bzw. verdorbener Lebensmittel zur Folge. Näheren Einblick in Art und Umfang der legislativen Steuerung des Lebensmittelwesens in der römischen Kaiserzeit geben der Codex Theodosianus von 438 und der Codex Justitianus aus dem Jahre 529.

Im Mittelalter zählten Getreidebreie und -grützen in allen Schichten zu den Grundnahrungsmitteln. Brot war im 10. Jahrhundert selbst in vornehmen Klöstern ein nicht alltägliches Nahrungsmittel, während es das ab dem 13. Jahrhundert bis in die Neuzeit in ganz Europa war.

Durch Hefe stark aufgeblasenes Brot war im Mittelalter weit verbreitet. Nach damaligen Berechnungen mussten die Bürger außerdem aufgrund schlechter Arbeit der Müller pro Kopf und Jahr vier Pfund Steinmehl mit verzehren. Grundsätzlich kann davon ausgegangen werden, dass Mangelzeiten oder zumindest ein starker Preisanstieg für Lebensmittel nach Missernten für nahezu jeden mittelalterlichen Menschen zur Lebenserfahrung zählte. War Getreide knapp und teuer, wurde es mit so unterschiedlichen Lebensmitteln wie Kastanien, Hülsenfrüchten, Eicheln und Farnen gestreckt.

Die Zünfte bemühten sich unter anderem durch Aufstellen von Mindestanforderungen an Brot, Bier und anderen gefährdeten Erzeugnissen um die Lebensmittelqualität. Brotprüfer, Fleischbeschauer, „Bierkieser" und andere Kontrolleure auf den mittelalterlichen Märkten konnten im Wesentlichen aber nur sensorisch prüfen, objektive Prüfmethoden gab es so gut wie nicht.

Detaillierte Verordnungen wie das englische „Assize of Bread and Ale" aus dem Jahre 1266, das unter anderem detailliert Größe, Gewicht und Preis von Brot in Abhängigkeit vom Getreidepreis festlegte, sind Anzeichen, dass mittelalterliche Gemeinschaften diese auch umsetzen konnten. Dazu trug auch das mittelalterliche Zunftsystem bei. Bäckerzünfte zählten zu den ersten, die sich gründeten. Die Brotschätzer und Brotschaumeister dieser Innungen achteten auf eine hohe Qualität des Brotes. Da es aufwändig und teuer war, Mitglied einer Zunft zu werden, bestand verhältnismäßig wenig Anreiz, diese Mitgliedschaft wegen eines geringfügigen wirtschaftlichen Vorteils aufs Spiel zu setzen.

Im Spätmittelalter dagegen waren Betrügereien und Fälschungen im Verkehr mit Lebensmitteln so stark verbreitet, dass sich selbst Martin Luther 1524 zur Anprangerung von Maß- und Gewichtsbetrug sowie dem Fälschen von Lebensmitteln gezwungen sah. Bemerkenswert ist eine Verordnung aus Paris von 1396, welche bereits das Färben von Butter verbot. Gleiches gilt für die frühe reichsweite Einführung der Weinkontrolle in Deutschland 1498,

Historische Aufnahmen von Brotbacköfen

1 *Historische Aufnahme eines Backofens aus dem Jahr 1939*

2 *Aufnahme eines Backofens in Buchberg bei Goldegg im Jahr 1978*

3 *Aufnahme eines Backofens im Ellmautal im Pongau im Jahr 1978*

4 *Historische Aufnahme einer Rauchstube mit einem Backofen neben der Herdstelle*

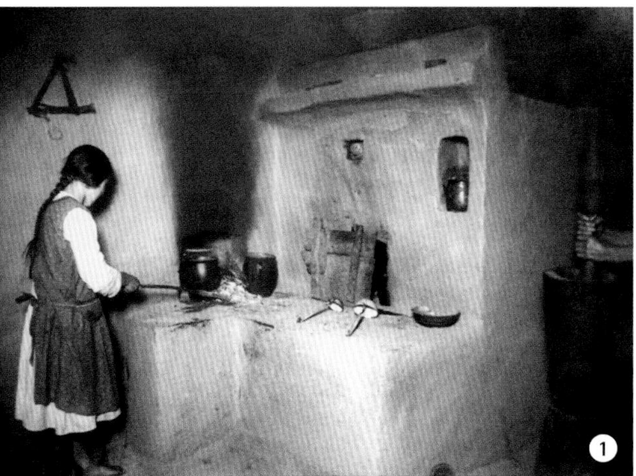

1 *Historische Aufnahmen von Brotbacköfen in Ungarn*

2 *Historische Aufnahme eines Bauern mit seinem frisch gebackenen Brot*

sie zeigt den besonderen Stellenwert dieses Lebensmittels. Die wohl bekannteste historische lebensmittelrechtliche Festlegung, das „Reinheitsgebot des Bieres", erließen die Herzöge Wilhelm IV. und Ludwig X. im Jahr 1516.

Das Mittelalter kannte teils sehr drastische Strafen für die Verfälschung von Lebensmitteln. Geldstrafen und Ehrenstrafen wurden für leichtere Übertretungen ausgesprochen. In einigen Städten Deutschlands und der Schweiz wurden betrügerische Bäcker öffentlich in einem großen Korb über einer Jauchegrube aufgehängt. Wollten sie aus dem Korb hinaus, mussten sie in die Grube springen. In einem Buch über das alte Bäckerhandwerk in Wien wird das „Bäckerschupfen", welches als Bestrafung für betrügerische Bäcker dort seit dem 13. Jahrhundert belegt ist und in Österreich erst im Jahr 1792 abgeschafft wurde, folgendermaßen geschildert: *„Der Bäcker wurde zuerst in einen Käfig aus Holz oder in einen Korb gesetzt und mittels einer hebelartigen Vorrichtung mehrere Male unter Wasser getaucht. Der Zulauf war bei solchen Anlässen besonders groß und zum Schaden kam auch der Spott hinzu mit dem die stets schaulustigen Wiener nicht geizten."* Backverbote bis hin zu Ausweisungen und Aberkennung des Bürgerrechts wurden ebenfalls für betrügerische Bäcker ausgesprochen.

Zu einer regelrechten Kunst, welche die Lebensmittelkontrolle überforderte, wurde die Verfälschung von Lebensmitteln im 16. und 17. Jahrhundert, als sich Kolonialwaren wie Tee, Kaffee, Kakao und Gewürze als lukrative Fälschungsobjekte anboten. Strafrechtliche Grundlage, auch für Lebensmittelverfälschungen, war in fast allen deutschen Staaten bis zum Ende des 18. Jahrhunderts die sogenannte Carolina („Kaiser Karls V. peinliche Halsgerichtsordnung") von 1532. Aber auch Grundnahrungsmittel boten sich durch ihre Mengen dem Panschen an. Brot wurde mit Getreidesurrogaten gestreckt: Bohnen- oder Erbsenmehl, Kartoffelmehl und geriebenes, gewässertes Eichelmehl oder zerriebene, getrocknete Brennnesseln. Meist wurden auch zahlreiche nicht nährende, oft schädliche Beimengungen zugeben, so wie Gips oder Sägespäne.

Und auch heute ist die Erfahrung, beim Essen übers Ohr gehauen zu werden, universell. Überall dort, wo Nahrungsmittel hochgradig kommerzialisiert sind, unterliegen Anbieter der Versuchung, für mehr Profit zu tricksen. Heute verfälschen Produzenten Lebensmittel allerdings nicht mehr mit Kupfer, Gips oder Pferdeleberpulver. Sie verwenden Backmittel, Aromen, Farb-, Füll- und Konservierungsstoffe – so wird aus weniger mehr und das im Gegensatz zu früher ganz legal. Was hätten die mittelalterlichen Bäcker-Kontrolleure wohl zum Beispiel zu einem Marken-Weizentoastbrot gesagt, in welchem neben Mehl, Wasser, Salz, Hefe, Maisgrieß und Traubenzucker jede Menge E-Nummern enthalten sind: Säuerungsmittel, Stabilisatoren, Emulgatoren und Backtriebmittel. Noch nie seien Lebensmittel so sicher und von so hoher Qualität wie heute gewesen, heißt es häufig. Doch einige Substanzen wie Süßstoffe, Azofarbstoffe oder industriell gehärtete Fette wurden anfänglich als harmlos wahrgenommen – heute weiß man das Gegenteil. Mittlerweile gibt es viele Alternativen und wir müssen uns nicht mehr von der Lebensmittelindustrie leiten lassen.

Durch das Backen des eigenen Brotes kann man sich zum Beispiel sicher sein, dass man nur Zutaten von bester Qualität verwendet und das Ergebnis dann umso mehr genießen.

Mag.art. Myriam Urtz beim „letzten Schliff" eines nachgebauten, traditionellen, urzeitlichen Brotbackofens aus einer Lehmmischung.

BEISPIEL AUS DER PRAXIS:

Experimentelle Archäologie – Persönliche Erfahrungen aus 20 Jahren Lehmbau

von Mag.art. Myriam Urtz

Meine Antwort, wenn mich jemand fragt, wie ich vor nunmehr 20 Jahren, als es sehr, sehr vereinzelt jemanden gab, der sich mit dem Naturbaustoff Lehm auseinandergesetzt hat, zum Lehmbau gekommen bin, lautet: „In der Sauna."

Genauer gesagt war es in der Sauna eines Kurhotels in Harbach. Dort traf ich einen jungen Mann, der nach einem Motorradunfall auf Kur war. Dieser junge Mann war vorher im Urgeschichtemuseum MAMUZ in Asparn an der Zaya angestellt und dort für die Betreuung der Keramikwerkstatt zuständig. Ich, frisch von der Keramikfachschule in Stoob, war natürlich sehr interessiert und er riet mir, mich beim Museum zu bewerben. Allerdings kam mir jemand mit der Bewerbung zuvor und so wurde ich „nur" vorgemerkt. Das entpuppte sich im Nachhinein allerdings als absoluter Glücksfall, denn ein Jahr später wurde ich zuerst zu einer experimental-archäologischen Lehrveranstaltung eingeladen und danach zur Rekonstruktion eines urgeschichtlichen Brennofens.

Als ich dort also meine ersten Geh- bzw. Stampfversuche in Sachen Lehm machen durfte, traf ich auf Wolfgang Lobisser, der ebenfalls vor Ort war. Er war damals noch Student der Ur- und Frühgeschichte am Institut in Wien und nun am Freigelände dabei, um einen Brunnen aus Eichenbohlen zu rekonstruieren. Da unsere Arbeitsbereiche nicht weit voneinander entfernt lagen, schauten wir uns natürlich gegenseitig an, was der jeweils andere so trieb. Später am Abend, bei einem gemütlichen Mahl am Lagerfeuer mit Käse, Würstchen, Brot und reichlich Wein, entspann sich eine Freundschaft, die bis heute Bestand hat.

Mittlerweile zählt Wolfgang Lobisser zu den führenden Spezialisten auf dem Gebiet der Experimentellen Archäologie in Mitteleuropa. Freilichtmuseen in Italien, Deutschland und Österreich sind unter seiner fachkundigen Anleitung erbaut worden.

Da es zu Beginn noch Wenige gab, die als Lehmfacharbeiter in Frage gekommen wären, erinnerte er sich meiner, als er sein erstes größeres Projekt in Angriff nahm: das „Germanische Gehöft mit Nebengebäuden" in Elsarn bei Krems. Diese Baustelle war wie eine experimentelle Spielwiese, auf der erhellende und wichtige Erkenntnisse in Sachen Holz, Stein und Lehm gewonnen wurden. Wir erprobten Mischungen und diverse Zuschlagstoffe. Stroh und Sand natürlich, aber auch Kuhmist, Sauborsten und sogar Stierblut.

Nach diesen Versuchen und dem Verputzen von Flechtwänden durfte ich mich an meinen ersten Brotbackofen wagen. Theorien darüber, wie man diesen baut, gab es schon damals genug. Von einem Unterbau aus Flechtwerk, dem Aufbau mit Lehmkugeln bis hin zu einem Sandhaufen, der mit einer dicken Lehmschicht überzogen wird, wurde alles überlegt. Ich entschied mich letztendlich für Lehmkugeln. Der Grund dafür ist folgender: Ein Geflecht aus Weiden- oder Haselnussruten ist gut und schön, doch erstens schwindet es beim Trocknen nicht mit und es kann zu Rissbildungen kommen, zweitens kostet es viel Zeit, so einen überdimensional großen Korb herzustellen, und drittens tendiert man dazu, sich zu sehr auf die Unterkonstruktion zu verlassen. Ich habe Brotbacköfen mit einer solchen Konstruktion gesehen, die irgendwann angefangen haben, in die Knie zu gehen. Das Endresultat war ein wenig formschöner Ofen, so man ihn denn überhaupt noch retten konnte. Ein Brotbackofen in einer halbwegs vernünftigen Größe benötigt etwa 700 kg bis eine Tonne Lehm! Eine geflochtene Kuppel kann ein unglaubliches Gewicht tragen, doch eine Tonne ist eben eine Tonne!

Die zweite Variante mit dem Sandhaufen habe ich ebenfalls verworfen: meiner Zähne wegen – und wegen der Zähne aller, die beim Germanenfest in den Genuss kommen sollten, frisches Brot aus dem Lehmofen zu genießen. Es ist kaum zu vermeiden, dass sich während des Backens Sandkörner von der Innenseite der Kuppel lösen und so ins Brot gelangen. Da kann man den Ofen noch so gut auskehren. Noch dazu muss man bei dieser Sandvariante den Zeitfaktor mit bedenken. Gebaut ist dieser Ofen zwar schnell, da er jedoch nur von außen trocknen kann, braucht es geraume Zeit, bis die oberste Schicht soweit hart ist, dass man den Sand herauskehren kann. Ich selber habe diese Variante allerdings noch nicht probiert. Deshalb: Variante Nummer drei – Mischofen mit Lehmkugeln.

Diese Bauvariante habe ich aus einer kleinen Selberbau-Fibel mit groben Zeichnungen, welche mir sehr einleuchtend erschien. Der Bau selber dauert natürlich länger als bei der Sandhaufen-Methode, dafür trocknet der Ofen um einiges schneller, da die Kuppel frei aufgebaut wird und so Schritt für Schritt mittrocknet.

Doch bevor man an den Bau der Kuppel gehen kann, muss man sich den Unterbau überlegen. In welcher Höhe möchte ich arbeiten? Baue ich mir einen Sockel? Aus welchen Materialien soll der Sockel bestehen? Konstruiere ich ihn aus Holzbohlen und fülle den Innenraum mit Steinen und Lehm? Oder baue ich mir einen Sockel aus großen Steinen und einer Lehmplatte darüber? Wichtig ist, dass man unter der Backplatte Materialien einsetzt, welche die Hitze gut speichern. Flusssteine kommen da in Frage, aber auch Glas oder Granitsteine (in der Experimentellen Archäologie natürlich KEIN Glas).

Es genügt, die erste Schicht der Backfläche mit einem trockenen Lehmgemisch aufzubauen und dann erst eine feuchte Mischung darüber zu geben. Die trockene Lehmschicht darf durchaus noch kleine Speichersteinchen enthalten.

Grundplatten mit ersten Wandreihen, Backhaus Asparn a. d. Zaya

Dem Untergrund, auf dem das Brot während des Backvorganges liegt, sollte man große Aufmerksamkeit schenken. Er muss sehr sorgfältig geglättet und verdichtet werden und eine schöne, ebene Fläche ergeben. Auch der Übergang von der Platte zur Kuppel soll so gestaltet werden, dass man ihn gut mit dem Aschenschieber erreichen kann.

Beim Bau der Kuppel sollte sehr gewissenhaft gearbeitet und geschaut werden, dass immer in Spannungsringen gebaut wird – das heißt, nicht eine Seite höher oder dicker zu bauen, sondern immer in gleichmäßigen Ringen zu arbeiten.

Die Öffnung, durch die man das Brot später einschießt, kann entweder zuerst zugebaut und später ausgeschnitten oder gleich „offen gehalten" werden. Ich setze das deshalb unter Anführungszeichen, weil diese Luke im Endeffekt natürlich nicht wirklich offen bleibt. Entscheidet man sich für die zweite Variante, darf der Spannungsring nicht unterbrochen werden. Die Reihe bleibt also in sich geschlossen und die Luke wird z.B. mittels Holzrundlingen angelegt. Die Lehmwandung wird dann als Bogen darüber gebaut. Danach wird wieder Ring für Ring darüber gebaut, wobei jede nachfolgende Reihe etwas enger gesetzt wird als die vorhergehende, sodass am Ende eine Kuppel entsteht.

Ein weiterer Vorteil dieser Methode ist, dass man die Innen- wie die Außenseite wunderbar verstreichen und so eine glatte Oberfläche erzielen kann. Das gewährleistet wiederum einen ungestörteren Brand innerhalb der Kuppel und vermeidet weitgehend, dass Lehmstücke ins Brot gelangen.

Im letzten oberen Drittel kommt jetzt meine Mischofen-Variante zum Tragen. Das heißt, ich verwende einige Weidenruten, um mir die Kuppelform optisch vorzubereiten. Ich biege die Ruten und verspreize sie im Ofen. Diese Konstruktion ist mitnichten stark genug, um die darauffolgenden Reihen zu tragen. Sie bietet jedoch als Gerüst eine Art „psychologische Stütze". Darüber gebe ich Kartonstücke (nicht archäologisch, aber praktisch!), die mir eine glattere Oberfläche im Inneren der Kuppel gewährleisten. Im letzten Drittel der Kuppel geht die Arbeit relativ zügig voran, da die Reihen ja immer kleiner werden. Dabei achte ich darauf, die Spannungsringe gleichmäßig zu setzen, bis nur noch ein kleines Loch übrigbleibt, in das ich einen kegelförmigen Schlussstein platziere.

Nachdem der Schlussstein gesetzt ist, trägt sich die Kuppel von selbst.

Nun kann man vorsichtig die Rundlinge, welche das Mundloch unterstützen, entfernen und die Luke eventuell mit einem dickeren Wulst versehen. Das sieht nicht nur schön aus, sondern hat auch den Vorteil, dass sich der Rand nicht so schnell abstößt, wenn man mit der Brotschaufel nicht gleich perfekt in den Ofen trifft. Danach entfernt man auch Weidenruten und den Karton aus dem Ofen, damit er gut trocknen kann.

Um die Oberfläche noch zu verdichten, verwende ich ein Schlagholz, meist selber geschnitzt und meiner Tatkraft angepasst. Es soll gut in der Hand liegen, nicht zu schwer und nicht zu leicht sein. Das Schlagholz dient außerdem dazu, die

Fortgeschrittener Kuppelbau mit provisorischem Flechtwerk, Asparn a. d. Zaya

Fertiger Brotbackofen mit noch geschlossenem Ofenloch

Form des Ofens noch zu korrigieren. Das geht natürlich nur, solange der Lehm nicht zu sehr angetrocknet und noch lederhart ist.

Ein hilfreicher Trick, wenn man gerade regnerische Tage erwischt und unter Zeitdruck steht, ist, den Ofen trocken zu heizen. Gerade in der Schlussphase, wenn die Ringe schmäler werden und man quasi an der Ofenschulter angelangt ist, muss der Unterbau schon eine gewisse Festigkeit haben, um den Oberteil tragen zu können. Ansonsten kann es passieren, dass die Wände nachgeben und einbrechen. Ein kleines Lagerfeuer im Innenraum der Kuppel wirkt Wunder und trocknet die Wände soweit, dass man weiterbauen kann.

Am rückwärtig oberen Teil der Kuppel schneidet man zu guter Letzt noch ein Rauchloch aus. Dieses dient zum besseren Anheizen, damit der Rauch nicht nach vorne hin abziehen muss. Ich modelliere es so aus, dass man während des Backvorgangs einen Stein darauflegen kann oder ich forme einen kegelförmigen Verschlussstein, mit dem man das Rauchloch verschließen kann.

Wichtig: Den Lehmofen langsam anheizen und nicht gleich ein Höllenfeuer darin veranstalten. Besonders wenn er länger nicht beheizt wurde, ist es ratsam, ihn eventuell schon am Vortag trocken zu heizen.

Wenn sich Risse bilden, nicht erschrecken. Das sind Dehnungsrisse, da sich der Ofen mit der Hitze ausdehnt. Sollten sie nach oftmaligem Gebrauch zu tief werden, kann man sie einfach wieder mit Lehm verfugen. Dazu feuchtet man die Risse an und kratzt sie ca. 5 cm tief aus. Danach füllt man die Vertiefungen mit einer relativ trockenen Lehmmischung. Da der Lehm rundherum trocken ist, zieht die neue Mischung sehr schnell an und man kann sie bald darauf verdichten und eventuell eine weitere Schicht aufbringen. Will man den ganzen

Bemalte Lehmwand am Heldenberg, Großweikersdorf

Ofen neu verputzen, so feuchtet man die Oberfläche an, raut sie auf und gibt eine neue Deckschicht darüber. Dafür kann der Lehm etwas feuchter sein.

Meiner Erfahrung nach ist die Lehmwandung auch nach oftmaligem Gebrauch nur 3–5 cm dick durchgebrannt und sehr porös. Die Öfen, die ich demontiert habe, wurden zur Gänze wiederverwendet. Das Ofenmaterial, auch das gebrannte, haben wir mit einem Vorschlaghammer zerkleinert und wieder unter die neue Lehmmischung gestampft. Das hat den Vorteil, dass man für die neue Mischung weniger Sand braucht, da die verziegelten Teile wie Schamotte wirken. Oftmals war das Material des alten Ofens so porös, das es sich auch nur grob zerkleinert in Wasser wieder aufgelöst hat. Archäologisch gesehen ist es daher kein Wunder, wenn man bei Grabungen nur die Ofenplatte findet und die Kuppel zur Gänze verschwunden ist.

Auf dem Foto ist ein Stück Ofenwand zu sehen: Man kann erkennen, dass in diesem Ofen ein Rutengeflecht verwendet wurde. Der Lehm auf der Innenseite ist zwar verziegelt, doch die Temperaturen haben nicht ausgereicht, das Haselnussgeflecht zu verbrennen.

Bei dieser Bauvariante wurde das Stützgerüst augenscheinlich mitgebaut, da es von innen und außen von einer dicken Lehmschicht umgeben ist. Ähnlich wie ich Weiden verwende und sie verspreize, wurden hier die Ruten direkt in den Lehm gesteckt und dienten so als Stützkonstruktion.

Wer seinen Lehmofen ganz persönlich gestalten will, der kann ihn auch wunderbar mit Kaseinfarben bemalen. Diese sind sehr leicht selber herzustellen: Sie brauchen dafür nur Topfen, Löschkalk und Pigmente.

Füllen Sie zwei Esslöffel Topfen in eine Schale, geben Sie etwas Kalk dazu und verrühren Sie alles gut. Sie werden bemerken, dass die Mischung etwas flüssiger wird. Nun geben Sie das Pigment dazu und vermischen alles nochmal, bis eine homogene Paste entsteht. Bei Bedarf, wenn sie sich nicht gut malen lässt, kann etwas Wasser beigemengt werden. Wichtig: Es empfiehlt sich nicht, gleich eine größere Menge anzurühren, da diese Mischung nach einiger Zeit zu klumpen beginnt. Natürlich gibt es im Handel auch fertige Kaseinfarbe, wenn man sich jedoch schon die Mühe macht, seinen Backofen selber zu bauen, so wird man an der Farbe sicher nicht scheitern.

VERANSTALTUNG:

Der Südtiroler Brot- und Strudelmarkt in Brixen

Jedes Jahr steht am ersten Wochenende im Oktober in der Bischofsstadt Brixen eines der beliebtesten und traditionellsten Produkte Südtirols im Mittelpunkt: das Brot. Drei Tage lang, von Freitag bis Sonntag, findet auf dem Domplatz im Herzen von Brixen der Südtiroler Brot- und Strudelmarkt statt. Die Besucher haben dort die Gelegenheit, Spezialitäten aus einheimischem Getreide wie Schüttelbrot, Vinschger Paarl, Pusterer Breatl und Früchtebrot von zahlreichen Südtiroler Bäckereien und Konditoreien zu verkosten und zu erwerben. Das Geheimnis dieser Vielfalt an verschiedenen Brotspezialitäten liegt in den zahlreichen regionalen und kulturellen Eigenarten Südtirols: Jedes Tal hat seine Brotsorte – und fast jeder Bäcker hat seine ganz individuelle Rezeptur.

Der Südtiroler Brot- und Strudelmarkt bietet ein vielfältiges Angebot für die ganze Familie: In der „Brotwerkstatt" werden die Besucher unter der Anleitung von Fachlehrern und Lehrlingen der Landesberufsschule Emma Hellenstainer an das alte Handwerk des Backens herangeführt, während kleine Bäcker in der Kinderbackstube auf ihre Kosten kommen. Der historische Parcours „Vom Korn zum Brot" informiert über die Backtradition des Landes, Aufführungen lokaler Volksmusik-

Südtiroler Vinschger Paarl

REZEPT:

Südtiroler Vinschger Paarl

Die Südtiroler Brottradition ist von einer Notwendigkeit gezeichnet. Es war sehr aufwändig, das Brot zu backen, die Backöfen konnten nur selten angeheizt werden. Brot wurde dann in größeren Mengen auf Vorrat gebacken, daher musste es für längere Zeit haltbar sein: Das Brot wurde also getrocknet. So entstanden das Schüttelbrot und das Vinschger Paarl. Typisch für Südtirol ist der Sauerteig, den die Bäcker selbst ansetzen.

Alte Mühlsteine im Museumsdorf Bayerischer Wald

Mengengangaben für 5 Vinschger Paarl

Zutaten für den Vorteig:

- 2,5 g Hefe
- 125 ml warmes Wasser
- 110 g Roggenmehl

Zutaten für den Hauptteig:

- 250 g Roggenmehl
- 140 g Weizenmehl
- 450 ml warmes Wasser
- 10 g Hefe
- 10 g Salz
- 5 g Fenchel
- 2,5 g Kümmel
- nach Belieben: 5 g „Zigeunerkraut"/Bockshornklee

Zubereitung:

Für den Vorteig die Hefe in Wasser (ca. 30 °C) auflösen und mit Roggenmehl sorgfältig vermischen, anschließend ungefähr 5 Minuten kräftig durchkneten und 1 Stunde zugedeckt bei 30 °C ruhen lassen. Den Vorteig mit den restlichen Zutaten zu einem weichen Teig verkneten, mit etwas Roggenmehl bestäuben und 10–15 Minuten zugedeckt ruhen lassen. Aus dem Teig etwa 80–100 g schwere Kugeln formen, als Paar oder auch einzeln auf ein mit Backpapier belegtes Blech legen und weitere 30–45 Minuten ruhen lassen.

Backen:

Im Backofen bei 220 °C (Ober- und Unterhitze) ungefähr 25 Minuten backen. Natürlich können die Vinschger Paarl auch bestens im Holzofen gebacken werden!

gruppen und Kutschenfahrten runden das Angebot ab. Außerdem werden Führungen zum Thema „Zunft der Bäcker und Müller" angeboten. Am Sonntagvormittag findet immer der festliche Einzug der Bäcker und Konditoren statt, mit anschließender Erntedankmesse im Brixner Dom. Anlässlich der Veranstaltung bietet der Tourismusverein Brixen verschiedene Führungen an.

Das Projekt Regiokorn in Südtirol

Seit fünf Jahren verfolgt das Projekt „Regiokorn" den verstärkten Anbau von einheimischem Getreide, womit es gleichzeitig zur Erhaltung der Südtiroler Kulturlandschaft beiträgt. Dadurch wird das traditionelle Netzwerk zwischen bäuerlichen Betrieben, Mühlen und Bäckereien wieder aufgebaut und die regionale Wertschöpfung gesteigert. Um die 50 Landwirte bauen auf insgesamt über 85 Hektar rund 350 Tonnen Südtiroler Getreide an. Die Roggen- und Dinkelfelder liegen vor allem im Raum Pustertal, Vinschgau und Eisacktal.

Das Qualitätszeichen Südtirol bürgt für die Herkunft und Herstellung von Brot- und Backwaren in einheimischen Backstuben und Konditoreien. Die Südtiroler Brote werden nach überlieferten Rezepturen gebacken. Dabei dürfen nur natürliche Zutaten wie Mehl, Wasser, Salz und selbsthergestellter Sauerteig verwendet werden und das Mehl muss zu 75% aus einheimischem Getreide bestehen. Südtiroler Brot mit dem Qualitätszeichen ist frei von Konservierungsstoffen, Geschmacksverstärkern oder anderen chemischen Zusätzen. Für die Herstellung des Südtiroler Apfelstrudels dürfen nur Butter und Äpfel aus Südtirol verwendet werden. Die Einhaltung der Qualitätskriterien wird durch unabhängige Kontrollen gewährleistet.

Weitere Informationen:
www.suedtirolerbrot.com und
www.brotmarkt.it

AUSFLUGSZIEL:

Die Römerstadt Augusta Raurica

Augusta Raurica lag am Knotenpunkt wichtiger Verkehrsrouten: Hier trafen die Nord-Süd-Verbindungen von Italien ins Rheinland und die West-Ost-Verbindung von Gallien an die Donau und nach Rätien auf den Rhein. Der Fluss war eine der wichtigsten Verkehrsachsen des römischen Reiches. An dieser strategisch bedeutsamen Stelle gründete Lucius Munatius Plancus, einer der Feldherren Caesars, im Jahre 44 v. Chr. die Colonia Raurica, den ältesten römischen Stützpunkt am Rhein. Die frühesten archäologischen Spuren stammen aber erst aus der Zeit um 15 v. Chr. Nachdem die römische Armee auch das Gebiet jenseits des Rheines erobert hatte, entwickelte sich Augusta Raurica zu einem regionalen Zentrum mit Marktplätzen, Theatern, Thermen und Tempeln. Zur Blütezeit lebten und arbeiteten hier zwischen 10.000 und 15.000 Menschen.

Im 3. Jahrhundert n. Chr. mussten die Römer die nördlichen Reichsgrenzen an den Rhein zurückverlegen. Das einstige Stadtzentrum rund um das Forum wurde verlassen; in Kaiseraugst errichtete die Armee ein mächtiges Kastell. Im frühen Mittelalter entstand daraus eine Siedlung, die für

Die Römerstadt Augusta Raurica lässt die Vergangenheit lebendig werden.

Brotbackofen aus römischer Zeit bei der Ausgrabung

Der restaurierte Backofen aus römischer Zeit

einige Zeit Bischofssitz der Region war. Im 7. und 8. Jahrhundert begann der Aufstieg des rheinabwärts gelegenen Basel. Die ehemalige blühende römische Koloniestadt Augusta Raurica wurde zum Fischerdorf.

Den Basler Humanisten war Augusta Raurica seit dem 16. Jahrhundert bekannt. Aus dieser Zeit stammen die ersten nachgewiesenen Funde. Doch erst vor 150 Jahren begann das systematische Sammeln aller hier zutage gekommenen Objekte. Die Grabungen der letzten 100 Jahre haben zahlreiche Funde und einen berühmten Silberschatz ans Tageslicht gebracht.

Neben verschiedenen Monumenten wie dem mächtigen Theater, einer imposanten Tempelanlage, dem Forum – dem ehemaligen wirtschaftlichen und politischen Zentrum – konnte auch ein Brotbackofen aus dieser Zeit freigelegt werden. Er ist der älteste bzw. best erhaltene Backofen nördlich der Alpen. Das Museum von Augusta Raurica steht Familien, Individualtouristen, Gruppen und Schulklassen offen und lässt hier die Geschichte lebendig werden.

Museum Augusta Raurica
Giebenacherstraße 17
CH-4302 Augst
T+41 (0)61 5 52 22 22
F+41 (0)61 5 52 22 61
mail@augusta-raurica.ch
www.augusta-raurica.ch

REZEPT:

Römerbrot aus der römischen Brotbackstube von Augusta Raurica

von Urs Berger, Bäckermeister in Augst

Zutaten:

- 750 g Weizenschrotmehl
- 500 g Wasser (handwarm)
- 1 TL Salz (10 g)
- 1 TL Honig (10 g)
- 20 g Hefe

Zubereitung:

Aus den Zutaten einen möglichst weichen Teig schlagen, warmstellen und aufgehen lassen. Erneut durchkneten, zwei runde Laibe formen und nochmals gehen lassen (auf Backblech oder in Formen). Ein leichteres, luftigeres Brot erhält man, wenn ein Teil des Schrotmehles durch Ruchmehl (Weißmehl) ersetzt wird.

Römerbrot aus Weizenschrotmehl

Das Feuer:

Der Ofen von Augusta Raurica fasst maximal 30 Brote zu 600 g, er ist zwei Stunden vor dem Backen anzufeuern. Zugloch öffnen, ein Harass oder eine „Welle" (Bündel) Holz locker aufschichten, damit möglichst viel Luft dazukommt. Wenn das Holz richtig brennt, auf der ganzen Herdfläche verteilen und nochmals eine halbe „Welle" auflegen. Die Glut erneut gut verteilen, damit der Boden gleichmäßig erhitzt wird. Unmittelbar vor dem Backen die Glut herausnehmen und den Ofen mit einem nassen Jutesack „aushudeln" (auswischen). Die Brote einschießen, Ofentüre und Zugloch schließen.

Backen:

Die Backzeit ist abhängig von der gespeicherten Hitze und der Anzahl der Brote. Sie kann 40 bis 80 Minuten betragen. Werfen Sie nach halber Backzeit einen Blick in den Ofen. Bräunt sich das Brot schnell, so muss das Zugloch mehr geöffnet werden.

Das Theater von Augusta Raurica

Technischen Raffinessen sind keine Grenzen gesetzt.

Grundsatzentscheidung für den eigenen und selbst gebauten Brotbackofen

Ich hätte dieses Buch nicht geschrieben, wäre ich nicht vom Eigenbau eines Brotbackofens überzeugt. Aber worin liegt eigentlich die Faszination? Was ist es, was einen Brotbackofen ausmacht? Wollen wir ein Stück Unabhängigkeit zurückgewinnen? Unser Geschick erproben? Ist es an der Zeit, uns wieder zu erden und eine solch archaische Tätigkeit in unser modernes Leben einfließen zu lassen?

Den Traum vom eigenen Brotbackofen hegen viele. Oft scheitern sie jedoch am materiellen oder zeitlichen Aufwand, am Platzbedarf oder sie wissen schlichtweg nicht, wie sie zu einem eigenen Ofen kommen sollen. Zunächst ist also wichtig, eine zuverlässige Quelle zu finden, aus der man sich alle wichtigen Informationen entnimmt. Eine entscheidende Frage ist zum Beispiel, was so ein Ofen eigentlich kosten soll. Und hat man diese Information, muss man natürlich zwischen Kosten und Nutzen abwägen. Viele geben an diesem Punkt schon wieder auf, aber das muss nicht sein! Ich möchte hier Möglichkeiten aufzeigen, wie der Traum vom Brotbacken im Holzofen Wirklichkeit wird.

Feuerschüren und Brotbacken

von Roswitha Huber

Ich wollte Brot backen. Getreide mahlen, Teig kneten und formen. Das Feuer sehen, die Hitze spüren. Etwas anderes kam nicht in Frage. *„Warum tust du dir das an?"*, fragte meine Schwiegermutter. *„Ich bin so froh, dass ich es jetzt einfacher habe mit dem elektrischen Ofen und du, du fängst wieder von vorne an!"* Damals schwieg ich. Heute würde ich sagen: *„Ich verstehe dich. Du arbeitest viel und hart. Zu viel. Der Strom macht es einfacher, leichter. Aber ich? Ich will mit Schulklassen arbeiten, den Kindern L E B E N S mittel näherbringen – ihnen wieder zurückgeben, was man ihnen in der heutigen modernen Zeit vorenthält: das Feuer, die Wärme, das Knistern, den Geruch, das Matschen, das Formen, das Wandeln, das Schaffen."*

Viel später bemerkte ich, dass „Brot aus dem Feuer" anders schmeckt. Ja, es stimmt! Ich habe mich entschlossen, Holzofenbrot zu backen, ohne es jemals vorher gekostet zu haben. Woher auch? Weit und breit gab es niemanden, bei dem ich das hätte probieren können. Weder in meiner Kindheit, noch später in meinem Leben. Da und dort stand ein winziges Häuschen, einer Kapelle nicht unähnlich, von dem man sagte, es wäre darin Brot gebacken worden. Irgendwann, vor langer Zeit...

Seit ich backe, suche und finde ich Menschen, die dasselbe tun: Sie alle sind feuerschürende Brotbäcker. Meine Lehrmeisterin, die Hohner Traudi, fand ich bei mir zu Hause in Rauris. Sie war damals, als ich damit anfing, die einzige Bäuerin, die ihr Brot noch im Holzofen machte. *„I dua jo des nu gonz oitgvaterisch – und sche is a ah neama, da Ofn...!"* Traudi wurde zu meiner ersten Lehrmeisterin. Was für ein Glück! Sie weihte mich in ihre Geheimnisse ein und ich bekam Mut, es selbst zu probieren. Und so bauten wir auf der Kalchkendlalm einen Brotbackofen. Der Biologe Fritz Seewald kam mit seinen Studenten und packte

mit an. Er gab mir den berühmten Schubs: Tu es! Wir brauchen das, genau das! Unsere Kinder verkümmern. Das Hirn wird gefüttert, aber nicht der Hausverstand, der Hirn, Hand und Herz zusammenbringt. Kinder brauchen Erde, Feuer, Wasser, Luft, sie brauchen etwas zum angreifen, sie müssen wieder mit ihren Händen spüren dürfen.

Damals, auf der Suche nach dem richtigen Brot und dem richtigen Holz, kam ich ins Gespräch mit einem Bauern aus Niederösterreich. *„Alles kannst du nehmen zum Heizen, nur kein Lärchenholz."* Einige Wochen später im Gespräch mit einem Bauern aus Kärnten: *„Nimm Lärche, das ist das Allerbeste!"* Ja, was nun? Viel später fand ich eine Erklärung dafür: Der Eine konnte mit Lärche als Brennholz umgehen, weil Lärchen vor seiner Tür wuchsen. Der andere Bauer lebte in einer Gegend ohne Lärchenholz. Vielleicht hat er nur ein einziges Mal Lärche verwendet und es hat nicht geklappt? Die Moral von der Geschichte war für mich auf jeden Fall: Nimm, was vor deiner Türe wächst. Nimm immer dieselbe Holzart, gleich lang abgelegen, gleich lang geschnitten, ... dann kann nicht viel schiefgehen!

Ich begann noch andere Holzofenbrotbäcker zu suchen. Ich suchte, ich fand und sie fanden mich. Überall auf der Welt. Viele Jahre ging ich jeder Spur nach, wann immer mir jemand etwas Interessantes über Brot erzählte. „Roberta's" in New York, „Poilâne" in Paris, Marina auf Karpathos, unzählige kleine versteckte Öfen in Gärten,

Schuppen und Höfen in Albanien, der Ukraine, am Sinai, in Ouahigouya in Burkina Faso, auf Madagaskar, in Wendling, Kubing und Märzendorf. Die Zahl der Holzofenbrotbäcker ist gewachsen – überall! Die Sehnsucht nach Einfachheit wurde ebenfalls größer. Dort und da beginnt wieder einer oder eine, eröffnet eine Bäckerei mit der Überzeugung, dass es sich lohnt, gutes Brot zu verkaufen. Gerade jetzt spüre ich den Aufwind – Aufwind für gutes Brot und für den Meister dieses Handwerks!

Mittlerweile ist das Salzburgerische Raurisertal das Tal mit der größten Dichte an Brotbacköfen (alte und neue) in Europa! Auch das Brotfest in Rauris wurde zu einem Pflichttermin für Holzofen-Brotbäcker von Nah und Fern. Wenn nun einer von euch Lesern denkt, es gäbe noch irgendwo auf der Welt ein „Brotofenmekka"... meldet euch!

Seit mehr als zwanzig Jahren backe ich nun mein Brot (und anderes) im Holzofen. Warum Holzofenbrot? Weil es anders schmeckt! Besser – wenn alles stimmt. Wie sich Mehl und Wasser verbinden, zur Einheit werden, sich entwickeln, aufgehen, außen hart und innen weich bleiben. Das ist echtes Brot. Mehl, Wasser und Salz. Die richtige Hitze. Die heißen Bodenplatten, die Strahlungshitze des Gewölbes, die heiße Luft. Es ist auch die Aufmerksamkeit, die Konzentration, die ich fürs Backen im Holzofen brauche. Ohne volle Aufmerksamkeit kein gutes Brot. Es ist das Knacken und Knistern, der beißende Rauch, die Wärme, der Geruch, die Geduld... Ich backe, wenn die Sonne herunterbrennt, wenn es regnet, stürmt oder schneit. Aber am schönsten ist es frühmorgens – ohne Regen, Schnee und Wind. Und ich denke: Was braucht der Mensch? Liebe, Phantasie – und gutes Brot... das wünsche ich euch von Herzen!

Ihre Roswitha Huber

Verein „Kalchkendl – die Schule am Berg"
kalchkendl@rauris.net
www.schule-am-berg.at

VERANSTALTUNG:

Brotfest in Rauris

Alle zwei Jahre lädt Roswitha Huber gemeinsam mit Lutz Geißler zum Internationalen Rauriser Brotfest ein. Dabei geht es drei Tage lang um das Thema Brot, um den Austausch von Wissen rund um das Brotbacken im Holzbackofen und um das Kennenlernen anderer Brotkulturen. Besucher können auf dem Brotfest alles vom Bau eines Brotbackofens bis zum fertigen Brot erleben. Vorträge von Experten, die Möglichkeit, verschiedene Brotbacköfen von Selberbäckern zu besichtigen und ein musikalisches Rahmenprogramm runden das Wochenende ab. Zudem gibt es einen großen Brotmarkt mit Brotbackvorführungen in unterschiedlichen Holzbacköfen und einen Bauernmarkt, auf denen man viele kulinarische Köstlichkeiten probieren und erwerben kann.

Kontakt und weitere Informationen:
Roswitha Huber
Fröstlbergweg 44
5661 Rauris-Wörth
Österreich

T+43 664 4307217
roswitha.huber@rauris.net
www.rauriserbrotfest.at

Brotbacken beim Brotfest in Rauris

Funktionsanalyse eines Brotbackofens

Die erste Überlegung sollte immer sein, wie oft der Brotbackofen genutzt werden soll und welche weiteren Funktionen er noch erfüllen kann. Am besten ist es, den Brotbackofen vor Beginn nach Methodik der Permakultur einer Funktionsanalyse zu unterziehen. Im Vordergrund muss dabei immer stehen: was braucht das Element, damit es mich unterstützen kann?

Im Folgenden finden Sie eine Auflistung der verschiedenen Funktionen, Bedürfnisse und Charakteristika eines Brotbackofens, die Sie vor Beginn des Baus auf jeden Fall beachten sollten.

Die Bedürfnisse eines Brotbackofens

- regelmäßige Nutzung: der Brotbackofen sollte mehr als nur ein Dekostück sein
- ausreichend Platz an einem feuersicheren, trockenen und geschützten Standort
- Naturbaustoffe wie Lehm, Sand und Stroh oder Schamotte und feuerfester Mörtel
- genügend Arbeitsleistung und/oder Geldleistung muss investiert werden
- Nachbetreuung: fünf Minuten Aufmerksamkeit jeden Tag ersparen viele unliebsame Überraschungen
- Trockenzeit: je nach Wetterlage muss der Ofen mehrere Wochen trocknen
- die richtige Jahreszeit: bevor der Frost kommt, muss der Ofen getrocknet sein
- gutes Brennmaterial für das Feuer: je nach Region und Verfügbarkeit, z.B. Fichten- oder Buchenholz
- Luft (Sauerstoff), damit das Feuer gut brennen kann
- Hitze, die gespeichert und wieder ans Brot abgegeben werden kann, muss entstehen können
- verschließbare Türe für die Zeit während des Backprozesses muss vorhanden sein
- ein nahegelegener warmer Arbeitsbereich zur Teigherstellung und zum Rasten der Teigrohlinge sollte vorhanden sein
- Werkzeug zum Reinigen und Beschicken des Brotbackofens muss vorhanden sein
- Zugriff auf Wasser: Glut, die aus dem Ofen geräumt wird, kommt in ein Wasserbad, mit einem nassen Tuch wird die Backfläche je nach Bedarf abgekühlt
- Backgut: je nach Familiengröße oder auch Backgemeinschaft in einem bestimmten Zeitraum

Auch das Brennholz für den nächsten Backtag kann mit der Restwärme getrocknet werden.

Das Verhalten eines Brotbackofens

- wärmespeichernd: der Backraum wird mit in Holz gespeicherter Sonnenenergie erhitzt
- wärmeabstrahlend: die Brotbackofenwand und die Backfläche geben Hitze an das Backgut ab
- dämmend: eine Dämmschicht verhindert Wärmeleitung nach außen und zu rasche Abkühlung
- veredelnd und haltbarmachend: Backgut wird durch den Backprozess genussfähig, veredelt und lager- und transportfähig
- rauchend: je nach Witterung, Brennmaterial, Zu- und Abluft und Anfeuerplatz im Ofen
- aufnehmend und abgebend: die Backofenwand nimmt Feuchtigkeit vom Backgut auf und gibt sie wenn möglich nach außen ab

- verwertend: Holzabfälle wie Sägespäne und Hobelscharten können zum Entzünden des Feuers verwendet werden
- trocknend: nicht nur Früchte, Pilze und Kräuter können mit der Restwärme getrocknet werden, sondern gleich auch das Brennholz fürs nächste Mal oder sogar Wäsche über dem Ofen

Die Charakteristika eines Brotbackofens

- winterfest: ein Dach schützt den Ofen vor Dauerberegnung und Auffrieren im Winter
- kostengünstig: ein hoher Eigenleistungsgrad kann eingebracht, Naturbaustoffe und Altbaustoffe verwendet werden
- praktikabel: je nach Möglichkeiten und Verwendungszweck kann der Ofen einfach oder komplex ausgeführt werden
- reduzierte Abhängigkeit: ein Holzbackofen braucht keinen Strom
- mobil: je nach Ausführung kann ein Brotbackofen transportabel oder fix an einem Ort verankert sein

Mobiler Brotbackofen am Speckfest in Villnöß in Südtirol

Auch Lasagne oder Fischgerichte können im Ofen zubereitet werden.

Die Produkte eines Brotbackofens

- Strahlungs- und Konvektionswärme auf das Backgut
- Abwärme nach außen zum Trocknen und Verweilen in der Umgebung
- warme Luft, Rauchgase und Teer je nach Qualität des Brennmaterials
- Holzkohlereste für eine Komposttoilette oder den Kompost zur Herstellung von Terra Preta
- Holzasche zum Düngen im Garten, für die Seifenherstellung, zum Abwaschen usw.
- Ambiente im Feuerschein am Brotbackofen bei ofenfrischer Pizza

Holzkohlenreste / Asche

Holzkohlenreste:
bis maximal 40 % anteilig im Gemüsebeet (am besten zuvor einfach zerkleinert in den Kompost!)

Asche:
maximal 3 Liter pro 10 m^2 pro Jahr zum Düngen des Garten

Multifunktionalität – jedes Element erfüllt mehrere Funktionen

Neben der Funktionsanalyse sollte man sich auch mit der Multifunktionalität eines Brotbackofens beschäftigen. Mit der abstrahlenden Wärme im Backraum können je nach Temperatur Pizza, Brot und verschiedenen Gerichte im Topf oder in der Pfanne gebacken oder auch gegart werden. Mit der Restwärme kann Dörrobst getrocknet werden. An der warmen Außenseite kann man altes, in Scheiben geschnittenes Brot, das zur Fütterung von Haustieren gedacht ist, zum Trocknen auflegen. Die Dachfläche kann als Gründach mit verschiedenen Sukkulenten oder auch Kräutern bepflanzt werden, das Dachwasser wird vom Substrat gereinigt und kann in Regentonnen oder Zisternen gespeichert werden. Seitlich und auf der Rückseite können Wein, Kiwi, Shisandra, Hopfen, Erdbirnen und Akkebie hochranken. Unter dem Brotbackofen kann das Brennholz gelagert werden.

Die richtige Größe zählt

Es ist wichtig, sich beim Bau eines Brotbackofens nicht zu übernehmen und den Ofen nicht zu groß zu gestalten. Wenn er gut gebaut und ausreichend gedämmt ist, können sich zwei oder mehr Chargen Brot bei einmaligem Aufheizen ausgehen. Zudem passen beispielsweise in einen runden, kuppelförmigen Brotbackofen mit einem Durchmesser von 130 cm ca. 15 runde Roggensauerteigbrote zu je 1 kg, ohne dass die Teiglinge sich gegenseitig oder die Wand berühren.

Am besten ist, man überlegt sich vor Beginn der Bauarbeiten, wie hoch der Bedarf der Familie oder der Backgemeinschaft für zwei Wochen ist, und teilt diesen durch ein bis zwei Chargen. Für diese ermittelte Anzahl an Broten fertigt man dann je eine Schablone an und legt diese mit etwas Abstand (eben so viel, wie zwischen den richtigen Brotlaiben sein sollte) zueinander in einem Kreis oder Oval auf. Nun kann der Durchmesser des Innenraumes, den der geplante Ofen haben sollte, ganz leicht ermittelt werden. Addiert man nun noch zweimal die Wandstärke des Brotbackofens, ergibt sich der Außendurchmesser.

Die Brote sollen sich beim Aufgehen nicht berühren.

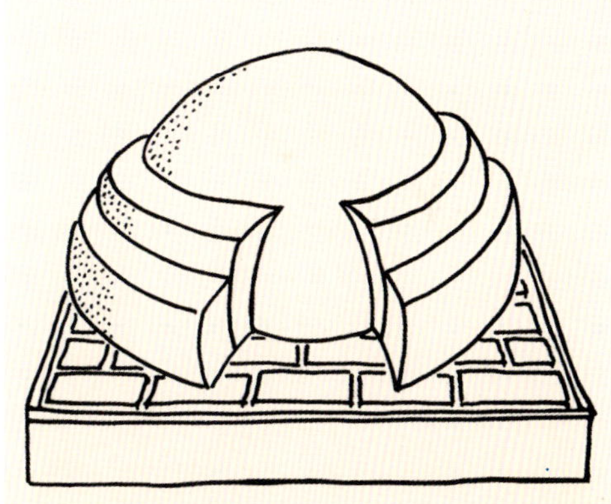

Zur Bestimmung der richtigen und endgültigen Größe des Brotbackofens ist die ermittelte benötigte Backfläche und die Wandstärke des Ofens zu berücksichtigen.

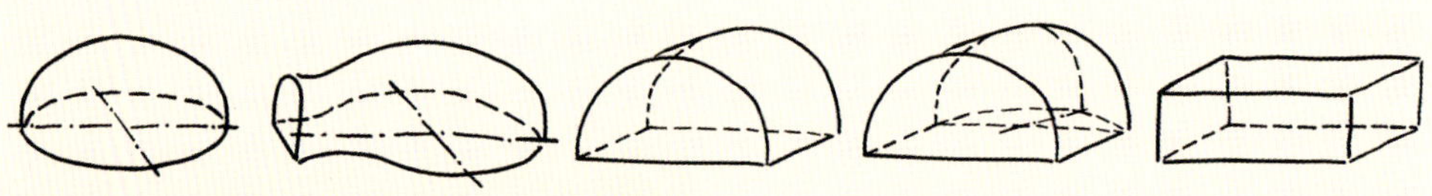

Die Evolution des Backraumes: kuppelförmig, birnenförmig, walzenförmig, walzenförmig mit angeschlossener Kuppelform und rechteckig. Je nach Entwicklungsstufe des Menschen und vorhandenen Baustoffen entwickelte sich der Backraum von der umwölbten Feuerstelle bis hin zum quaderförmigen, elektrisch beheizten Backraum.

Rekonstruktion eines afrikanischen Rundhauses mit Naturmaterialien wie Holz, Lehm, Sand, Stroh und Schilf für den Kindergarten in Langenlois/ Niederösterreich in Zusammenarbeit mit der Maurerberufsschule Langenlois

Traditionell versus modern, selbst gebaut versus vom Profi

Seit Jahrtausenden werden für den Bau von Häusern, Kultstätten und nicht zuletzt Feuerstellen und Brotbacköfen Naturbaustoffe wie Holz, Lehm, Sand, Stein und Stroh verwendet. Frühere Öfen waren meist rechteckig mit Tonnen- bzw. Walzengewölbe, hatten Tonnengewölbe mit angeschlossener halbrunder Kuppel, waren birnenförmig oder kuppelförmig.

Der moderne Brotbackofen in Backstuben ist meist eckig und wird werkseitig aus Edelstahl, Schamotte und elektronischen Bauteilen vorgefertigt. Er muss mehr oder weniger nur noch an den richtigen Platz gerückt und an den Strom angeschlossen werden. Besonders wichtig ist, auf die Qualität der Schamotte zu achten. Hochwertige Schamotte wird aus aufbereitetem, zerkleinertem und gebranntem Ton hergestellt, der bei Temperaturen bis 1.400 °C gebrannt wird. Je hitzebeständiger und hochwertiger die Schamotte, desto länger muss sie gebrannt werden. Wird Schamotte verwendet, muss unbedingt darauf geachtet werden, dass die Platten lebensmittelecht sind. Zu industrieller Schamotte wird als Zuschlag oft Aluminium zugemischt. Der Einsatz von Aluminium im Lebensmittelbereich ist aber heftig umstritten, da er mit Gedächtnis- und Sprachstörungen (speziell mit Alzheimer) in Verbindung gebracht wird. Es ist daher wichtig, dass beim Eigenbau mit neuer oder auch gebrauchter Schamotte nur lebensmittelechte Schamotte verwendet wird. Im Zweifelsfall ist auf eine Verwendung bzw. Wiederverwendung im Backraum eher zu verzichten.

VERGLEICH:
Brotbackofen mit handelsüblichen Materialien oder Naturbaustoffen gebaut

Je nach handwerklichem Geschick oder auch Vorkenntnissen sollte man seinen Brotbackofen planen und bauen. Am einfachsten ist und bleibt der Bau mit den Materialien, die uns die Natur bereitstellt. Das Ergebnis – köstliches, selbst gebackenes Brot oder verschiedene Backofengerichte – wird gleich sein!

Die Anschaffung und Verarbeitung von handelsüblichen Materialien, Ziegelsteinen oder Schamotte kann kosten- und zeitintensiv sein.

Naturmaterialien wie Lehm, Sand und Stroh sind meist zur Gänze lokal zu finden. Angepasste Mischformen wie eine Backkuppel aus Lehmgemisch und eine Backfläche aus Schamotte oder Ziegelsteinen sind am praktischsten und liefern für den Eigenbau die besten Ergebnisse.

Mit Schamotte, Ziegel oder Stein gemauerte Brotbacköfen brauchen:

- Fachwissen
- handwerkliches Geschick
- hohen Zeitaufwand
- teure Baustoffe
- Maschineneinsatz
- geringe Eigenleistung bzw. Mithilfe ist möglich

Mit Lehm, Sand und Stroh geformte Brotbacköfen brauchen:

- Hausverstand
- handwerkliches Geschick
- Kreativität
- Zeitaufwand je nach Ausführung
- kostengünstige bis kostenlose Naturbaustoffe
- Handwerkzeuge
- Selbstbau ist möglich

Naturmaterial: je nach Beschaffung kostengünstig bei hohem Eigenleistungsgrad

Bäckerplatte (lebensmittelechter Schamotte)

Die Lösung direkt vor der eigenen Haustür: Lehm

Wie bereits erwähnt, haben beide Varianten ihre Vor- und Nachteile und es sollte ganz nach den eigenen Bedürfnissen entschieden werden, welches die bessere Lösung ist. Für mich ist das eindeutig der Selbstbau. Ein ausschlaggebender Faktor dafür ist vor allem die Verfügbarkeit der benötigten Baustoffe. Denn eigentlich finden wir alles, was wir für den Eigenbau brauchen, vor unserer Haustüre oder ganz in der Nähe: Sand, Stroh, Holz zum Beheizen und vor allem unseren Hauptbaustoff Lehm.

Der Brotbackofen im Backhäusl in Betrieb

BEISPIEL AUS DER PRAXIS:

Das Gemeinschaftsbackhaus in Widdersberg

von Sabine Bloch, Dr. Klaus Seeholzer, Wolfgang Werner und Walter Holzer

Jahrzehntelang unbenutzt, überwuchert von Brennnesseln und Büschen, das Dach undicht, im Vorraum und Ofen der Unrat von Jahrzehnten. Dass da hinter dem ehemaligen Wagner-Hof ein altes Backhaus stand, war den wenigsten Widdersbergern bekannt. Der Abbruch dieses Bauernhauses einschließlich Backhaus war bereits genehmigt. Von einem Kenner bäuerlicher Baukultur wurde jedoch der Erhalt des Backhäusls angeregt und es bestand Hoffnung, das Backhäuschen am ursprünglichen Platz zu belassen oder zumindest in großen Teilen zu versetzen. Ganz plötzlich begannen dann überraschend die Abbrucharbeiten. In einer eilig einberufenen Versammlung sprachen sich 20 Widdersberger für einen Wiederaufbau auf dem Gelände des Widdersberger Spielplatzes aus, einem gemeindeeigenen Grundstück neben dem ehemaligen Widdersberger Gemeindehaus.

Einige Anwesende waren bereit, sich an Abbau und Wiederaufbau – und später beim Backen – zu beteiligen. Es sollte nicht nur ein Baudenkmal erhalten werden, sondern ein wieder nutzbares Backhaus für das Dorf entstehen. Im Februar genehmigte der Gemeinderat Herrsching einstimmig den Wiederaufbau am Spielplatz und freiwillige Helfer begannen, das alte Backhaus abzubauen. Alles, was wie Holzbalken, Dachziegel und Mauersteine wiederverwendbar sein könnte, wurde eingelagert. Auf der Grundlage der Bestandsvermessung erstellte ein Architekt den Eingabeplan für die Rekonstruktion des Backhäuschens. Schließlich wurde die Baugenehmigung durch die Gemeinde Herrsching erteilt und ein Baukostenzuschuss zugesagt.

Das alte Backhaus am ehemaligen Wagner-Hof in Widdersberg als Vorbild für ein gemeinschaftliches Backhaus

Die Suche nach einem geeigneten Backofenbauer erwies sich als schwierigste praktische Hürde. Es gab sehr teure Angebote und auch unpraktikable und von dem alten Backhäuschen weit entfernte Ideen. Durch eine Fernsehsendung wurden wir auf einen Spezialisten aus Kasparzell im Bayerischen Wald aufmerksam, der die alte Kunst des Backofenbaus noch beherrscht. Dieser war bereit, das Backhaus mit Helfern aus Widdersberg aufzubauen. Mit Zimmerer- und Schreinerarbeiten wurden Gesamtkosten von rund 16.360 Euro errechnet. Dazu kamen am Ende mehr als 450 unentgeltliche Arbeitsstunden, die von freiwilligen Helfern aus Widdersberg geleistet wurden.

Wenig später wurde der Freundeskreis „Backhäusl Widdersberg" als nichtrechtsfähiger gemeinnütziger Verein gegründet. Damit hatten Gemeinde und Handwerker einen festen Ansprechpartner, Spender konnten nun eine Zuwendungsbestätigung erhalten. Der lose Zusammenschluss der Helfer bekam eine feste organisatorische Struktur.

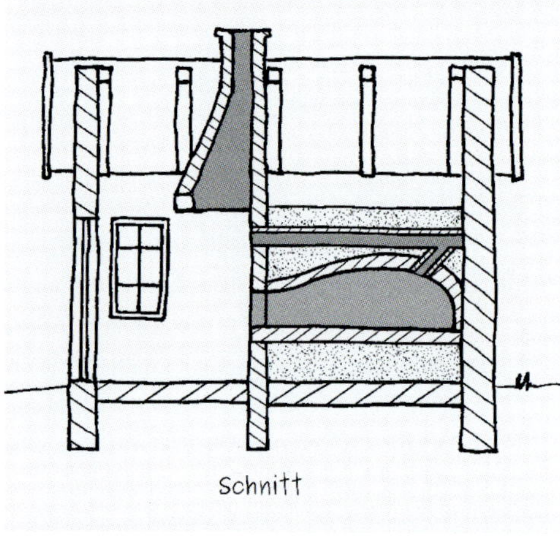

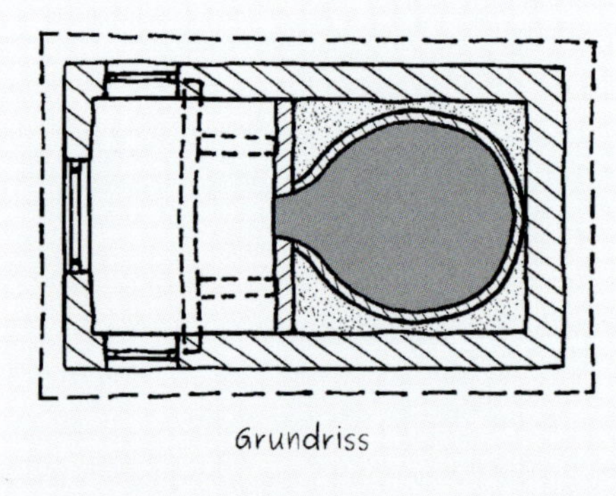

Nach dem Bauplan vom Backhäusl aus dem Jahr 1868

Baugeschehen beim Backhaus in Widdersberg

Einige Monate später rückte die Baufirma mit schwerem Gerät an und hob die Baugrube für das neue Backhäuschen aus. Am Abend des 8. April war dann die Bodenplatte betoniert. Am nächsten Tag haben wir die Umfassungswände bis zum Ofentisch gemauert und die Bodenplatte für den Ofentisch betoniert. Auf diesen Ofentisch wurde trockener Quarzkies in der Körnung 16/32 mm etwa 30 cm dick aufgetragen. Dieses Material wurde verwendet, damit der Ofen von unten her nicht feucht werden kann. Als Fundament für das Gewölbe wurde auf die Quarzkiesauffüllung mit Kalkmörtel eine Schicht Ziegelsteine gemauert. Diese nach hinten leicht ansteigende Schicht bildete den späteren Backofenboden.

Die Wiederverwendung der alten Steine hatte bei der Vorbereitung zu langen Diskussionen geführt. Unser Backofenbauer Hans Maurer überzeugte uns, für den Backofenbau neue Steine zu verwenden, da die Steine vom alten Backhaus durch jahrelange Verwitterung spröde und brüchig waren. Letztlich war es ein hygienischer Gesichtspunkt, der uns überzeugte, denn die neuen Steine waren brandhart, sauber und frei von Abrieb – schließlich wollten wir das Brot von diesen Steinen essen.

Die Steine aus dem alten Backhaus fanden dafür Verwendung als Gewölbe bei den Fensterstürzen, über der Feuerungsöffnung und als gestalterisches Element in der Ofenaußenwand. Trotz Arbeitszeiten von 7:00 bis 20:30 Uhr verbrachten wir jeden Abend mit Hans Maurer und führten Fachgespräche über die Kunst des traditionellen bayerischen Backofenbaus und ließen uns vom Brotbacken und Feste feiern in seiner Dorfgemeinschaft berichten.

Die zweite Woche wurde dann richtig spannend. Das Mauern des Ofengewölbes stand auf dem Programm. Wir hatten verschiedene Vorstellungen aus Berichten anderer Ofenbauer, die hierzu

Die Gibelwände werden hochgezogen.

ein Holztraggerüst bauten oder eine Lehm-Sand-Schüttung (oder Sägemehlform) als Unterkonstruktion modellierten. Aber unser Maurer konnte das ohne Hilfskonstruktion. Wir staunten nicht schlecht und waren sehr gespannt. Die Kunst dabei ist wohl, dass die gebrannten Vollziegel mit reinem Lehmmörtel vermauert oder besser gesagt verklebt werden. Der Lehm musste dafür besonders vorbereitet werden. Damit er nicht zu fett war, wurde Sand beigemischt. So entstand innerhalb von zwei Tagen in fachmännischem Verband Ringschicht für Ringschicht das Gewölbe und der Schlussstein konnte eingesetzt werden.

Auf das fertige Gewölbe wurden nun die Rauchabzüge gemauert. Sie verlaufen von den beiden Rauchöffnungen im hinteren Teil des Ofens über die Wölbung nach vorne und münden oberhalb der Schüröffnung im Vorraum des Backhauses. Von hier aus zieht der Rauch über den Kamin ins Freie ab.

Auf die gesamte Oberseite des Gewölbes und der Rauchzüge kam jetzt eine dicke Lehmschicht. Hierzu wurde die gleiche Mörtelmischung wie beim Mauern verwendet. In diese Schicht wurden Vollziegelsteine eingedrückt. Das Ganze wurde nochmals mit Lehm abgedeckt. Diese Schichten sollten als Wärmespeicher beim Backen dienen.

Nun war der Backofen fertig. Nebenbei hatte auch das Backhaus seine Form angenommen, sodass der Zimmerermeister am siebten Arbeitstag den Dachstuhl aufstellen konnte. Der zentrale Balken, auf dem der Kamin ruht, konnte aus dem alten Bau nach Erneuerung der abgefaulten Enden wieder eingebaut werden. Der Dachstuhl wurde ergänzt mit alten Balken, die bei einem Stadelabbruch in Andechs gerettet wurden. Die Dachdeckung erfolgte mit alten Biberschwanzziegeln, zum Teil von der Deckung des alten Backhauses, ergänzt mit gespendetem Material.

Nun musste nur noch der Lehm ganz austrocknen: Nach vier Wochen konnte das erste Feuer im Ofen angezündet werden. In der Zwischenzeit fertigte ein Schreinermeister Türen und Fenster aus Eichenholz an und baute sie ein.

Ab 17. Mai wurde der Ofen eine komplette Woche durchgeheizt, das heißt es musste langsam aufgeheizt und dann eine Woche ohne Unterbrechung das Feuer im Ofen gehalten werden. Das war wichtig, damit die Restfeuchte austrocknet und die Lehmpackung auf dem Gewölbe fest wird. Dazu teilten wir Schichtdienst ein, da etwa alle 3–4 Stunden (auch nachts!) Holz nachgelegt werden musste. Als Belohnung wurden die ersten Köstlichkeiten wie Pizza und Braten im Ofen erprobt und in geselliger Runde verspeist.

Den letzten Schliff erhielt das Backhaus dann im Juni mit dem Auftragen des Außenputzes aus reinem Kalkmörtel. Den Anstrich mit reinem Kalk und das Verlegen des Fußbodens aus alten Ziegeln machten wir wieder in Eigenleistung: Während der Bauzeit waren mehrere neue Helfer dazu gestoßen, die auch bei der Wiederherstellung des Außenbereiches halfen.

Seine Bewährungsprobe bestand der fertige Ofen beim ersten Backversuch, als wir nach gut 1 ½ Stunden Backzeit 20 dunkelbraune, knusprige Brotlaibe aus dem Ofen holten.

Brotbacken im Holzofen

Während das Backhäuschen geplant und gebaut wurde, hat ein kleiner Kreis auch an die Nutzung des Backofens zum Brotbacken gedacht. Vielen offenen Fragen standen wenige schlüssige Antworten gegenüber. Reicht denn die bescheidene Erfahrung der mit kleinen Teigmengen im Elektroherd experimentierenden Gelegenheits- und Hobbybäcker, um diesen großmächtigen Holzbackofen erfolgreich zu betreiben? Anfangs hatten wir keine genaue Vorstellung, wie so große Teig- und Brotmengen und das Feuer im Ofen zu bewältigen sind. Also haben wir uns umgeschaut, wo und wie in der Praxis Holzofenbrot gebacken wird. Neben einem Backofentag im Bauernhofmuseum auf der Glentleiten hat uns vor allem das Backen auf einem Hof, auf dem regelmäßig gebacken wird, anschaulich vor Augen geführt und miterleben lassen, wie man mit großen Teigmengen und dem Holzofen umgeht.

Mit dieser Erfahrung gewappnet sind wir guten Mutes ans Werk gegangen. Klar war uns sofort, wir brauchen eine Knetmaschine, denn wer will und kann 40 bis 80 kg Teig von Hand kneten? Sie sollte etwa diese Teigmenge fassen können und noch genügend Platz zum Gehenlassen des Teiglings haben. Nach mehreren abschreckenden Angeboten fand sich ein geeignetes Gebrauchtobjekt: ein Hubkneter mit einem 120-Liter-Kessel. Unsere Absicht war es, ein typisches Bauernbrot wie früher, mit viel Roggenanteil und Sauerteig, im Holzofen einfach und natürlich selber herzustellen. Das Brotmehl (60 % Roggen 997, 40 % Weizen 812) holten wir in 25 kg-Gebinden beim Müller. Den Sauerteig setzen wir aus Roggenvollkornmehl und stillem Mineralwasser an. Nach vier Tagen entsteht daraus der Grundsauer (die zweite Stufe des Sauerteigs), der im Kühlschrank bis zu vier Wochen ruhen kann. Der Grundsauer wird am Vortag des Backens mit 20 bis zu 50 % der Roggenmehlmenge als Vorteig angemacht und über Nacht gehen gelassen.

Am Tag des Backens begannen wir mit dem Heizen des Ofens. Ein kräftiges Feuer aus ein bis zwei Schubkarren Fichtenholz braucht ca. zwei Stunden, um den Ofen auf ca. 300 °C aufzuheizen. Dann braucht er noch eine halbe Stunde, um mit ausgebreiteter Glut die Unterhitze aufzubringen. Nach dem Herausholen der Restglut und dem „Hudeln" darf er nochmal etwa eine halbe Stunde bei geschlossenen Zügen ruhen, bis er die Backtemperatur von 250 °C erreicht hat. Diese Wartezeit kann gut mit Pizzabacken genutzt werden. Etwa gleichzeitig mit dem Einheizen trat auch die Knetmaschine in Aktion. Mehl der richtigen Temperatur, Vorteig, Hefe-Dampfl (Hefe wird zum Brotbacken in warmem Wasser aufgelöst und eine Weile stehen gelassen), Salz und Gewürze wurden im Kessel der Maschine unter Zugabe von warmem Wasser zehn bis fünfzehn Minuten gerührt, bis der Teig sich gut vom Kessel löst und beim Drücken mit der Hand zurückfedert. Aus 25 kg Mehl sind jetzt ca. 40 kg Teig entstanden, der in der warmen Backstube im Backtrog oder ersatzweise in einer Badewanne ein bis zwei Stunden gehen muss. Als Backstube wird bei uns derzeit das Gemeindehaus in Widdersberg genutzt. Hier kann die notwendige Temperatur von 28 bis 30 °C kaum aufgebracht werden, weshalb sich die Gehzeiten des Teiglings unvorhergesehen verlängern können. Bislang müssen wir uns daher mit Heizkissen, Wärmeflaschen und Decken behelfen. Nachdem der Teig etwa auf sein doppeltes Volumen (idealerweise) aufgegangen war, brauchten wir kräftige Hände, um etwa zwanzig Vier-Pfund-Brotlaibe zu kneten und zu formen. Anschließend wurden sie mit Wasser bestrichen und mit dem Kochlöffel gelöchert, eingeschnitten oder mit der Gabel verziert (das sogenannte „Stupfen"). In Backkörben oder auf Backbrettern durften die Laibe jetzt zugedeckt nochmal gehen, bis die Ofentemperatur im Backhäuschen stimmte.

Vor dem Einschießen wurde mittels Mehl- und Zeitungsprobe die Temperatur im Ofen kontrolliert.

Dann wurden die Backbretter mit den Laiben in den Ofenvorraum balanciert. Die Laibe wurden vorsichtig auf den Backschieber gehievt und zügig eingeschossen. Etwa vierzig Vier-Pfünder haben in unserem Ofen Platz. Dann begann die spannende Zeit des Wartens – wird's hell, wird's zu dunkel, war die Hitze richtig? Nach 20 Minuten durften wir kurz hineinschauen, die Farbe des Brotes ist zu diesem Zeitpunkt schon mehr oder weniger endgültig, ebenso wie der Laib schon auf seine endgültige Größe aufgegangen ist. Draußen kann man den Duft des frischen Brotes, der durch den Kamin steigt, schon wahrnehmen. Nach neunzig Minuten war es dann soweit, das Brot wurde ausgeschossen und heraus kamen die warmen Brotlaibe. Nach dem Brotbacken ist noch genug Wärme da, um Pizza, Hefekuchen, Flammkuchen oder den sogenannte Stoass (dünn ausgewalkte Teigreste mit Rahm und Zucker) in den Ofen zu schieben.

Sauerteigbrot schmeckt erst am nächsten Tag. Einen Anschnitt machen wir nur, um die Konsistenz (Kruste, Porung) zu prüfen, dann wird es zur Verteilung freigegeben. Die meisten Brote sind bei uns schon vorbestellt.

Dass man im Holzofen nicht nur Brot backen kann, haben wir schon ausprobiert. Neben köstlichen Pizzas und Aufläufen können auch Fleisch und Fisch gebacken und gebraten werden und natürlich Blechkuchen jeder Art. Damit eignet sich das Backhäuschen auch als Mittelpunkt für gemeinsame Feste im Familien- oder Freundeskreis mit dem schön gelegenen Spielplatz und dem Gemeindehaus im Hintergrund. Wir backen seither im Backhäusl regelmäßig. Außer dem Standard-Bauernbrot wird auch dunkles Vollkornbrot und helles Weizenbrot sowie Kleingebäck gebacken, und zwar im Durchschnitt zwei Mal im Monat.

Zusätzlich treffen wir uns zu Festen im Sommer. Als wir anfingen, kannten sich die meisten von uns höchstens vom Sehen. Über zwei Jahre haben wir uns gemeinsam mit technischen und rechtlichen Fragen, mit der Finanzierung, der Baugeschichte, der Vereinsgründung und nicht zuletzt dem praktischen Backen auseinander gesetzt. Am Ende haben wir nicht nur ein Backhaus wiederaufgebaut, sondern auch neue Freundschaften geschlossen.

Die Protagonisten des gemeinschaftlichen Backhäusls in Widdersberg

Das Rauchhaus Ederbauer aus Köstendorf/Helming ist das älteste Gebäude der Flachgauer Baugruppe im Salzburger Freilichtmuseum. Hier auf dem Bild die gesamte Herdstelle mit Feuerhut (siehe Seite 64).

AUSFLUGSZIEL:

Das Salzburger Freilichtmuseum in Großgmain

Im Salzburger Freilichtmuseum in Großgmain erwarten Sie 100 wiedererrichtete Originalbauten aus Landwirtschaft, Handwerk, ländlichem Gewerbe und Industrie. Während die Museumshäuser die baugeschichtlichen Entwicklungen über einen Zeitraum von fünf Jahrhunderten dokumentieren, dienen die Einrichtungen der Häuser, Ställe und Scheunen der ganzheitlichen Darstellung ländlich-bäuerlicher Lebenswelten.

Das Salzburger Freilichtmuseum ist nicht nur ein beliebtes Ausflugsziel, sondern hat sich darüber hinaus zu einem Kompetenzzentrum für bäuerliche Hausforschung sowie alte Bau- und Bearbeitungstechniken entwickelt. Hier wird sowohl im übertragenen Sinn als auch in praktischer Hinsicht ein bedeutendes kulturelles Erbe an zukünftige Generationen weitergegeben. In Zusammenarbeit mit Universitäten und anderen Institutionen werden auch Forschungen durchgeführt, wie z.B. zum Schlackenputz an Bauernhausfassaden im Salzburger Flachgau.

Salzburger Freilichtmuseum
Hasenweg 263
5084 Großgmain
Österreich
T+43 662 85 00 11
salzburger@freilichtmuseum.com
www.freilichtmuseum.com

Backöfen im Salzburger Freilichtmuseum

Über die frühgeschichtliche Entwicklung eines eigenen Backofens fehlen uns jegliche Hinweise, doch nimmt man an, dass sich der Stubenofen aus dem jahrtausendealten Backofen entwickelt hat, nachdem man seine Wärme kennen und schätzen gelernt hatte. Jedenfalls wissen wir, dass einst auch der Stubenofen zum Brotbacken benützt wurde. Aber auch der Backofen selbst, der ja viel größer als ein Stubenofen war, hatte lange Zeit seinen Platz im Haus, direkt neben dem Stubenofen (Rauchhaus Eder).

Brot wurde das ganze Jahr hindurch benötigt, und so wurde der Backofen in der Stube auch in den warmen Sommermonaten angeheizt, was für die Hausbewohner wohl eher unangenehm gewesen sein dürfte. Aber dies hat nicht zur Verlegung der Backöfen aus den Bauernstuben geführt. Vielmehr stellte der Backofen durch seine ganzjährige Benützung eine erhöhte Feuergefahr für die ganz aus Holz gebauten Bauernhäuser dar. Und so ist ein Erlass des Landesherrn aus dem Jahre 1648 nur verständlich, in dem die Backöfen in den Stuben verboten wurden. Künftig mussten die Backöfen 30 Fuß vom Haus entfernt als eigene kleine Bauten errichtet werden.

Nach altem Pongauer Vorbild errichteter Brotbackofen im Salzburger Freilichtmuseum

Seither ist der freistehende Backofen zu einem typischen Bestandteil eines Bauernhofes geworden und es ist schade, dass gerade in den letzten Jahren diese Bauten immer mehr verfielen oder weggerissen wurden.

Der Pongauer Brotbackofen im Salzburger Freilichtmuseum

Der nach alten Pongauer Vorbildern neu errichtete Backofen, in dem das Grundnahrungsmittel Brot gebacken, aber auch Obst gedörrt wurde, ist eigentlich ein großer aus Steinen und Ziegeln gemauerter Vorderladerofen. Das Heizloch ist durch das über die seitlichen Wangen vorgezogene Legschindeldach geschützt. In diesem Ofen wird mit einer nach alter Erfahrung gleichbleibenden Zahl großer Holzscheite ein Feuer gemacht. Die Glut wird anschließend mit dem Glutschieber und dem „Wisch" entfernt und die Brotlaibe mit der Ofenschaufel eingeschossen. Die Einheiz- und Rauchabzugsöffnungen müssen verschlossen werden, damit der Backvorgang bei etwa 200 °C ungestört vor sich gehen kann.

Der Bau eines Backofens

von Ing. Helmut Dollenz

Der Backofen im Salzburger Freilichtmuseum in Großgmain ist ein typischer Vertreter jener Art, wie er in den Gebirgsregionen Salzburgs noch heute vielfach anzutreffen ist. Wegen der Feuergefahr befinden sich diese Öfen seit alters her nicht im Haus, sondern etwas abseits davon. Oftmals wurden sie mit einer Selch- und Dörrkammer kombiniert.

Zum Bau eines solchen Ofens wurden fast ausschließlich heimische Materialien verwendet. Gemauert wurde er aus Steinen, Findlingen usw. und Kalkmörtel mit hydraulischen Zusätzen (z.B. Traß). Auch eine gewisse Dämmung war durch die Verwendung von Holzasche und Glasscherben bereits vorgesehen. Erst später kamen dann Asbest und Keramikfasern zum Einsatz.

Unser Backofen hat auch noch keinen Kamin, sondern einfach Abzugslöcher an der Frontseite, oberhalb des Feuerungslochs, welche nach dem Aufheizen und vor dem eigentlichen Backvorgang verstopft werden. Auch als Zugregler kamen sie zum Einsatz. Vom Prinzip her geschieht im Holzbackofen folgendes: Im Inneren des Ofens befindet sich der Feuerraum, in dem unter Einsatz von Reisig und Holzscheitern ein recht ordentliches Höllenfeuer entfacht und über längere Zeit, 2 bis 5 Stunden, aufrecht erhalten wird. Durch das Feuer werden Boden, Wände und Decke des Ofens stark erhitzt. Mit dem Ausräumen des zusammengebrannten Glutsockes wird der Feuerraum zum Backraum.

Der Backraum wird mittels Glutschieber und mit einem feuchten Lappen sorgfältig gereinigt, worauf die Brote eingeschossen werden können. Die wesentliche Anforderung an den Bau des Backofens ist das Erhalten der Hitze im Backraum. Daher war es erforderlich, dass zwischen dem inneren und dem äußeren Gemäuer eine entsprechende Dämmung vorhanden war. Besondere Sorgfalt beim Errichten eines solchen Backofens war für das Gewölbe und insgesamt für das Mauerwerk des Innenraumes erforderlich, da dieses ja enorme Temperaturschwankungen bis 800 °C auszuhalten hatte. Wenn vorhanden, verwendete man Granit, Quarz oder Bachsteine. Zur Sicherheit des Gewölbes und zum Abfangen des Gewölbeschubes wurden vielfach Eisenstangen, sogenannte Mauerschließen, eingebaut.

Verschlossen wurde solch ein alter Backofen mittels eines einhängbaren Türl aus Lärchen- oder Eichenholz, welches die hohen Temperaturen am besten verträgt. Unmittelbar vor dem Feuerloch war im Boden ein großer Aschenraum eingebaut, der die Glutreste während des Ausräumens aufnahm. Das ganze Bauwerk war stets mit einem guten Dach versehen, damit es trocken blieb, was insbesondere bei Frost von großer Bedeutung war. Bei Regen war das trockene Mauerwerk aus Gründen der Dämmung wichtig (Wasser leitet Temperatur 25 × schneller als Luft). Zwischen dem Dach und dem Mauerwerk war meist viel Platz zum Trocknen von Holz usw. Auf der Bedienungsseite kragte das Dach meist zu einem ordentlichen Vordach aus, damit die Bedienungsperson im Trockenen arbeiten konnte.

In der Gegenwart versuchte man das Wissen und die Überlieferung der Altvorderen und die Möglichkeit moderner Materialkunde und Technik zu verbinden. Die enorm wichtige Dämmung besteht heute aus hochwertiger Keramikfaser. Wand und Gewölbe wird aus hochwertiger Holzofen-Schamotte gemauert, diese speichert die Hitze optimal und gibt sie auch langsam und gleichmäßig wieder ab. Ganz besondere Anforderungen werden an den Boden des Brotbackofens gestellt, da er ja bei hoher Hitze den verhältnismäßig kalten Brotteig aufnehmen muss, ohne dabei zu zerspringen. Man verwendet dazu ein Material, dass sich durch besondere Temperaturwechselbeständigkeit auszeichnet. Im Gegensatz zur gewöhnlichen Schamotte ist der Boden fugenlos und sehr glatt.

Moderne Holzbacköfen haben natürlich eine schöne, gusseiserne Tür (Geschränk). Der moderne Backofen ist zugregulierbar und mit einem eigenen Kamin ausgestattet. Die Arbeit des Bäckers wird durch ein Licht im Feuerraum und durch eine Temperaturanzeige unterstützt. Viele gewerbliche Öfen haben auch eine Dampfsprühvorrichtung, mit welcher man das Backgut an der Oberfläche verbessern kann. Auf vielen Hausterrassen steht ein Backofen nicht nur zum eigentlichen Brotbacken bereit, er ist auch oft Mittelpunkt der Geselligkeit, wenn er zur gemeinsamen Fertigung von Kleingebäck, Pizza, Früchtebrot usw. eingesetzt wird – schon alleine des Wohlgeruchs wegen, der stundenlang um das Haus weht. Auch zur Herstellung von Leberkäse, Sonntagsbraten, Spanferkel usw. kann er eingesetzt werden. Seine Restwärme dient zur Herstellung von Dörrfrüchten oder getrockneten Pilzen. Denn: Brotbacken ist mehr als nur Rezepte realisieren!

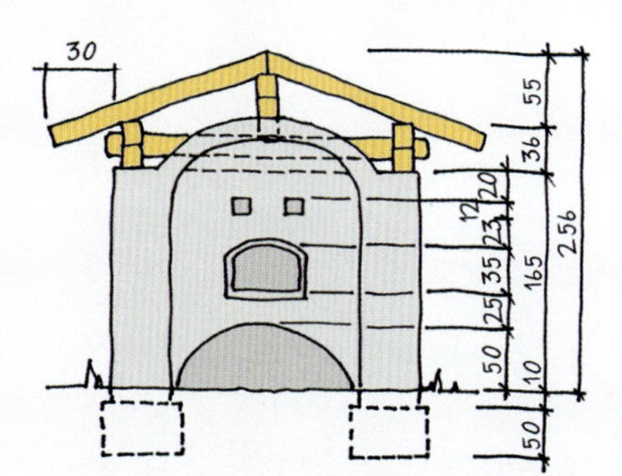

Frontansicht des Brotbackofens im Salzburger Freilichtmuseum

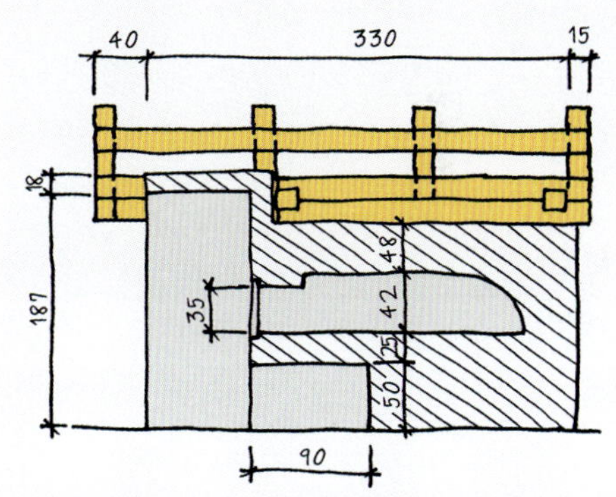

Schnitt durch den Brotbackofen

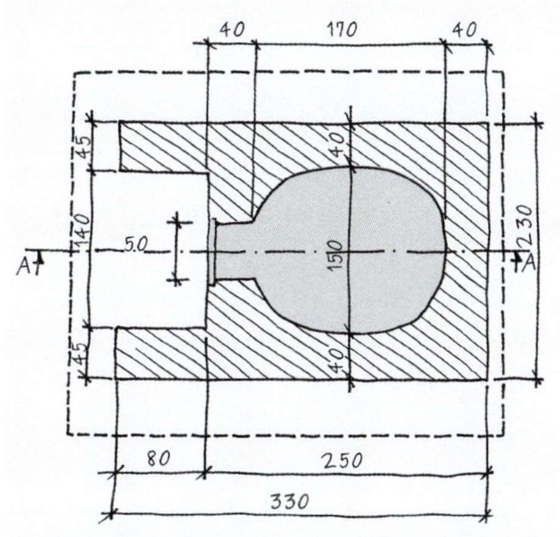

Grundriss des Brotbackofens

Das Ederbauer wieder aufgebaut

Das Rauchhaus Ederbauer aus Köstendorf/ Helming, erbaut 1642

Das Rauchhaus ist das älteste Gebäude der Flachgauer Baugruppe im Salzburger Freilichtmuseum. Es zeigt die Altform der Flachgauer Einhöfe, die sich aus dem Rauchhaus entwickelten. Man sieht auch bei diesem Hof bereits die Dreiteilung Wohnteil, Tenne und Stall unter einem Dach. Das Wesen des Rauchhauses besteht allerdings darin, dass es noch keinen Rauchfang besitzt, sodass sich der vom Herd aufsteigende Rauch selbst seinen Weg durch das Dach und das über der Haustür befindliche Rauchfenster suchen musste. Erst im 17. Jahrhundert setzte sich allmählich der schliefbare Kamin durch, der den Herdrauch über das Dach abführte. Der einraumtiefe, blockbaugezimmerte Wohnteil wurde laut dendrochronologischer Datierung im Jahr 1642 gebaut. 1722–1723 fanden umfangreiche Sanierungen statt.

Mundlöcher für Backofen und Kachelofen

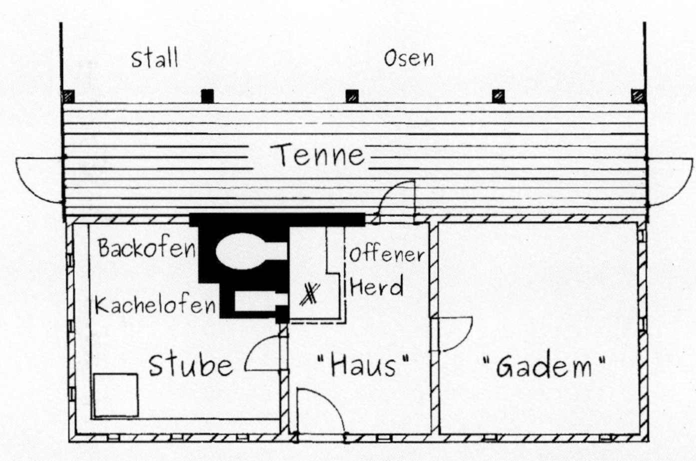

Grundriss Erdgeschoss Rauchhaus Ederbauer

Durch die Haustüre betritt man das Vorhaus, welches als Kernraum des Hauses einfach „Haus" genannt wurde. Über dem Herd ist ein aus Haselruten geflochtener und mit Lehm verstrichener Feuerhut angebracht, der die Funken des Herdfeuers abfängt. Der aufsteigende Rauch wurde zur Nachtrocknung des im Obergeschoss (Dachboden) gelagerten Getreides und zum Selchen von aufgehängtem Fleisch genützt. Vom Feuertisch des offenen Herdes führen zwei Einheizöffnungen in die Stube, durch die der Backofen und der daneben liegende Stubenofen beheizt wurden. Das offene Herdfeuer oder brennende Holzspäne – die Kienspäne – waren über Jahrhunderte hinweg die einzigen Lichtquellen in den Bauernhöfen. Im Jahr 1678 gab Erzbischof Paris Lodron eine Verordnung heraus, die Backöfen außerhalb des Hauses zu errichten, um die Brandgefahr zu verringern. Die kulturgeschichtliche Bedeutung des Rauchhauses liegt darin, dass es die Grundform des Flachgauer Mittertenneinhofes in seinem wohl noch mittelalterlichen Zustand zeigt. Aus diesem Typus entwickelte sich der Flachgauer Einhof weiter bis zum T-Hof, wie wir ihn heute kennen.

Backofen und Kachelofen in der Stube des Rauchhauses

Das Taxbauernhaus wieder aufgebaut

Rauchstube im Taxbauernhaus aus Bischofshofen/Buchberg, erbaut 1533

Das Wohnhaus des Taxbauern wurde 1533 das erste Mal urkundlich erwähnt. Das Taxbauernhaus stellt den Wohnteil eines Pongauer Paarhofes dar. Es war ursprünglich ein Seitenflurhaus und bestand im Erdgeschoss nur aus einer großen Stube, einer Kammer und dem Flur. Im oberen Stockwerk befanden sich drei Kammern. 1704/5 wurde das Haus zu einem Mittelflurhaus erweitert. Das flachgeneigte Pfettendach ist mit Legschindeln gedeckt und Steinen beschwert. Zum Taxbauer gehörten noch einige Nebengebäude wie eine Stallscheune, ein Backofen, Getreidekasten, eine Bienenhütte, Krautsölde und eine Holzhütte.

Die Rauchstube war lange Zeit der Hauptwohnraum des Bauernhauses. Wie schon der Name zeigt, handelt es sich dabei um keine gewöhnliche Stube und auch nicht um eine Rauchküche, mit der sie oft verwechselt wird. In der Rauchstube spielte sich das ganze häusliche Leben ab: Hier wurde gekocht, hier hielt man sich auf

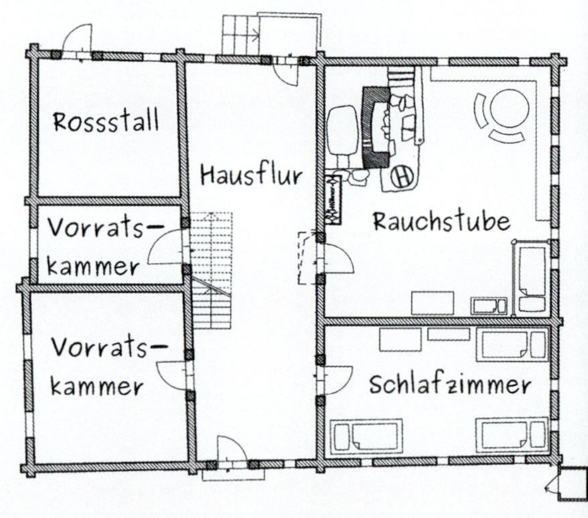

Grundriss Erdgeschoss Taxbauerhaus

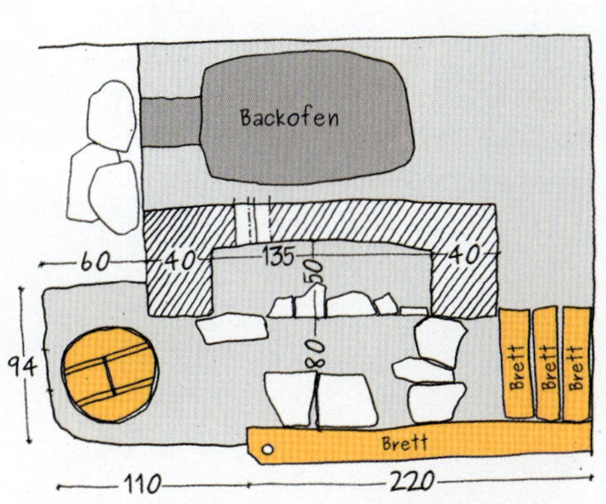

Grundriss der Herdstelle mit Brotbackofen

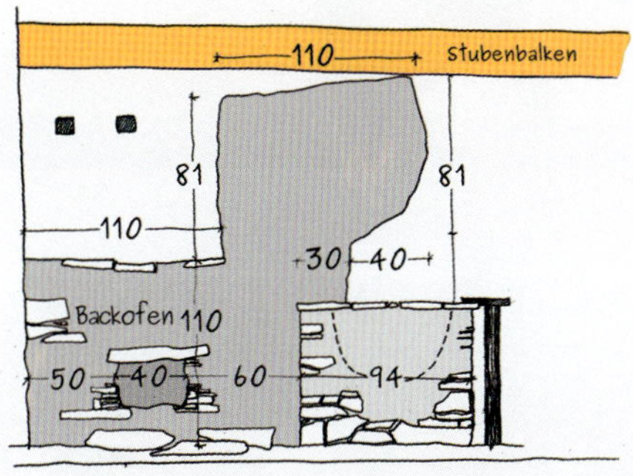

Aufriss der Herdstelle mit Brotbackofen

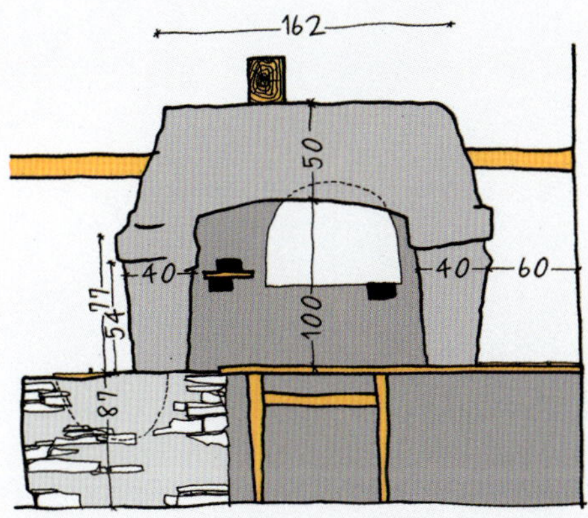

Frontansicht der Herdstelle mit Brotbackofen

Rauchstube am Taxbauernhof

und auf den Bänken, die entlang der Wände befestigt waren, wurde sogar geschlafen. Bis ins 18. Jahrhundert bereitete man sich in der Rauchstube durch Angießen des heißen Ofens auch Dampf- und Schwitzbäder.

Die Rauchstube ist durch ihre Doppel-Feuerstätte gekennzeichnet, die sich aus einem offenen Herd und aus einem mit ihm eng verbundenen großen Ofen zusammensetzt, der meist aus Steinen gemauert wurde. Der offene Herd wurde zum Schutz vor Funkenflug mit einem „Funkenhut" überdacht, meist ein lehmverschmiertes Weidengeflecht. Gekocht wurde auf der Herdoberfläche, während im gemauerten Ofen Brot gebacken wurde und seine Oberseite ebenfalls als Schlafstätte – vor allem für Ältere oder Kranke – diente. Der unter dem Funkenhut hervorquellende Rauch des offenen Herdfeuers zog durch eigene kleine „Rauchfenster", die höher als die übrigen Fenster lagen, ins Freie. Oder der Rauch zog durch eine Luke über der Türe in den Vorraum, von wo er dann über einen hölzernen Kamin ins Freie abgeführt wurde.

Hornos im Pueblodorf Taos

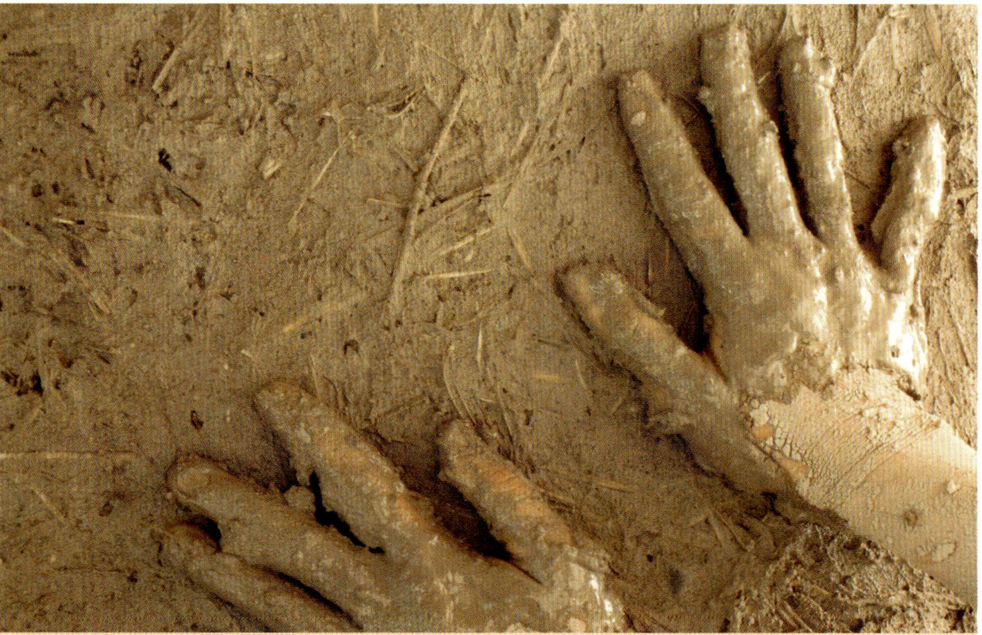

Zur Dämmung wird eine Stroh-Lehm-Schicht auf das darunterliegende Gewölbe aufgetragen *(siehe Seite 190).*

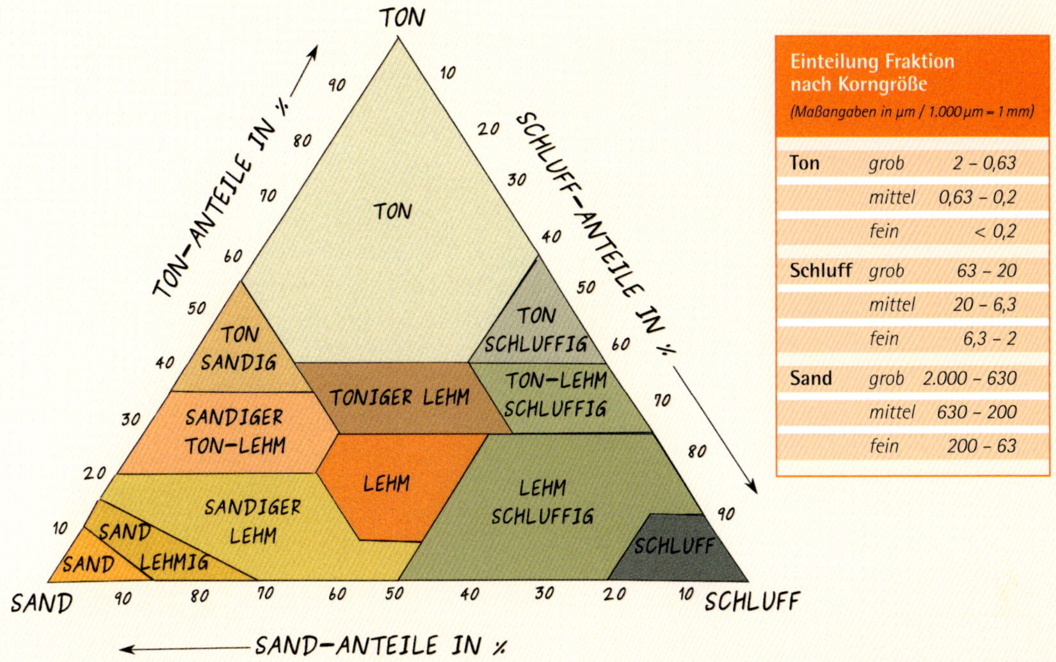

Einteilung Fraktion nach Korngröße
(Maßangaben in µm / 1.000 µm = 1 mm)

Ton	*grob*	2 – 0,63
	mittel	0,63 – 0,2
	fein	< 0,2
Schluff	*grob*	63 – 20
	mittel	20 – 6,3
	fein	6,3 – 2
Sand	*grob*	2.000 – 630
	mittel	630 – 200
	fein	200 – 63

Materialzusammensetzung von Lehm

Lehm – unser Baustoff aus der Natur

Schon Hippokrates, Hildegard von Bingen, Paracelsus oder der bekannte Pfarrer Kneipp schworen auf die innerlich und äußerlich reinigende Wirkung von Lehm. Lehm bindet im Körper Giftstoffe und ist zudem entzündungshemmend. Ich kann mich zum Beispiel noch erinnern, wie meine Großmutter einer Ziege zur Linderung und Heilung Lehm auf das entzündete Euter geschmiert hat. Ein Biobauer, dem ich einen Monat lang beim Umbau seiner Stallungen geholfen habe, gibt seinen Schweinen bei Durchfall immer wieder ein paar Schaufeln Lehm in den Auslauf. Lehm ist also in keinster Weise giftig, sondern wirkt ganz im Gegenteil als Heilerde und Arznei.

Von seiner Zusammensetzung her ist Lehm ein anorganisches Material, ein Gemenge aus verschiedenen Korngrößen, nämlich Ton, Schluff und Sand, wobei der Ton den Klebstoff zwischen Sand und Schluff darstellt.

Besonders gut erkennt man die Bestandteile des Lehms, wenn man ihn mit etwas Wasser vermengt und zwischen den Handflächen verreibt. Die groben Bestandteile, also die Sandkörner, reiben zwischen den Händen und bröseln weg. Die nicht mehr ganz so groben Bestandteile, der Schluff, fangen sich in den Handrillen. Der Ton wiederum verursacht einen Seifeneffekt und verteilt sich als leicht trübe Schicht auf den Händen. Je nach Anteil der Körnung spricht man von tonigem, schluffigem oder sandigem Lehm. Einen Überblick gibt hier die Schautafel *(siehe Abbildung oben).*

Auch in den trockenen Tropen ist es erforderlich, mit dem Baustoff Holz zu sparen, weshalb einfache Holzkonstruktionen mit Lehm ausgefacht und verputzt werden.

Einfaches Lehmhaus auf Holzkonstruktion aufgebaut, Melut/obere Nilregion/Südsudan

Mit Lehm zukunftsfähig bauen und leben

Immer wieder zeigte die Geschichte, wie wichtig Lehm als Baustoff war. Durch die aufkommende Industrialisierung wurde in Europa Holz zur Mangelware. Glasindustrie, Zellstoffindustrie und andere Gewerbe siedelten direkt an der Energiequelle – in ausgedehnten Wäldern. Auch zum Transport auf den Flüssen wurden Unmengen an Holz benötigt, um einfache Transportkähne zu bauen um mit ihnen Güter flussabwärts in die pulsierenden Städte zu schiffen. Diese Transportkänc endeten meist nach einmaliger Benützung als Brennholz, da es unrentabel war, diese wieder flussaufwärts zu ziehen.

Die überquellenden Städte der Neuzeit waren Menschen und Material verschlingende Monstren. Bereits im 16. Jahrhundert war in vielen Teilen Europas die Übernutzung von Wäldern so hoch, dass Holz rar wurde und Lehm als Baustoff eine Blütezeit erlebte. Nicht zuletzt gab beispielsweise der bekannte österreichische Förster und Naturforscher Viktor Schauberger zu Beginn des 20. Jahrhunderts seine Technologie der Holzschwemmanlagen auf, um das noch schnellere Abholzen der Wälder zu verhindern. So kommt auch der Begriff der Nachhaltigkeit aus der Forstwirtschaft und bedeutet, dass nicht mehr entnommen werden darf, als wieder nachwachsen oder sich regenerieren kann.

Verputzen einer Flechtwand mit Lehm

Mit Lehm verputzte Holzflechtwände, luftgetrocknete Lehmziegel und der Stampflehmbau erfüllten daher einen guten Zweck. Zwischenzeitlich wurden Erdöl, Erdgas und Uran als Energiequelle entdeckt und unterstützten den Energiehunger nach Holz und Kohle. Doch bereits nach einigen Jahrzehnten der intensiven Förderung dieser endlichen Energieformen zeichnet sich ein jähes Ende ab und natürliche Baustoffe wie Holz, Stroh und Lehm werden wieder interessant.

Lehmbau ermöglicht kostengünstigen Wohnraum

In Zukunft werden wir kostengünstigen Wohnraum mit einem hohen Eigenleistungsgrad schaffen müssen. Passiv solare Bauweise kombiniert mit Strohballenbau (Strohballenbau hat eine über 100-jährige Bautradition und ist in holzarmen Gegenden des mittleren Westens in den USA entstanden. Strohballenhäuser werden lasttragend oder mit Holzständerkonstruktion auf modernsten Stand der Technik europaweit errichtet.) in Verbindung mit Lehmputz oder Mischformen wie Leichtlehmbau (Lehm mit einem Strohanteil bis zu 50%) ermöglicht uns das auch im mehrgeschossigen Wohnbau.

Ein Baustoff „von der Wiege bis zur Wiege“

Ungebrannter Lehm ohne Zuschläge ist genauso wie z.B. Holz eine endliche Ressource und damit ein Rohstoff, der irgendwann zur Neige gehen würde. Doch Lehm lässt sich immer wieder mechanisch reinigen und in seinen Urzustand zurückversetzen, ohne dabei an Qualität zu verlieren und entspricht damit dem sogenannten „Cradle to Cradle“-Prinzip, das unter anderem besagt, dass Materialien wie beispielsweise Lehm immer wieder verwendet statt einfach entsorgt werden sollen. Viele andere Baustoffe können oft nur schwer und unter großem Energieeinsatz rückgeführt werden oder sind gar nicht recyclebar und müssen deponiert werden. Lehm ist dadurch einer der nachhaltigsten Baustoffe, die uns zur Verfügung stehen.

In einem getrockneten Lehmziegel steckt nur die Energie, die zur Herstellung benötigt wurde und die Energie der Sonne beim Trocknen. Bei einem herkömmlichen 50 cm starken, gebrannten Ziegelblock stellt sich hingegen schon die Frage, ob er zu seinen „Lebzeiten“ die Energie einsparen kann, die er bei der Produktion bereits verschlungen hat.

Versuchswand für Lehmflechtwerk und Cob (Strohlehm), BASEhabitat Summerschool der Kunstuniversität Linz am Gelände der Landwirtschaftlichen Fachschule in Altmünster/Oberösterreich

Strohballenbau ermöglicht einen hohen Eigenleistungsgrad.

Die Entstehung von Lehm

Der Lehm unter unseren Füßen ist meist eine eiszeitliche Ablagerung. Vor- und zurückwandernde Gletscher zerdrückten förmlich das darunter liegende Gestein, welches die Flüsse dann verfrachteten. Trocknete das angeschwemmte Material aus, wurde es durch den Wind wieder abgetragen und erneut weitertransportiert. Deshalb unterteilt man die verschiedenen Lehmarten auch nach ihrer Entstehung in Berg-, Gehänge-, Geschiebe-, Löss- und Auenlehm.

Bergen von Lehm für den Bau eines Brotbackofens

Berglehm

Berglehm entstand meist durch Verwitterung in gebirgigen Lagen oder/und im europäischen Flachland. Die Körnung variiert sehr stark und ist generell kantig. Berglehm ist auf dem Gestein zu finden, auf welchem er entstanden ist und kann so aus Sandstein, Tonschiefer, Granit, Gneis oder Syenit bestehen. Gehängelehm ist bei der Entstehung abgerutschter Berglehm.

Geschiebelehm

Geschiebe- oder Blocklehm ist aus verwittertem Grundmoränengestein oder der Erosion eines Gletschers entstanden. Dieser Lehm kann oft mit Mergel durchzogen sein.

Lösslehm

Lösslehm ist feiner, gelber Sand mit viel Kalk und Ton, meist ist jedoch der Tongehalt für ein gutes Gefüge zu gering. Darum ist Lösslehm bedingt geeignet als Baustoff. Auenlehm entstand bei der Ablagerung von feinem Sand, Schluff, Ton und Schichten von Humus in Bächen oder Flüssen.

Lehm im Boden

Die Farbe des Lehms zeigt uns die Mineralstoffe an, grauer Lehm wird nach einiger Zeit an der Luft oft zu braunem Lehm. Das passiert durch einen einfachen Oxidationsprozess, der Lehm wird sozusagen rostig an der Luft. Unter der Erde ist der Lehm womöglich gut verschlossen, Wasser bleibt oft lange Zeit oberirdisch stehen, nur wenige Pflanzen schaffen es, in die Tiefe vorzudringen. Hat das Grundwasser feine Tonminerale aus dem Boden gelöst und haben sich die feinen Stoffe abgesetzt, spricht man von einer Vergleyung, der Bodentyp wird als Gley bezeichnet. Hier kann nur noch ein geringer Gasaustausch im Boden stattfinden. Tritt diese Vergleyung bei Staunässe auf, werden diese Böden als Pseudogley bezeichnet. Hier findet de facto kein Gasaustausch mehr statt. Bei Böden mit geringem bis gar keinem Gasaustausch baut sich nur eine sehr geringe Humusschicht auf. Bei Vergleyung werden Lufteinschlüsse im Boden durch Wasser ersetzt, Gleye und Pseudogleye sind typische staunasse Böden.

Gräbt man ein Stück in den Boden, stößt man in den feuchtkühlen Jahreszeiten meist auf Wasser, bzw. bilden sich nach kurzer Zeit Pfützen. Regenwurmkanäle führen oft tief in den Boden, sie heben sich durch die Braunfärbung der Oxidation gut vom Grau ab. Diese Böden haben zwar einen hohen Mineralstoffanteil, aber eine ganz schlechte Wasserführung und Durchlüftung. Typische Pflanzen, die hier zu finden sind, sind Mädesüß, Beinwell, Binsen, Kohldistel, Schilf, Weide, Erle und Eiche.

Hornos im Pueblodorf Taos

Wo finde ich Lehm?

Wechselfeuchte, verdichtete bis ständig nasse oder staunasse Böden haben meist einen hohen Lehm- beziehungsweise Tonanteil. Oberflächlich sind diese Böden gut durch verschiedene Zeigepflanzen zu erkennen.

Mögliche Zeigepflanzen für das Vorkommen von Lehm oder Ton im Boden

Der Ackerfuchsschwanz
(Alopecurus myosuroides) wächst oft auf kalkhaltigen, humusarmen und nährstoffreichen Lehmböden. Blütezeit für den Ackerfuchsschwanz ist im Mai und von August bis September.

Die Acker-Kratzdistel
(Cirsium arvense) wächst auf Äckern, an Wegrändern und an Ruderalstandorten. Sie beansprucht frische bis mäßig trockene, nährstoffreiche, tiefgründige Lehmböden und ist eine Stickstoffzeigepflanze. Die Blütezeit ist Juni bis September.

Der Ampfer-Knöterich
(Persicaria lapathifolia) wächst auf unbedeckten Anbauflächen, an Ackerrändern, Flussufern und in Hausgärten. Er bevorzugt nährstoffreiche, nasse bis schlammige Böden. Die Blütezeit ist von Juli bis Oktober.

Beinwell
(Symphytum officinale) bevorzugt halbschattige Standorte mit feuchtem und nährstoffreichem Boden, besonders Lehmboden. Er kommt meist auf Wiesen, an Wegrändern, Bachufern und in Auwäldern vor. Die Blütezeit ist von Mai bis Oktober.

Binsen
(Juncus) bevorzugen feuchte bis zeitweise überflutete Böden auf Feuchtwiesen und Sümpfen. Die Blütezeit ist von Juni bis August.

Der Breitwegerich
(Plantago major) kommt meist direkt an Wegen vor und besiedelt verdichtete Lehmböden. Die Blütezeit ist von Juni bis Oktober.

Echtes Mädesüß
(Filipendula ulmaria) bevorzug nährstoffreiche, feuchte bis durchnässte Lehm- und Tonböden im Halbschatten und kommt meist auf Feuchtwiesen vor. Die Blütezeit ist von Juni bis Juli.

Die Acker-Gänsedistel
(Sonchus arvensis) kommt an Wegrändern, in Hausgärten, auf feuchten Wiesen und Äckern vor. Sie bevorzugt nährstoffhaltige, schwere Böden und gilt als Lehmzeigepflanze. Die Blütezeit ist von Mai bis Oktober.

Das Gänsefingerkraut
(Argentina anserina) kommt auf feuchten Wiesen, an Wegrändern und auf Äckern vor. Es bevorzugt stickstoffreiche, dichte, staunasse bis feuchte Lehm- und Tonböden. Die Blütezeit ist von Juni bis August.

Der Scharfe Hahnenfuß
(Ranunculus acris) wächst auf nassen bis zeitweise überschwemmten Wiesen und Weiden. Er bevorzugt feuchte und stickstoffhaltige Lehmböden. Die Blütezeit ist von Mai bis Oktober.

Die Große Klette
(Arctium lappa) wächst an Weg- und Feldrändern, auf Brachflächen und in Auwäldern. Sie bevorzugt nährstoffreiche Lehmböden. Die Blütezeit ist von Juli bis September.

Der Huflattich
(Tussilago farfara) ist eine Pionierpflanze an Straßenböschungen, auf Baustellen und Erdablagerungen, die anschließend von anderen Pflanzen verdrängt wird. Auf wechselfeuchten Lehm- und Tonböden an Bachufern kann er ausdauernd zu finden sein. Die Blütezeit ist von Februar bis April.

Das Kletten-Labkraut
(Galium aparine) ist eine Halblichtpflanze und wächst daher auf Äckern, Ruderalflächen, Wiesen, in Hecken und im Auwald im Bereich von leicht sauren bis leicht alkalischen Böden. Es kommt besonders an stickstoff- und phosphatreichen Böden vor und ist ein Lehmzeiger. Die Blütezeit ist von Mai bis Oktober.

Die Kohl-Kratzdistel
(Cirsium oleraceum) wächst auf staunassen Wiesen, an Bachufern und in Auwäldern und bevorzugt nährstoffreiche Lehmböden. Die Blütezeit ist von Juli bis Oktober.

Der Gemeine Löwenzahn
(Taraxacum officinale) bevorzugt sonnige Standorte mit verdichtetem, feuchtem und nährstoffreichem Boden, besonders Lehmboden. Er kommt meist in Hausgärten, auf Wiesen, an Wegrändern und auf Brachflächen vor. Die Blütezeit ist von April bis Juni.

Riesen-Straußgras
(Agrostis gigantea) wächst auf feuchten bis staunassen Wiesen, Ruderalflächen und in lichten Wäldern auf nährstoff- und basenreichen bis leicht sauren Sand-, Lehm- oder Tonböden. Die Blütezeit ist von Juni bis August.

Der Acker-Schachtelhalm
(Equisetum arvense) ist eine Pionierpflanze und wächst in feuchten Misch- und Auwäldern, in Hecken, auf feuchten, zeitweise überschwemmten Wiesen und an Ackerrändern. Er beansprucht tonige, lehmige bis sandige feuchte Böden. Die Blütezeit ist von März bis April.

Scharbockskraut
(Ficaria verna) wächst in Laubwäldern, an Waldrändern, in Hecken und auf feuchten Wiesen auf nährstoffreichen, lehmigen Böden. Die Blütezeit ist von März bis Mai.

Seggen
(Carex) kommen häufig auf feuchten bis staunassen Lehm- und Tonböden vor, die auch zeitweilig überflutet sein können.

Die Acker-Hundskamille
(Anthemis arvensis) kommt vorwiegend auf Getreidefeldern, an Wegrändern und auf unbedeckten, kalkarmen, nährstoffreichen Lehmböden vor und zeigt Bodenversauerung an. Die Blütezeit ist von Mai bis Oktober.

Die Strahlenlose Kamille
(Matricaria discoidea) stammt ursprünglich aus dem nordostasiatischen bis nordwestamerikanischen Raum und tritt in den gemäßigten Breiten als Neophyt auf. Sie ist nicht nur ein Stickstoffzeiger, sondern bevorzugt auch offene, verdichtete Lehm- und Tonböden. Die Blütezeit ist von Juni bis September (selten auch bis Oktober).

Die Sumpf-Platterbse
(Lathyrus palustris) wächst in Sümpfen, auf feuchten Seewiesen und in Auwäldern. Die Blütezeit ist von Juni bis August.

Der Sumpf-Ziest
(Stachys palustris) wächst auf staunassen, verdichteten Wiesen und Feldrainen, an nährstoffreichen Ufern von Wassergräben und Teichen und auf humosen Lehm- und Tonböden. Die Blütezeit ist von Juni bis September.

Die Wiesen-Glockenblume
(Campanula patula) wächst auf Wiesen, an Wegrändern und in lichten Laubwäldern auf nährstoffreichen, kalkarmen Lehm- und Tonböden. Die Blütezeit ist von Mai bis Juli.

Bestimmung über Digitale Bodenkarten

Einen weiteren ersten Hinweis auf die Bodenbeschaffenheit können sogenannte Bodenkarten geben. Die Digitale Bodenkarte von Österreich des Bundesforschungszentrums für Wald (BFW) stellt beispielsweise die Bodenverhältnisse der landwirtschaftlichen Nutzfläche Österreichs in farblich hinterlegten Gruppen dar. Aus einer Legende kann abgelesen werden, welchem Bodentyp die abgebildete Farbe entspricht. Gesucht wird in Österreich einfach mit der Eingabe der Postanschrift auf der Internetseite des Ministeriums für ein lebenswertes Österreich. Für Deutschland gibt es im Internet abrufbare Datensätze im Geoportal, Datenblätter werden auch von der Bundesanstalt für Geowissenschaften und Rohstoffe bereitgestellt. In der Schweiz sind Bodenkarten über das Geografische Informationssystem (GIS) je Kanton abrufbar.

Unser Baustoff in der Natur

Bitte bedenken Sie, dass Sie nicht einfach in die Natur hinausgehen und ein großes Loch ausheben können, um Lehm zu bergen, da sie damit vermutlich Eigentumsrechte verletzen werden. Am besten hört man sich in der Nachbarschaft um, vielleicht wird irgendwo ein altes Haus abgetragen (möglicher Fundort für Lehmziegel) oder auch ein neues gebaut. Haben Sie selbst einen Hausgarten oder einen Bauernhof und möchten vom eigenen Grund und Boden Lehm bergen, können Ihnen die folgenden Bodenprofile hilfreich sein.

Beispiele für geeignete und bedingt geeignete Böden

Gleyboden
mit gut erkennbarer Humusschicht in der oberen Hälfte des oberen Drittels. Mindestens erstes Sechstel bis Drittel entfernen, der Boden darunter ist sehr gut zum Lehmbau geeignet.

sehr gut geeignet

Pseudogley
(von Staunässe geprägter Boden) mit verhältnismäßig hoher Humusschicht. Das gesamte obere Drittel ist ungeeignet, der darunterliegende Boden ist sehr gut für Lehmarbeiten verwendbar.

sehr gut geeignet

Auwaldboden
mit ausgeprägter schwarzer Humusschicht im oberen Drittel. Diese Humusschicht ist abzutragen, die Bodenschicht darunter ist bedingt geeignet für den Bau eines Brotbackofens. Am besten machen Sie gleich vor Ort eine einfache Knetprobe und testen, ob das Material plastisch wird und sich formen lässt und der Sandanteil nicht zu hoch ist.

bedingt geeignet

Braunerdeboden
mit ausgeprägter Humusschicht im oberen Viertel und guter Durchwurzelung im Unterboden. Die Humusschicht ist abzutragen, die Bodenschicht darunter muss vor einer Verwendung mit einem Wurfsieb von Wurzelwerk und Steinen gesäubert werden.

bedingt geeignet

Humus
vermischt mit Unterboden bei Bauarbeiten vor über 40 Jahren. Mehr als die Hälfte dieses Bodenprofiles ist durchmischt, erst das untere Drittel ist gut geeignet, um Lehmarbeiten damit auszuführen.

bedingt geeignet

Lössboden
mit gutem Humusanteil im oberen Sechstel. Ist der Humus abgetragen, kann der darunter liegende Boden bedingt für Lehmarbeiten verwendet werden. Voraussichtlich ist kein Sand mehr beizumischen oder der Sandanteil ist sogar zu hoch. Das mögliche Lehmbaumaterial muss dann durch Einschlämmen und Abschöpfen gewonnen werden.

bedingt geeignet

Beispiel für ungeeignete Böden

Schwarzerdeboden *mit hohem Humusanteil in einem Gemüsegarten nach über 70-jähriger Bewirtschaftung mit Kompostwirtschaft und Mischkultur. Für Lehmarbeiten zur Gänze ungeeignet.*

nicht geeignet

Lehm aus Altbaustoffen – Wiederverwendung alter Lehmziegel

Am besten hört man sich in der Nachbarschaft um, vielleicht wird irgendwo ein altes Haus abgetragen. Früher wurden beim Bau verputzter Außenfassaden oder auch von Innenwänden gebrannte mit ungebrannten Ziegeln gemischt oder sogar nur ungebrannte, getrocknete Ziegel verwendet. Bei unverputzten Ziegelmauern im Außenbereich wurde meist mit einem Steinfundament und einigen Reihen aus sehr hart gebrannten, schwarz bis violett schimmernden, keramischen Ziegeln begonnen, es folgten die rotgebrannten Ziegel und unter dem Dachvorsprung, wo nur selten bis nie Regen hinkommt, sind getrocknete Lehmziegel zu finden.

Diese getrockneten Lehmziegel sind ideal für den Lehmbackofenbau geeignet, sie müssen nur ein paar Tage vor Baubeginn auf einer Plane oder in einer alten Badewanne gut aufgeweicht werden. Es kann auch sein, dass kein Sand mehr beigemischt werden muss und ein Zuschlag aus gehäckseltem Stroh oder Getreidespelze reicht. In Mauerritzen ist meist auch noch Lehmmörtel gemischt aus Lehm, Sand und Getreidespelze zu finden. Ist kein Zuschlag aus Kalk dabei, kann auch dieser Mörtel verwendet werden. Kalkputz und Kalkmörtel sind weiß, wohingegen Lehmputz und Lehmmörtel meist erdfarben sind.

Alte Lehmabbaustellen orten

Gerade im ländlichen Raum wurden Ziegel oft vor Ort hergestellt, weshalb hinter vielen größeren Gehöften noch Lehmgruben zu finden sind. Diese Abbaustätten erkennt man noch heute, meist sind sie mit Bäumen bewachsen, Wasser hat sich in ihnen gesammelt oder sie wurden teilweise wieder mit Bauschutt und Müll aufgefüllt. Manchmal sind noch ausgeschiedene, verbrannte oder gebrochene Ziegel an diesen Orten zu finden. Außerdem kann man hier an Abbruchkanten auch noch Lehm im Boden finden. Nach erteilter Genehmigung

Alte Lehmgruben sind meist direkt neben Gehöften zu finden.

Meist wissen Bagger- und Transportunternehmen, wo man günstigen Lehm bekommt.

kann man diesen selbst abbauen und für den Bau eines Brotbackofens verwenden.

Lehm von der Baustelle

Weitere Quellen für Lehm sind Baugruben. Errichtet jemand in ihrem Freundeskreis oder in ihrer Nachbarschaft ein Haus, sollten Sie am besten gleich bei den ersten Grabungen vor Ort sein und selbst entscheiden, ob sie das Material verwenden wollen. Ist eine ungehinderte Zufahrt möglich, können Sie sich ein bis zwei Kubikmeter Lehm (das entspricht etwa ein bis zwei Autoanhängern voll) gleich vom Bagger auflegen lassen. Kennen Sie niemanden, der aktuell ein Haus baut, können Sie auch einfach bei Transportunternehmen, Baufirmen oder auch Brunnenbauern in ihrer Nähe anfragen. Diese werden Ihnen sicher gerne weiterhelfen. Ein selbst geholter Autoanhänger voll mit Lehm aus einer Baugrube sollte kostenlos sein oder bis maximal Euro 10,- kosten. Als Richtwert kann man sich am Preis für Humus orientieren, Lehm von der Baustelle weg sollte günstiger sein. Transportiert man den Lehm selbst, ist immer auf die maximal zugelassene Nutzlast des Anhängers im Typenschein zu achten. Ein kleiner Autoanhänger hat meist eine Nutzlast zwischen 700 und 800 kg. Achten Sie auch darauf, dass genügend Luft in den Reifen ist, damit sie nicht stecken oder hängen bleiben.

Grünlinge und Ausschussware von der Ziegelei

Eine mögliche Bezugsquelle für Lehm kann auch ein Ziegelhersteller in Ihrer Nähe sein. Dort können Sie Grünlinge, ungebrannte Ziegel, die wegen Mängeln vor dem Brennen ausgeschieden wurden, oder auch gereinigten Lehm kostengünstig erwerben. Meist ist der Transport der größere Kostenfaktor. Müssen sie den Lehm selbst schaufeln, ist es am einfachsten, sich einige Kübel zu organisieren. In Bäckereien erhalten Sie zum Beispiel Einwegkübel in großen Mengen und in verschiedenen Größen. So müssen sie den Lehm nicht immer hin und her schaufeln und können ihn einfach im Kübel manipulieren. Bei längerer Lagerung kann es aber passieren, dass die Kübel brüchig werden. Lehm hingegen hat kein Ablaufdatum. Es ist aber ratsam, den Lehm auf einer Plane zu lagern, um die Vermischung mit Humus vom Rasen oder Verschmutzung durch Asphalt zu verhindern. Über den Lehm sollte ebenfalls eine Plane gelegt werden.

Lehm als Baustoff

Nach wie vor wohnt rund ein Drittel der Weltbevölkerung in Lehmhäusern. Es ist daher nicht verwunderlich, dass es unzählige verschiedene Lehmbautechniken gibt, die auch für den Bau eines Brotbackofens angewendet werden können. Farbe und Zustand des Lehms haben für den Bau eines Brotbackofens keinen Einfluss, es ist lediglich wichtig, dass kein Humus und keine großen Steine im Baumaterial enthalten sind. Zusätzlich ist wichtig, dass der Sandanteil nicht zu hoch ist, das heißt in trockenem Zustand sollte das Baumaterial nicht zu bröseln beginnen.

Ein Brotbackofen aus reinem Ton würde bis er getrocknet ist, unentwegt Risse bekommen, da beim Trocknen das zugeführte Wasser, das sich an die Moleküle angeheftet hat, entweicht. Dieses Schrumpfen kann nur durch abfetten mit Zuschlagstoffen verhindert werden. Das ist notwendig bei sehr speckigem Material, feinem Ton, und kann mit der Zugabe von Sand geschehen.

Lehm als Baustoff wird gerne noch mit organischem Material wie Strohhäcksel und Sägespänen versetzt. Das führ zusätzlich zum Abfetten des Materials, was beim Mischungsverhältnis berücksichtigt werden muss.

Trocknet feuchter Lehm in der Sonne, bekommt er Risse.

Lehm ist ein vielseitiger Baustoff
BASEhabitat Summerschool der Kunstuniversität Linz am Gelände der Landwirtschaftlichen Fachschule in Altmünster/Oberösterreich

Eine einfache Methode, um im Lehm die Anteile der verschiedenen Fraktionen – Ton, Schluff und Sand – festzustellen, ist die Gurkenglasmethode, oder man führt gleich praktische Tests durch.

Einfache Lehmproben selbst gemacht

Es gibt verschiedene Möglichkeiten, um die Zusammensetzung von Lehm festzustellen. Dies ist wichtig, um das Funktionieren des Baus zu garantieren.

Schlämmprobe – die Gurkenglasmethode

Für die Schlämmprobe nimmt man ein sauberes Gurkenglas (Mindestfassungsvermögen 0,5 l) und füllt es bis zur Hälfte mit dem zu überprüfenden, zerkleinerten Material. Danach wird das Glas mit Wasser aufgefüllt, bis es zu etwa 3/4 voll ist. Dann wird das Glas mit einem Deckel verschlossen und gut mehrmals geschüttelt, bis sich das Material aufgelöst hat und eine homogene braune Suppe entstanden ist. Diese Flüssigkeit lässt man nun ein bis zwei Stunden stehen, wodurch sich die einzelnen Bestandteile schichtweise absetzen. Ganz unten sind Sand und kleine Kieselsteine zu finden, darüber der Schluff, der sich etwas in den Sand hinein absetzt. Darauf folg der Ton und darüber der Humus. Ganz oben können im Wasser kleine Blätter, Holzstücke oder ähnliches schwimmen. Nun wird mit Hilfe eines Lineals die Materialhöhe (also die Höhe aller Materialien von der untersten bis zur obersten Schicht ohne das Wasser) gemessen, welche dann als 100 % angenommen wird. Jetzt kann jede einzelne Schicht abgemessen und der Anteil an den 100 % errechnet werden. Es ist aber anzumerken, dass dies natürlich keine absolute, sondern nur eine relative Probe ist, da sich beispielsweise der Schluff auch zwischen die Sandkörner setzten kann.

Einfache mechanische Proben

Neben der Bissprobe (man formt aus dem Lehm eine kleine Kugel und beißt hinein, wer sich traut, kann auch darauf herumkauen, man spürt den Sand zwischen den Zähnen reiben) ist das Kneten des Lehms die einfachste Probe. Am besten nimmt man für die Probe so viel Material, wie man leicht in einer Hand halten und mit zwei Händen bearbeiten kann. Je nach Feuchtigkeit des Lehms kann man etwas Wasser hinzugeben, oft ist er aber schon bodenfeucht und es bedarf keiner Flüssigkeitszugabe, um ihn durch Kneten formbar zu machen. Für eine erste Probe kann man den Lehm zwischen den Händen zu einem Strang rollen – je dünner dieser Strang wird, ohne abzureißen, desto

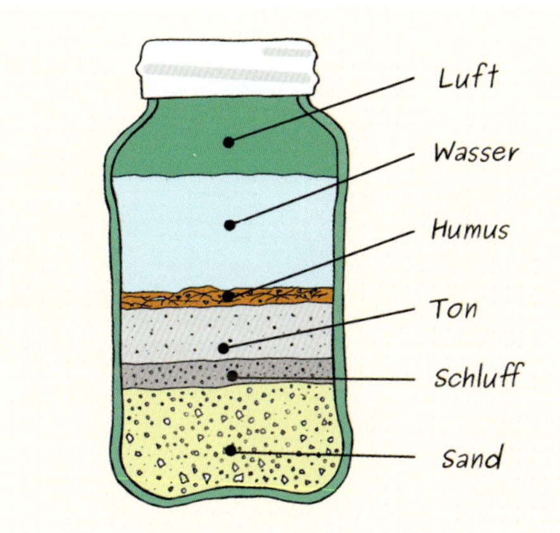

Eine einfach Lehmprobe im Gurkenglas

Verschiedene Lehmproben im Mischverhältnis (Lehm : Sand): 1:0, 1:2, 1:1, 3:1, humoser Oberboden

Verschiedene Lehmproben im Mischverhältnis (Lehm : Sand): 1:0, 1:1, 1:2, 1:3

Verschiedene Lehmproben im Mischverhältnis (Lehm : Sand): 1:0, 1:1, 1:3, wobei klar erkennbar ist, dass Mischverhältnis 1:3 ungeeignet ist und alle Proben zu feucht sind.

feiner ist das Material. Beginnt das Material rasch zu bröseln oder ist fast nicht formbar, ist der Sandanteil zu hoch und die Verwendung des Lehms für den Bau in diesem Zustand ist fraglich. Dann muss der Lehm durch Aufschlämmen und Abschöpfen geeignet gemacht werden. Lässt sich der Lehm hingegen gut ausrollen, ist es ratsam, ihn für einen weiteren Test zu einer Kugel zu formen. Dann lässt man ihn aus Hüfthöhe auf einen harten Untergrund fallen. Verformt sich die Kugel zu einer Flade, ist die Probe zu feucht. Ist die Kugel nur leicht deformiert, ist der Feuchtigkeitsgrad in Ordnung. Der Feuchtigkeitsgrad des Lehms allein ist aber nicht entscheidend. Ziel ist es, dass der Lehm beim Trocknen des fertigen Brotbackofens nicht zerreißt, genauso wie vermieden werden muss, dass er später beim Backen zerbröselt.

Die Probe unseres Ausgangsmaterials heben wir als Vergleichsmuster auf. Jetzt werden wir versuchen, den Lehm abzufetten. Zu diesem Zweck mischen wir Lehm und Sand zu gleichen Teilen, was ein Mischungsverhältnis von 1:1 ergibt (unabhängig vom Sandanteil im Lehm selbst). Geeignet ist Quarzsand oder Auswaschsand vom Schotterwerk bis zu einer Korngröße von max. 2 mm. Meist eignet sich auch der Sand, der für Sandkisten verwendet wird, sehr gut. Mit diesem neu vermischten Lehm führt man die Knetprobe erneut durch. Besteht das Material beide Tests unbeschadet, erhöhen wir den Sandanteil für eine neue Probe auf ein Mischverhältnis von 1:2 – also ein Teil Lehm, zwei Teile vom Sand. Übersteht auch dieses Material die Probe, wird der Sandanteil so lange erhöht, bis die Kugel beim Aufkommen auf dem Untergrund stark einreißt oder zerfällt. Ob Sand und Lehm gut durchmischt wurden, lässt sich übrigens leicht erkennen, wenn man die Kugeln in zwei Hälften bricht. An der Bruchfläche erkennt man Unregelmäßigkeiten sehr gut. Bei einer optimalen Probe sollten Sand und Lehm gleichmäßig verteilt sein.

Weiteres Austesten der Lehmproben

Alle einzelnen Proben werden nun wieder in ihre Kugelform gebracht und zum Trocknen in die Sonne gelegt. Hier zeigt sich schnell das Rissverhalten. Das Ausgangsmaterial, also der Lehm, wie wir ihn gefunden haben, wird vermutlich rissig werden (das kann sein, muss aber nicht), die Probe mit dem zu hohen Sandanteil wird wahrscheinlich zerbröseln. Zusätzlich können die Proben auch Regenwetter ausgesetzt oder im Feuer gebrannt werden. Die Ausgangsprobe wird hierbei auf Grund eines zu hohen Tonanteils – wie die Risse beim Trocknen schon zeigen – zerplatzen, andere Mischverhältnisse werden durch ihren zu hohen Sandanteil vermutlich zu bröseln beginnen. Unser perfektes Mischverhältnis muss sich irgendwo in der Mitte zwischen einem Brotbackofen, der aus allen Rissen raucht und einem Brotbackofen, von dem Lehm-Sandstücke auf Pizza oder Brot fallen, liegen. Wurde im Versuch etwa ein Mischverhältnis von 1: 2, also einem Teil Lehm und zwei Teilen Sand, als ideal befunden, so kann zum Beispiel eine Mischung aus 5 Schaufeln Lehm, 8 Schaufeln Sand und 2 Schaufeln Strohhäcksel herstellt werden.

Im Feuer gebrannte Lehmproben im Mischverhältnis 1: 0, 1: 1 und 1: 2

Anwendung der Proben bei verschiedensten Lehmbauarbeiten

Diese einfachen Testmethoden und die dabei ermittelten Mischverhältnisse können grundsätzlich bei verschiedensten Lehmbauarbeiten angewandt werden. Lehm ist ein universeller Baustoff, der seit Anbeginn der Siedlungstätigkeit des Menschen verwendet wurde. Lehm ist nahezu überall verfügbar und hat viele positive Eigenschaften. Um sich mit dem Baustoff Lehm vertraut zu machen, kann man sich alleine, mit der Familie oder mit Freunden im Garten auf die Suche nach Lehm machen und kleine Figuren und Fingerschalen formen, diese am Feuer trocknen und später brennen.

Einfache im Feuer gebrannte Figuren und Fingerschalen

Traditionelle Rundhäuser der Dinka im Südsudan

Nachbildung eines jungsteinzeitlichen Langhauses im Urgeschichtemuseum Niederösterreich in Asparn/Zaya

Mit einem entsprechenden Schutz gegen Regen sind auch Stampflehmwände im Außenbereich möglich.
BASEhabitat Summerschool der Kunstuniversität Linz am Gelände der Landwirtschaftlichen Fachschule in Altmünster/Oberösterreich

Vor- und Nachteile des Baustoffes Lehm

Selbst beim Bau von Häusern geht der Trend immer mehr weg von runden Bauwerken hin zu eckigen Bauten, wie wir sie bei uns kennen. Zwar wird vereinzelt bei uns im Mitteleuropa heute wieder rund gebaut, doch üblich ist das nicht. Darum wird auch der Lehm mittlerweile meist durch Betonziegel ersetzt, dabei hat er als Baustoff durchaus Vorteile.

Vorzüge als Baustoff:

- speichert Wärme gut
- hautfreundlich
- nahezu überall verfügbar
- leicht verarbeitbar
- modellierbar
- konserviert Holz, schützt es vor Alterung, Verrottung, etc.
  (Standort muss trocken sein)
- wirkt brandhemmend
- reguliert Luftfeuchtigkeit im Wohnraum
- schirmt elektrostatische Strahlung ab
- nimmt Schadstoffe auf

Nachteile als Baustoff:

- ohne entsprechenden Oberflächenschutz quillt Lehm bei Nässe auf
- Lehm ohne Zuschlag zieht sich beim Trocknen zusammen
- bei Lehm gibt es immer Abrieb

Lagerung und Aufbereitung von Lehm

Lagerung

Grundsätzlich kann Lehm nicht verderben, weil er ein anorganisches Material ist. Wird er bis zur Verwendung auf Wiese oder Rasen zwischengelagert, sollte eine Gewebeplane, ein Geotextilflies oder ähnliches untergelegt werden. So vermischt sich der Lehm nicht mit dem Boden darunter, Insekten oder Regenwürmer können nicht hochwandern und der Lehm wird nicht von Gras oder Beikräutern durchwachsen. Liegt der Lehm für längere Zeit, sollte er nicht höher als einen halben Meter aufgetürmt werden, weil sich das sonst negativ auf das Bodenleben darunter auswirken kann. Ideal ist der Lehm zu verarbeiten, wenn er nicht zu trocken, nicht zu feucht und schön krümelig ist. Es kann darum nötig sein, den Lehm auch von oben mit einer Plane abzudecken. Einige Tage vor Baubeginn wird die Plane entfernt und überprüft, ob der Lehm für den Bau brauchbar ist. Ist er zum Beispiel zu trocken, kann mit einer Gießkanne nachgefeuchtet werden. Danach wird der Lehm wieder mit der Plane abgedeckt.

Besorgt man das Material selbst, verwendet man am besten größere Kübel und Tröge für den Transport. In diesen kann der Lehm bis zu Baubeginn am besten direkt neben der Baustelle und im Schatten gelagert werden. Hier kann es passieren, dass der Lehm zu breiig und flüssig wird, weil sich Regenwasser im Behälter sammelt. Es ist daher wichtig, immer wieder zu kontrollieren und gegebenenfalls überschüssiges Wasser auszukippen.

Aufbereitung des Lehms mithilfe der Natur

Zur einfachen Weiterverarbeitung kann es von Vorteil sein, den Lehm über einen längeren Zeitraum in der Natur zu lagern und ihn durch den natürlichen Prozess der Witterung aufbereiten zu lassen. Besonders bei grobem Baumaterial, also zum Beispiel Lehmschollen aus einer Baugrube, kann es von Vorteil sein, das Baumaterial dem Winter zu überlassen. Durch Quellen und Auffrieren werden grobe Lehmbrocken meist bröselig. Wenn die Lagerstelle später zwischenzeitlich abgedeckt wird und der Lehm vor zu viel Wasseraufnahme geschützt wird, ist er später sehr gut für Bauarbeiten verwendbar. Gleiches kann auch im Sommer durch Sonnenbestrahlung, Temperaturschwankung, Regen und Austrocknen passieren. Auf jeden Fall sollten Sie für diese Methode etwa ein halbes Jahr einplanen.

Der Lehm ist abzudecken und am besten erdfeucht zu halten.

Aufbereitung des Lehms mit mechanischen Hilfsmitteln

Für die richtige Materialmischung für den Brotbackofen reicht es eigentlich, erdfeuchten Lehm direkt aus der Lehmgrube zu verwenden. Ist der Lehm zu speckig, oder auch zu grob, besteht aber auch die Möglichkeit, den Baustoff mechanisch aufzubereiten. Im lehmverarbeitenden Gewerbe gibt es dafür professionelle Maschinen, im Hausgebraucht kann aber auch eine Bodenfräse, eine alte Teigknetmaschine, ein Zwangsmischer oder ähnliches verwendet werden. Allerdings muss aufgepasst werden. Ein Zwangsmischer kann den

Mechanische Aufbereitung des Lehms mit Hilfe einer Plane und eines Holzrahmens

Lehm beispielsweise nicht erdfeucht verarbeiten, weshalb so viel Wasser beigemengt werden muss, dass die Mischung zu flüssig wird. Deshalb muss die Mischung vor der Verarbeitung nochmal einige Tage trocknen.

Einsumpfen von zu trockenem Lehms

Ist der Lehm zu trocken, ist es sinnvoll, ihn vor Baubeginn einzusumpfen. Dafür geben Sie den Lehm in eine Wanne oder einen Trog und geben einfach Wasser hinzu, bis der Lehm gut durchfeuchtet ist. Der Lehm kann dann mehrere Tage oder auch Wochen quellen. Dadurch löst sich die verklebte Struktur und der Lehm wird leichter verarbeitbar.

Mauken des Lehms

Bei der Instandhaltung von Lehmbauten wird der zu verwendende Lehmmörtel oft mit organischem Material wie Grasschnitt, Heu, Stroh oder Kuhdung gemischt und ein paar Tage unter Luftabschluss ziehen gelassen. Dies kann in einem luftdicht verschließbaren Eimer oder auch in einem Bottich, der über dem Mörtel mit Wasser aufgefüllt wird, geschehen. Der Mörtel ist übersättigt mit Wasser, obenauf steht Wasser und hält den Sauerstoff fern. Beim sogenannten „Mauken", das einen Fäulnis- oder Gärungsprozess bewirkt, entstehen Algen und Bakterien, welche eine Erhöhung der Plastizität des Lehms bewirken. Hat man keine Wahl an verschiedenen Lehmqualitäten, kann auch das Mauken beim Lehmbackofenbau hilfreich sein.

Aufbereiten von Lehm mit zu hohem Sandanteil

Haben Schlämmprobe mit dem Gurkenglas oder verschiedene manuelle Proben einen zu hohen Sandgehalt zur Verwendung im Lehmbau ergeben und kein besser geeignetes Material ist verfügbar, besteht die Möglichkeit, den Sandgehalt zu senken. Zu diesem Zweck ist es notwendig, das Material ähnlich wie bei der Schlämmprobe aufzulösen, damit sich das Material absetzt. Lehm wir dazu in einer großen Wanne mit Wasser eingesumpft und völlig aufgelöst, bis das Ganze nur noch eine wässrige Brühe ist. Das mechanische Auflösen kann mit Händen, Füßen aber auch mit einem Rührstab auf einer Bohrmaschine geschehen. Nachdem sich die Flüssigkeit nach einiger Zeit geklärt hat, wird das Wasser abgelassen oder abgeschöpft. In der Wanne setzt sich das Material schichtweise ab, unten die unnützen, groben Bestandteile. Das feine Material an der Oberfläche ist der Ton, er kann sich mehrere Zentimeter hoch abgesetzt haben und wird vorsichtig mit einer Schaufel oder auch einer Maurerkelle abgetragen. Je nach benötigter Menge kann ein großer Eimer oder auch eine alte Badewanne verwendet werden. Das gleiche kann auch in einem Erdloch geschehen, in welches die wässrige Lehmsuppe geschöpft wird. Ist das Wasser versiegt, kann der Ton abgeschöpft werden. Mit dem gewonnenen Ton sind einfache

Lehmproben wie beschrieben durchzuführen und Zuschlagstoffe beizumengen. Es kann auch zuerst getrenntes, grobes Material in geringerer Menge wieder zugeführt werden.

Zuschlagstoff Sand zum Abfetten des Lehms

Wasser lagert sich gerne an feinen Tonmineralen ab. Trocknet der Lehm, entweicht dieses Wasser und es entstehen Risse. Sand ist hingegen um einiges gröber als Ton, weshalb sich weniger Wassermoleküle an ihm ablagern. Sand klebt meist durch einen geringen Tongehalt und Wasser. Trocknet der Sand, zerbröselt die Masse, da das Bindemittel fehlt. Am besten eignet sich kantiger Sand, da sich die Körner einfach verkanten. Runde Sandkörner verkanten sich hingegen nicht.

Die Bezeichnung Sand sagt nichts über die Mineralstoffzusammensetzung aus, sondern nur über die Korngröße. Sand ist gröber als Ton und Schluff, aber feiner als Kies. Seine Körnung liegt zwischen 0,063 und 2 mm. Es gibt verschiedene Sande wie Granit-, Gneis-, Feldspat-, Basalt-, Karbonat- und Vulkansand, der am häufigsten vorkommende Sand ist jedoch Quarzsand. Quarzsand wird vorwiegend durch den Abbau geologisch junger Sedimentschichten gewonnen.

Auswaschsand ist runder Sand, welcher bei der Schottergewinnung anfällt.

Quarzsand ist eckiger Sand, abgelagert in Erdschichten, begehrt von der Bauindustrie.

Quarzsand

Sand besorgen

In der Natur ist Sand meist an mäandrierenden Flüssen als abgelagerte Sandbank zu finden. Allerdings darf dieser Sand nicht einfach ohne Genehmigung verwendet werden, da Eigentumsrechte oder Umweltschutzauflagen gelten und geklärt werden müssen. Auch als Unterboden kann Sand in verschiedenen Regionen zu finden sein, hier gelten allerdings dieselben Bedenken.

Von Kiesgruben kann Sand günstig bezogen werden, meist ist nur der Transport teuer. Besteht die Möglichkeit, selbst mit einem Autoanhänger den Transport zu erledigen, ist der finanzielle Aufwand sehr gering. Auch Auswaschsand aus der Schottergewinnung kann für das Abfetten des Lehms verwendet werden, es ist lediglich darauf zu achten, dass keine zu großen Kieselsteine enthalten sind. Bei Selbstabholung ist wie beim Lehm auf die zugelassene Nutzlast des Anhängers zu achten. Eine Fuhre mit dem Autoanhänger enthält zwischen 700 und 800 kg und kostet um die Euro 10,–. Natürlich besteht auch die Möglichkeit, Sand in gewünschter Menge vom lokalen Baustoffhändler liefern zu lassen.

Ideal zum Abfetten von Lehm ist Quarzsand mit einer Körnung von 0–2 mm, lose, im Sack zu 25 kg oder im Big Bag zu 1.250 kg. Im Preisvergleich kann es natürlich sein, dass zwei Säcke Quarzsand gleich viel wie ein Tonne Quarzsand kosten. Wichtig ist auch das Schüttgewicht im Verhältnis zur Menge: 1,5 t/m³. Ein Kubikmeter Sand (1 × 1 × 1 m Sand) wiegt 1,5 Tonnen.

Weitere Zuschlagstoffe zu Lehm

Weitere Zuschlagstoffe beim Lehmbau können die Funktion haben, Lehm abzumagern, das Gefüge zu stabilisieren und Lufteinschlüsse zur besseren Dämmung einzubringen. Zudem können sie chemische Reaktionen auslösen, die beispielsweise den Oberflächenabrieb reduzieren und die Witterungsbeständigkeit erhöhen.

Flachshäcksel

Stroh

Sägespäne, Strohhäcksel, Heuhäcksel, Schilfhäcksel, Flachshäcksel, Hanfhäcksel, Schweineborsten, Getreidespelzen, Papier, Kuhdung, Pferdedung, Tannennadeln und Fichtennadeln sorgen einerseits für eine gute Armierung im Gefüge und bringen andererseits Lufträume zur besseren Dämmung ein.

Molke, Topfen, Tierblut, Urin, Salz, Asche und auch Pflanzenstärke lassen den Lehm sehr hart werden, der Abrieb verringert sich und die Witterungsbeständigkeit erhöht sich. Es wird jedoch vorkommen, dass Salzkristalle oder auch Salpeter an der Lehmoberfläche ausflocken (sieht aus, als würde sich weißer Schimmel bilden). Kuh- und Pferdedung reagieren ähnlich, sie lassen den Lehm hart werden und bilden zusätzlich eine gute Armierung.

Zum Lehmputz kann auch Kalk beigemischt werden. Er erhöht die Witterungsbeständigkeit, reduziert jedoch die Atmungsaktivität des Lehms. Ebenso kann Zement in Mengen bis zu 2 % zum Lehm gemischt werden. Ist der Zuschlag höher, verliert der Lehm seine Plastizität. Prinzipiell ist immer darauf zu achten, was der Zuschlagstoff im Lehm auslöst, wie dieser reagiert oder wie der Lehm später wieder in den Kreislauf der Natur rückgeführt werden kann.

Aus der Zusammenarbeit bei verschiedenen Projekten Brotbacköfen mit Kuhdungzuschlag gebaut. Wichtig ist, dass der Kuhdung frisch ist und nicht erst wieder eingeweicht werden muss. Zudem sollten keine Maden im Dung zu finden sein. Wichtig ist, dass Ton und Dung gleichmäßig vermischt werden und keine Mistklumpen oder Lehmmörtel mehr zu finden sind.

Ein an ein Wohnhaus angebauter Brotbackofen

Ansicht des an das Haus angebauten Brotbackofen in der Küche aus Ásvanyráró in der kleinen ungarischen Tiefebene im Szabadtéri Néprajzi Múzeum

Vorbereitungsarbeiten zum Brotbacken sollten im Warmen geschehen.

Die richtige Standortwahl

Die erste Frage muss immer lauten: Indoor oder outdoor? Dem Laien empfehle ich einen Brotbackofen im Freien, um Probleme mit Rauchfangkehrer und möglicherweise auch Feuerpolizei oder Versicherung zu vermeiden. Und auch im Freien muss auf sicheren Abstand zu bestehenden Bauwerken, Nachbarn, etc. geachtet werden. Brotbacköfen fallen als Feuerungsanlage unter die Brandschutzverordnung des jeweiligen Baurechts. Das Baurecht ist generell auf Länderebene geregelt und wird unterschiedlich gehandhabt. Genaue Informationen können vom lokalen Rauchfangkehrer oder am Bauamt auf der Gemeinde erfragt werden. Ausschlaggebend für einen positiven Bescheid kann auch eine Ausführung ohne Kamin sein.

Früher wurde je nach Region und Verwendung der Brotbackofen als eigenständiges Bauwerk im Freien, in einem eigenen Backhaus, im Wohngebäude selbst oder als Anbau an das Wohngebäude errichtet.

Entscheidende Überlegung für die Standortwahl

Vor Baubeginn müssen einige Dinge bedacht werden, die für die Standortwahl ausschlaggebend sind:

- Eindämmung der Feuergefahr
- Nutzung als Einzelofen oder Gemeinschafts- beziehungsweise Dorfbackofen
- Erreichbarkeit im Winter bei Tiefschnee
- Vorbereitungsarbeiten für das Brotbacken wie Teig anrühren usw.
- eventuelle Nutzung der Abwärme im Wohnraum
- Lagerung des Brennholzes

Oft wurden auch Brotbacköfen im Wohnraum selbst ohne Kamin ausgeführt. Dazu wurde der Brotbackofen in der schwarzen Kuchl errichtet, in welcher auch über offenem Feuer gekocht wurde. Oft trat der Rauch nur durch Luken übers Dach oder kleine Fenster ins Freie. Später erst mündete der gesamte Rauch in einem Kamin, der ähnlich einer Esse funktionierte. Kamine wurden früher in manchen Regionen nicht gemauert, sondern aus zu bestimmten Mondphasen geschlägerten Holzpfosten hergestellt. Erwischt man den richtigen Zeitpunkt im Zeitraum der Wintersonnenwende, kann die Brandgefahr bei Holz erheblich gesenkt werden.

Detail: Kamindurchführung durch Dach

Detail: offenes Mundloch – Rauch kann vom Backraum in den davor liegenden Kamin ziehen

Richtige Positionierung im Gelände

Traditionell wurden freistehende Backöfen oder Backhäuser im Hofverband, der Anordnung der Bauwerke auf einem Bauernhof oder Gehöft, im Alpenvorland und auch in den Alpentälern immer im Osten errichtet. Dies geschah, weil hier die vorherrschende Hauptwindrichtung von West nach

Frei stehender doppelter Brotbackofen aus Winsing bei Schöllnach im Museumsdorf Bayerischer Wald

Rekonstruktion des freistehenden Backofens am Hanslerhof aus Alpbach/Tirol, im Österreichischen Freilichtmuseum in Stübing

Ost verläuft. Funkenflug hätte sonst die Stroh- oder Schindeldächer anderer Gebäude gefährdet. Bei der Wahl des Backtages wurde immer auf die Wetterlage und oft auf die passende Mondphase geachtet, was sich nicht nur auf das Aufgehen des Teiges, das Backen und die Lagerung des Brotes positiv ausgewirkt hat, sondern auch auf Feuer und Rauchentwicklung. Bei Niederdruckwetter kann es zu starker Rauchentwicklung kommen und es kann vorkommen, dass sich in so manchem Backofen bei dieser Wetterlage nur schlecht ein Feuer starten lässt, wohingegen sich das Feuer bei Hochdruckwetter leicht entzünden lässt und nur zu Beginn Rauch auftritt.

Freistehender Backofen aus Botpalád/Oberes Theißgebiet in Ungarn im Szabadtéri Néprajzi Múzeum

Beachtung der Hauptwindrichtung

Ein Brotbackofen sollte im Gelände immer so platziert sein, dass die Türöffnung möglichst nicht in die Hauptwindrichtung zeigt. Wird dies nicht beachtet, kann es beim Aufheizen Probleme geben, weil das Feuer entweder immer wieder ausgeht oder zu stark angefacht wird.

Außerdem sollte beachtet werden, dass auch bei schlechtem Wetter gearbeitete werden kann, weshalb ein Standort in der Nähe von Küche und Brennholz wichtig ist.

Richtige Positionierung bei Hanglagen

Wird der Brotbackofen in den Hang gebaut, ist darauf zu achten, dass der Hang abgestützt ist und das Fundament rundherum immer trocken bleibt. Zwischen Fundament und Erdreich gehört darum eine Barriere aus Schotter oder grobem Steinsplitt angelegt. Der Ofen sollte generell einen sicheren Stand haben und nicht mit dem gesamten Hang ins Rutschen kommen. Bei Erdarbeiten im Vorfeld muss der Humus vom Unterboden abgetragen und getrennt abgelagert werden. Wird Lehm mit Humus vermischt oder einfach über Humus planiert, kann beim nächsten Regen alles ins Rutschen kommen.

Vorbereitung für einen Backofen, der in den Hang gebaut werden soll

Brotbackofen eingebunden in die Gartengestaltung

Brotbackofen von Helga Graef im Vorgarten – im Nahbereich zur Küche

Der Brotbackofen als zentraler Punkt der Gartengestaltung

Wird der Brotbackofen in die letzte Ecke des Gartens verbannt, wird er wahrscheinlich viel seltener genutzt und viel Mühe war umsonst. Vielmehr sollte der Brotbackofen als Statussymbol, Aushängeschild und Visitenkarten angesehen werden. Außerdem kann er ein Designobjekt im Garten sein, das einen schönen und interessanten Akzent in der Gartengestaltung setzt.

Überlegung eines Arbeitsflussdiagramms

Ebenfalls entscheidend für die Standortwahl ist der spätere Arbeitsfluss beim Brotbacken. Welche Schritte muss ich in welcher Reihenfolge durchführen und wie schlägt sich das auf die Standortwahl nieder? Im Normalfall läuft die Arbeit wie folgt ab:

- mit dem Holz zum Backofen
- vom Backofen in die Küche, um Teig zuzubereiten
- von der Küche zum Backofen zur Überprüfung der Temperatur, Holz nachlegen
- vom Backofen in die Küche zum Brotformen
- von der Küche zum Backofen zur Überprüfung der Temperatur, Backfläche reinigen
- vom Backofen in die Küche, um Brot zu holen
- von der Küche zum Backofen, um Brote einzuschießen
- vom Backofen zum Komposthaufen, um Asche und Kohlereste zu entsorgen
- vom Backofen in das Haus oder in den Hofladen

Bedenken Sie alle diese Schritte mit, um sich später lange und umständliche Wege zu ersparen.

AUSFLUGSZIEL:

Das Österreichische Freilichtmuseum in Stübing

Das Österreichische Freilichtmuseum zählt zu den zehn größten Freilichtmuseen Europas und zeigt charakteristische historische Hauslandschaften der verschiedenen österreichischen Bundesländer. Es lässt uns eintauch in das Leben, Wohnen, Arbeiten und Feiern, sprich den Alltag der bäuerlichen Bevölkerung von einst. Es sind verschiedene freistehende Brotbacköfen nach altem Vorbild, aber auch Backöfen in Rauchküchen und Rauchstuben zu finden.

Außenansicht des Schwarzmaier-Hofes

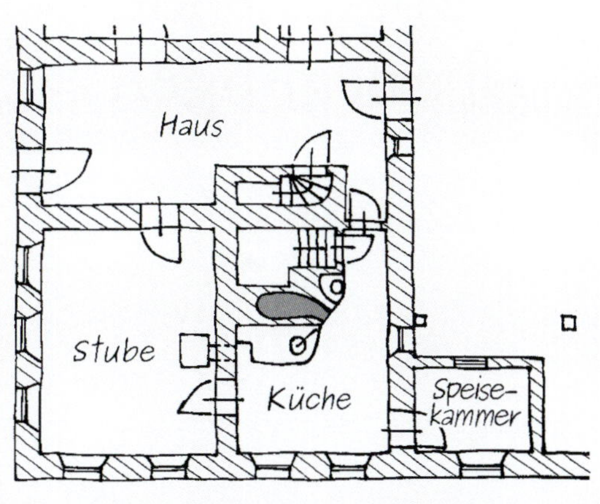

Ausschnitt des Vierkanthofes

Backofen und Herd am Schwarzmaier-Hof aus St. Ulrich bei Steyr, Österreichisches Freilichtmuseum

Der typische, oberösterreichische Vierkanthof zählt zu den größten und markantesten Hofanlagen Österreichs. Der im Jahr 1777 errichtete Schwarzmaier-Hof aus St. Ulrich bei Steyr ist ein vergleichsweise kleiner Vierkanter. Um einen geschlossen Innenhof sind vier Trakte angeordnet. Die Fassade des Wohntraktes ist mit einem speziellen Kratzputz, einem sogenannten Sgraffito, verziert. Im oberen Stockwerk liegt das Römische Mauerwerk oder Opus spicatum frei.

Im Wohntrakt findet sich der ziegelgemauerte Backofen in einer Rauchküche, um die Ecke zur offenen Herdstelle. An die Küche angrenzend liegt die Stube. Auf der anderen Seite des „Hauses", dem Flur, liegt der Pressraum für die Mosterzeugung. Im oberen Stockwerk liegen die Schlafräume mit der „Hohen Stube" mit einfacher Stuckdecke und speziell bemalten Möbeln. Außerdem gibt es hier den Schlafraum für die Eltern und für die weiblichen Dienstboten. Der Schüttboden diente zur Lagerung von gedroschenem Getreide, Mehl und Lebensmittelvorräten.

Backofen und Herdstelle

Österreichisches Freilichtmuseum
Enzenbach 32
8114 Stübing
Österreich
T+43 312 45 37 00
service@freilichtmuseum.at
www.freilichtmuseum.at

Vorbereitende Überlegungen

• 1 Der Arbeitsplatz sollte am besten neben dem Baumaterial liegen. • 2 Baumaterial und Werkzeug sollten bereitgestellt sein. • 3 Ist in der Nähe Lehm zu finden, kann er in kleinen Mengen zur Baustelle gebracht werden. • 4 Das Material zum Mischen muss leicht erreichbar sein.

Die Organisation der Baustelle

Es ist wichtig, alle Arbeitsschritte genau zu planen, um den Materialnachschub zu gewährleisten. Stehen mehrere Helfer zur Verfügung, kann während des Baus von Sockel, Backfläche und Sandform schon damit begonnen werden, nach mechanischen Proben Lehm, Sand und Stroh im ermittelten Verhältnis zu mischen.

Die Baustelle sollte so eingerichtet sein, dass sich Werkzeuge, Wasser, Lehm, Sand und Stroh in der Nähe befinden. Lehm und Sand können nebenbei auf einem Auto- oder Traktoranhänger oder auf einer Gewebeplane liegen. Gemischt wird am besten auf einer Gewebeplane.

Witterungsschutz

Regen- und Sonnenschutz sollten bereitgestellt sein. Mehrere Sonnenschirme, über die zusätzlich Gewebeplanen gelegt werden, eignen sich dafür zum Beispiel gut. Gewebeplanen können auch einfach als Sonnensegel von Baum zu Baum gespannt werden oder ein oder mehrere Partyzelte können aufgestellt werden, wenn sie zur Verfügung stehen. Zu schützen ist die Brotbackofenbaustelle mit ihren Mitarbeitern vor Regen, aber auch vor zu starker Sonneneinstrahlung. Bei Sonnenschein kann man förmlich zusehen, wie der Lehm rasch trocknet und Risse bekommt. Der Lehmmischplatz kann kurzerhand auch in eine Garage oder Scheune verlegt werden, das Material ist abzudecken. Um den Rasen zu schützen, können um die Ofenbaustelle, auf den Trampelpfaden und unter die Plane zum Mischen alte Teppiche gelegt werden.

• 5 Das Fundament kann schon ein paar Tage zuvor vorbereitet werden. • 6 Die Backkuppel kann in zwei Schichten fertiggestellt werden. • 7 Schon beim Bau muss der Brotbackofen vor zu starker Sonnenbestrahlung geschützt werden. • 8 Hat der Backofen beim Bau bereits ein fixes Dach, kann dies sehr hilfreich sein.

Wichtig ist eine wetterfeste Abdeckung der Baustelle.

Zeitablauf bis zur Fertigstellung

Die ganze Arbeit beim Bau eines Brotbackofens muss nicht am gleichen Tag geschehen. Planen Sie lieber etwas mehr Zeit ein, sonst kann es sein, dass Sie sich übernehmen. Bei betonierten Fundamenten muss der Beton zuerst anziehen, bevor der Sockel aufgesetzt werden kann und später vielleicht noch eine Betonplatte oder ein Kranz darauf betoniert wird. Auch eine Lehmkuppel muss nicht am gleich Tag fertiggestellt werden. Am ersten Tag können zum Beispiel die Grünlinge für die Speicherschicht vorbereitet werden, über Nacht schlägt man diese einfach in ein feuchtes Tuch ein oder deckt die Baustelle mit einem feuchten Tuch ab. Beim Aufbau kann man zuerst die Speicherschicht fertigstellen, sie dann austrocknen lassen und später eine Dämmschicht darüber geben. In der Zwischenzeit kann der Backofen zum Beispiel auch schon zum Pizzabacken verwendet werden. Grundsätzlich kann eine Dachkonstruktion schon vor dem Bau der Backkuppel aufgesetzt werden, wird ein Kamin eingebaut, kann es jedoch hilfreich sein, wenn der Dachstuhl erst später aufgesetzt wird. So sieht man, wo der Kamin durch das Dach tritt. Trotz allem sollte man aber darauf achten, dass aus dem Bau des Brotbackofens keine ewige Baustelle wird. Nehmen Sie sich genügend Zeit, aber lassen Sie zwischendurch nichts zu lange liegen.

BEISPIEL AUS DER PRAXIS:

Brotbackofen für die OÖ Landesgartenschau in Kremsmünster

Seit ein paar Jahren gibt es in Kremsmünster in Oberösterreich eine sehr aktive Gruppe, die es sich selbst zum Ziel gesetzt hat, wieder mehr Lebensmittel selbst anzubauen, natürlich alles dem biologischen Landbau entsprechend. Das soll auch nach außen hin sichtbar sein und Kremsmünster soll nach Vorbild von Andernach in Deutschland eine „essbare Stadt" werden. Aus diesem Grund wurden bereits eine Streuobstwiese mit verschiedenen alten Obstsorten angelegt, Hochbeete aufgebaut und gemeinsam wird unter der Leitung einer engagierten Gemüsegärtnerin in Mischkultur gegärtnert.

Ein weiteres Highlight ist der in einem Workshop mit Bernhard Gruber gebaute Brotbackofen aus Lehm. Für die Zeit der Landesgartenschau in Kremsmünster 2017 wurde der Backofen auf einer öffentlich zugänglichen Fläche aufgestellt. Besucher konnten ihn dort nicht nur bestaunen, sondern es gab auch die Möglichkeit, unter Anleitung frisches Brot im Backofen zu backen. Nach der Landesgartenschau fand der Backofen seine neue Heimat auf einem Biohof, wo er unter anderem Schulkinder im Rahmen von „Schule am Bauernhof" erfreut.

Der Brotbackofen wurde in einem eintägigen Workshop nach einer theoretischen Einführung über die Geschichte von Brot und Brotbacköfen, mögliche Baumaterialien und verschiedene Techniken errichtet. Vorbereitet war eine mit Baustahl armierte Betonplatte, in welche auch noch vier Anker für den späteren Transport eingelassen waren.

Nachdem im Versuch ein optimales Mischungsverhältnis von Lehm und Sand ermittelt wurde, wurden zwei Mischplätze eingerichtet. Dort wurden Lehm, Sand und Stroh im Verhältnis von 7 : 5 : 1 erdfeucht gemischt und mit bloßen Füßen plastisch getreten. In der Zwischenzeit kümmerte sich Workshopleiter Bernhard Gruber mit zwei Helfern um die Backfläche. Auf die Betonplatte wurde ein Kranz aus alten Mauerziegeln mit einem Lehm-Sand-Mörtel geklebt und die Fugen ausgefüllt. Die eingeschlossene Fläche wurde mit einer 3 cm hohen Sandschicht bedeckt, in welche mit leichtem Druck Glasflaschen zur Dämmung der Backfläche gelegt wurden. Die Zwischenräume wurden mit Sand aufgefüllt und die Flaschen abgedeckt, sodass es möglich war, die Fläche mit einer Latte plan abzuziehen. Auf die so vorbereitete Dämmschicht wurde eine Lage Ziegel als Speicherschicht aufgelegt und mit Schamotteplatten eines alten Brotbackofens und mit Hilfe eines Lehm-Sand-Mörtels beklebt.

Der fertige Brotbackofen für die OÖ Landesgartenschau

Nachdem die Lehm-Sand-Stroh-Mischung mit einer einfachen visuellen Probe überprüft wurde, konnten Grünlinge geformt werden. So wurden für die Speicherschicht des Backofens um die zwanzig Mischungen in zwei Gruppen zubereitet und die Grünlinge in der Nähe der vorbereiteten Backfläche abgelegt. Auf der Backfläche wurde aus Sand eine verlorene Form errichtet, an welche eine Backofentür aus Gusseisen angefügt und ein Kanalrohr mit einem Durchmesser von 20 cm eingedrückt wurde. Zum Schutz dieser Form kamen mehrere Lagen angefeuchtetes Zeitungspapier darüber.

Während sich ein Teil der Workshopteilnehmer um den sorgfältigen Aufbau der Speicherschicht der Backkuppel kümmerte, mischten die anderen die Speicherschicht aus Lehm, Sand und Stroh im Verhältnis 7 : 3 : 3 gut durchnässt ab. Gleich im Anschluss an die Fertigstellung der Speicherschicht wurde die Dämmschicht aus Strohlehm reihum aufgetragen. Nachdem die Oberfläche des Brotbackofens schön in Form gebracht worden war, wurde die verlorene Sandform noch am selben Tag aus dem Backofen geräumt. Am Ende waren alle begeistert von dem, was sie selbst in ein paar Stunden geschaffen hatten. In den folgenden Wochen wurde der Backofen von den Hofleuten nachbetreut, bis er zur Gänze trocken war.

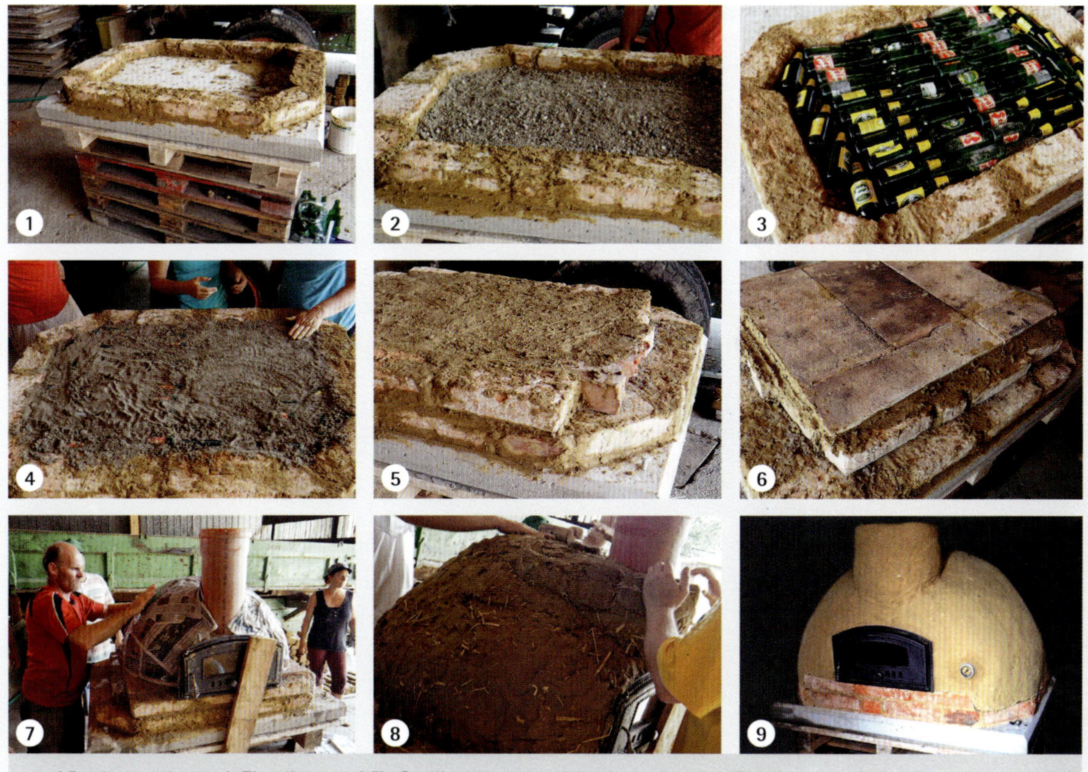

• 1 *Fundamentplatte mit Ziegelkranz* • 2 *Ein Sandbett kommt auf die eingeschlossene Fläche.* • 3 *Flaschen werden zur Dämmung in das Sandbett gelegt.* • 4 *Die Flaschen werden mit Sand abgedeckt und eben abgezogen.* • 5 *Als Speicherschicht folgt eine Lage Ziegel.* • 6 *Schamotteplatten werden mit Lehmmörtel auf die Ziegel geklebt.* • 7 *Die Sandform wird mit einer Zeitungsschicht geschützt.* • 8 *Die Backkuppel wird modelliert.* • 9 *Vorbereiteter Brotbackofen*

Einfache Lösung mit einer vorgesetzten Aschenlade
(gebaut von Myriam Urtz aus dem Waldviertel)

Aschengrube vor dem Backofen, welche bei Bedarf mit Wasser gefüllt wurde
(Szabadtéri Néprajzi Múzeum/Ungarn)

Fundament und Sockel

Je nach Bedürfnissen und Brotbackofen gibt es verschiedenste Ausführungen von Sockel und Fundament, die im Folgenden genauer beschrieben werden. Bevor eine Entscheidung darüber fällt, wie Sockel und Fundament für den eigenen Ofen aussehen sollen, sind für den Bau des Sockels jedoch folgende Schritte zu bedenken.

Möglicher Platz für eine Aschenlade

Befand sich früher der Brotbackofen im Haus und stand nicht in Verbindung mit dem Herdfeuer, wo einfach Glut und Asche hin und her geschoben werden konnte, so stand zum Herausräumen der Asche immer ein Wandl oder ein Kübel mit Wasser bereit. Meist war im Boden auch eine Vertiefung eingelassen, welche bei Bedarf mit Wasser gefüllt wurde. In dieses Wasserbad wurde die heiße Asche aus dem Backofen gekehrt. Diese Methode ist die einfachste und kann auch heute noch so ausgeführt werden.

Einbau einer Backofentür

Soll der Backofen eine schmiedeeiserne oder gusseiserne Türe erhalten, ist darauf zu achten, dass von Backfläche auf Türrahmen kein Stoß entsteht. Die Backfläche sollte nicht tiefer als der Türrahmen liegen, damit der Backofen problemlos gereinigt und Asche und Glutreste vor dem Einschießen des Brotes entfernt werden können. Je nach Türrahmen ist hier eine individuelle Lösung zu finden. Es kann auch notwendig sein, in die Schamotte oder die Ziegel einen Falz zu schneiden, damit Türrahmen und Backfläche plan verlaufen.

Wohin mit der Dämmung des Backraumes

Beim Bau des Sockels sollte auch bereits die Dämmung und die Speicherschicht des Backraumes berücksichtigt werden, denn Dämmung und Speicherschicht können vom Sockel aufgenommen werden. Alternativ kann man die Backfläche einfach auf den Sockel aufbauen.

Anbindung der Dachkonstruktion

Da jeder freistehende Brotbackofen in unseren Breiten unbedingt ein Dach haben sollte, ist im

Detail des Türeinbaus bei Bäckerplatten, wobei die äußeren Schamotteplatten abgesenkt sind

Vorfeld zu überlegen, ob der Backofen unter einem größeren Flugdach stehen, ob eine Dachkonstruktion direkt an den Sockel befestigt oder auf den Sockel aufgesetzt werden soll.

Eine Alternative zu einer konventionellen Dachkonstruktion stellt eine Einhausung des Brotbackofens dar, wo ein fließender Übergang zwischen Sockel, Backofen und Dach besteht. Dies kann am einfachsten mit Naturstein geschehen. Bei der Ummantelung des Lehm- oder Ziegelofens ist

Vorteilhaft ist, wenn der Rahmen der Backofentür nicht geschlossen ist, dann spart man sich die Überlegungen, wie die Backfläche einfach gereinigt werden kann.

Sockel mit Vertiefung für die Dämmung

Aufbau der Dämmschicht auf den Brotbackofensockel

Brotbackofen mit Natursteinen
(übermauert von Jószef Kóbor, Budakeszi/Ungarn)

Die einfachste Lösung: Brotbackofen auf Holzsockel mit Punktfundamenten *(beim Bienenlehrpfad Scharten)*

Außenküche mit Herdstelle, Brotbackofen, Selch und Kesselherd *(von József Kóbor, Budakeszi/Ungarn)*

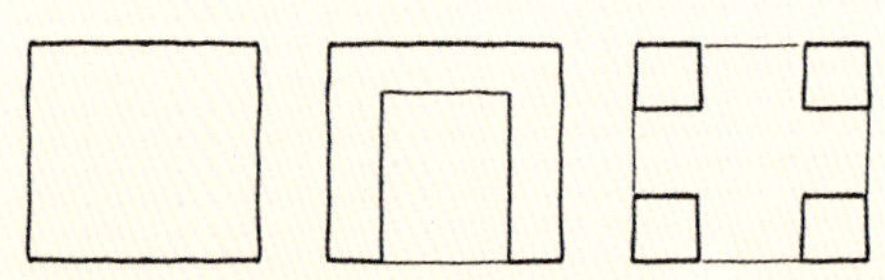

Verschiedene Fundamente: Fundamentplatte, Streifenfundament und Punktfundament

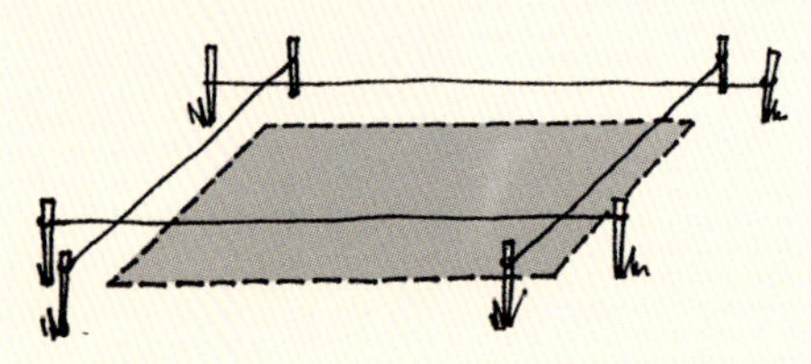

Schnurgerüst für eine Fundamentplatte

dann darauf zu achten, dass die Steine im Mörtelbett immer leicht nach außen geneigt sind, damit der Regen abläuft und nicht in kleinen Fugen zum Backofen kriechen kann.

Einbindung oder Kombination mit weiteren Kochstellen

Mit einem Brotbackofen kann man zwar eine große Vielfalt an Gerichten zaubern, der eine oder andere wird aber auf einen Grill nicht zur Gänze verzichten wollen. Wenn Sie eine Außenküche an den Backofen anbinden möchten, kann dieser natürlich auch in einer größeren Dimension geplant werden.

Betonierte Fundamente

Wer einen Brotbackofen für die Ewigkeit bauen will, sollte ein betoniertes Fundament errichten. Betonierte Fundamente können je nach Ausführung dazu dienen, Sockel mit Sichtmauerwerk wie Ziegel oder Naturstein, betonierte Sockel oder auch Eisenschuhe für Holzkonstruktionen zu tragen. Betonfundamente sind aufwändig und können die Geldbörse etwas strapazieren, schützen das Bauwerk dafür aber vor Schäden durch Bodenverformungen. Für den Eigenbau eines Betonfundaments ist einiges an Geschick erforderlich, im Zweifelsfall sollte besser ein Handwerker damit beauftragt werden.

Wenn Sie sich für ein betoniertes Fundament entscheiden, gibt es drei verschiedene Varianten, die Sie je nach Ihren Bedürfnissen auswählen können: die Fundamentplatte, das Streifenfundament und das Punktfundament.

Die Fundamentplatte

Fundamentplatten haben den Vorteil, dass sich die Last des Bauwerkes auf die gesamte Fläche gleichmäßig verteilt und dadurch kein punktueller Druck auf den Boden darunter entsteht. Fundamentplatten können betonierte Sockel und Sockel aus Sichtmauerwerk tragen.

Für den Bau der Fundamentplatte stecken Sie den Grundriss des Fundamentes mit Pflöcken und Schnüren (dem sogenannten Schnürgerüst) ab. Die Schnüre sollten dabei etwa 10 bis 20 cm über dem Boden gespannt werden. Das Schnürgerüst hilft dabei, das genaue Ausmaß der späteren Platte zu erfassen. Wichtig ist hierbei, dass auch die Diagonalen nachgemessen werden, damit das Fundament im rechten Winkel ist. Sind die Maße abgesteckt und ausgerichtet, wird der Bereich etwa zwei Spaten tief ausgehoben und zur Hälfte mit Schotter aufgefüllt. Danach wird eine Kunststofffolie über den Schotter gelegt, damit der Beton später nicht im Schotterboden verrinnt. Darüber wird ein Baustahlgitter in passender Größe platziert, das später vom Beton umschlossen wird und diesen bewehrt, also verstärkt. Das zu betonierende Fundament wird mit einem Bretterrahmen ausgekleidet („geschalt"). Diese Schalung muss senkrecht und waagrecht mit einer Wasserwage ausgerichtet werden. Es sollte sich ein leichtes Gefälle nach vorne ergeben, damit bei Schlagregen das Wasser nicht im Unterbau stehen bleibt. Die Schalung hilft später auch bei der Begradigung des Betons, da man an der Oberkante der Holzbretter einfach eine gerade Latte („Richtlatte"), die lange genug ist, entlang ziehen kann, damit sich eine ebene Fläche ergibt.

Wer keinen Zugang zu einem Betonrüttler hat, kann die Masse auch durch „stroten" mit einem Stock verdichten. So schließen sich Hohlräume. An den Ecken der Fundamentplatte können Baustahlrundeisen zur Verbindung mit dem Sockel eingeschlagen werden. Damit die Fundamentplatte keine Trockenrisse bekommt, sollte die Oberfläche beim Trocknen mehrmals mit Wasser besprengt werden.

Um das Aufsteigen von Feuchtigkeit im Sockel zu verhindern, wird als Trennschicht zwischen Fundamentplatte und Sockel eine Bitumenbahn aufgelegt. Wer den Aufwand einer Fundamentplatte nicht scheut, sollte den Sockel so ausrichten, dass Feuerholz zwischengelagert werden kann. Ein so gestalteter Sockel wirkt auch nicht so klobig.

Die Fundamentplatte kann natürlich auch größer als für den Backofen nötigt geplant werden.

Eine Bitumenbahn verhindert das Aufsteigen von Feuchtigkeit zwischen Fundamentplatte und Sockel.

Fundamentplatte mit aufgesetztem Natursteinmauerwerk und Korbbogengewölbe als Brennholzlager

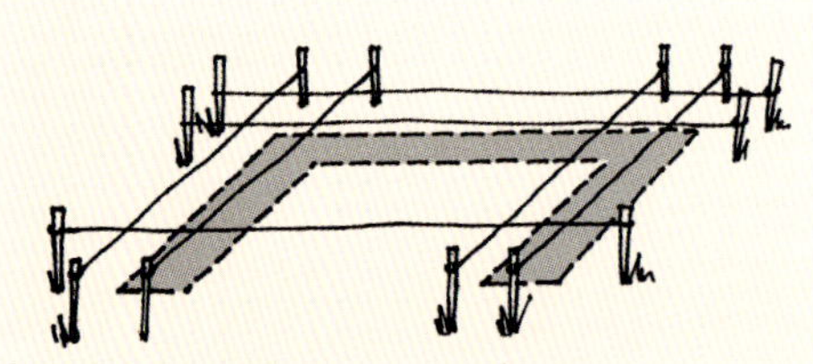
Schnurgerüst für ein Streifenfundament

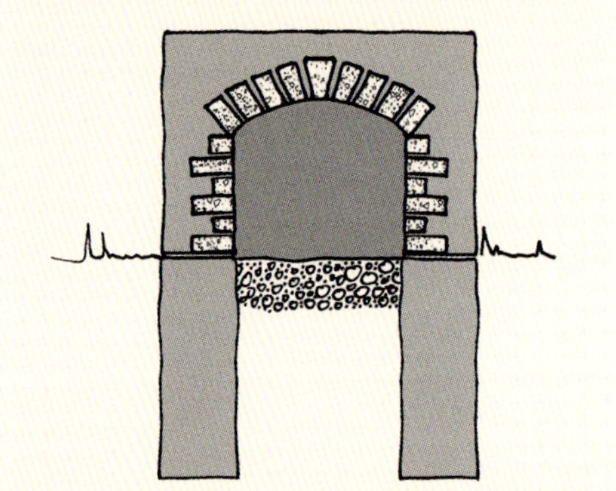
Skizze eines Streifenfundaments

Eine Bitumenbahn verhindert das Aufsteigen von Feuchtigkeit zwischen Fundamentplatte und Sockel.

Sockel aus Sichtmauerwerk auf Streifenfundament

Das Streifenfundament

Im Gegensatz zur Fundamentplatte wird bei einem Streifenfundament nicht die gesamte Fläche betoniert, sondern dem Grundriss des Ofens entsprechend nur Streifen. Das hat den Vorteil, dass Sie weniger Material- und Arbeitsaufwand haben, da Sie eine geringere Fläche betonieren müssen. Trotzdem können Streifenfundamente wie auch die Fundamentplatte betonierte Sockel und Sockel aus Sichtmauerwerk tragen.

Wie schon bei der Fundamentplatte wird auch für das Streifenfundament ein Schnurgerüst errichtet, um die zu betonierenden Flächen abzustecken. Die Breite und Länge der Streifen richtete sich nach den Abmessungen des geplanten Ofens. Das Erdreich der abgesteckten Flächen wir in einer Tiefe von 80 cm ausgegraben, was der Frostgrenze in Mitteleuropa entspricht. Gibt das Erdreich beim Ausheben nach, muss großzügiger ausgegraben werden und eine Schalung wie bei der Fundamentplatte aufgestellt werden. Als Alternative können Sie beim Streifenfundament auch Schalsteine verwenden, die Sie im Baumarkt bekommen. Diese werden einfach in den ausgehobenen Streifen gestellt und mit Beton aufgefüllt und erfüllen dieselbe Funktion wie eine Schalung aus Holz. Ist das Erdreich stabil, kann die Fläche auch direkt mit Beton ausgegossen werden. Dann muss lediglich die Oberkante mit einem Holzrahmen geschalt werden. Auch das Streifenfundament wird mit Baustahl armiert, der Beton im Graben wird durch rütteln verdichtet.

An den Ecken des Streifenfundaments können wiederum Baustahlrundeisen zur Verbindung mit dem Sockel eingeschlagen werden. Damit das Streifenfundament keine Trockenrisse bekommt, sollte beim Trocknen die Oberfläche mehrmals mit Wasser besprengt werden. Um das Aufsteigen von Feuchtigkeit im Sockel zu verhindern, wird auch beim Streifenfundament als Trennschicht zwischen Fundament und Sockel eine Bitumenbahn aufgelegt.

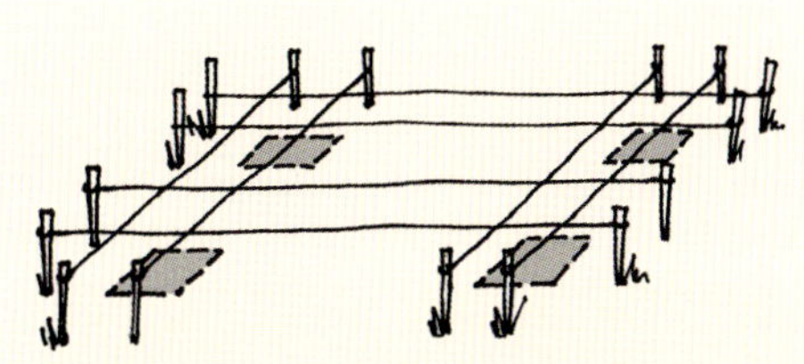

Schnurgerüst für ein Punktfundament

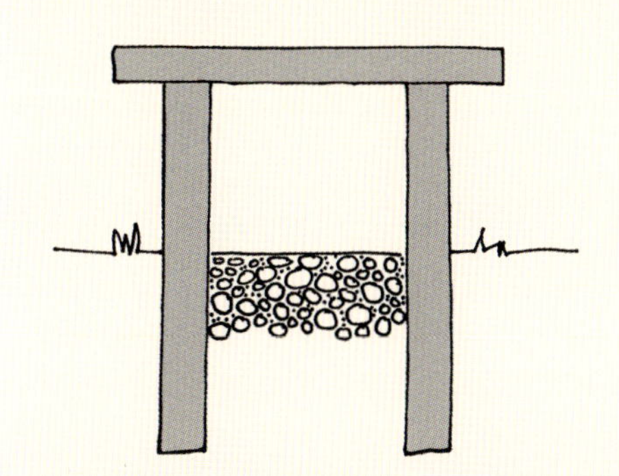

Betontisch mit vier Punktfundamenten als Sockel

Das Punktfundament

Während sich die Last beim Streifenfundament oder der Fundamentplatte auf eine größere Fläche verteilt, konzentriert sich diese beim Punktfundament auf wenige Punkte. Bei einem sandigen und weniger standfesten Boden sind Punktfundamente daher eher ungeeignet. Punktfundamente eignen sich für Konstruktionen mit Metallschuhen mit Dorn oder Flachstählen, an welchen Holzkonstruktionen befestigt werden. Außerdem eignet sich ein Punktfundament, wenn ein betonierter Tisch als Sockel für den Brotbackofen verwendet wird. Der Vorteil von Punktfundamenten ist, dass sie sehr einfach gehalten werden können.

Wie schon bei der Fundamentplatte und beim Streifenfundament wird auch für das Punktfundament wieder ein Schnurgerüst aufgestellt.

Für einen Betontisch werden vier Säulen mit Hilfe einer Holzschalungen bis zu einer Höhe von 60 oder 70 cm hochgezogen. Diese Säulen werden mit Baustahl armiert und dienen einer betonierten Platte als Steher. Die aufliegende Platte wird in einem zweiten Arbeitsgang mithilfe einer Schalung errichtet. Auf diesen Betontisch wird die Backfläche mit ausreichender Dämmschicht aufgebaut.

Der Sockel und alternative Fundamente

Möchte man einen Brotbackofen ohne betoniertes Fundament bauen, gibt es wiederum verschiedene Möglichkeiten und Alternativen. Nicht jeder Sockel verlangt nach einem betonierten Fundament. Und auch beim Sockel gibt es verschiedene Möglichkeiten in der Ausführung. Wichtig ist, dass der Sockel die richtige Höhe hat. Denken Sie dabei an Arbeiten in der Küche oder Tätigkeiten im Stehen am Arbeitsplatz. Auch beim Befeuern und Beschicken des Brotbackofens ist daher die richtige Arbeitshöhe zu bedenken. Die Backfläche auf dem Sockel sollte dabei immer von vorne nach hinten etwas ansteigen, damit beim Ein- bzw. Umschießen ein gewisser Widerstand besteht und die Brote leichter von der Schießl rutschen.

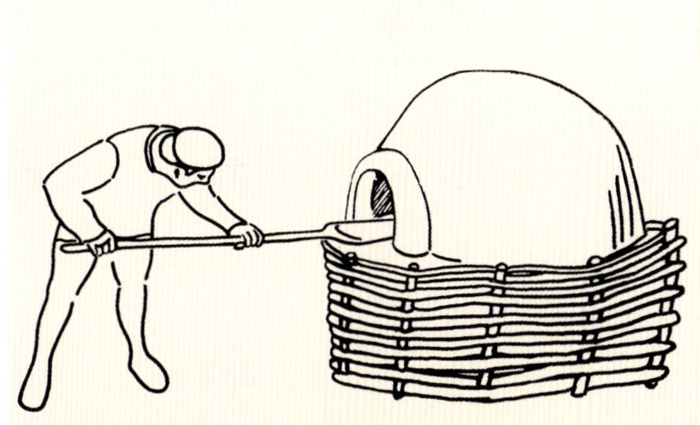

Schon vor Jahrhunderten wurden Brotbacköfen erhöht gebaut, um die Arbeit zu erleichtern. Hier ist ein römischer Feldbackofen mit aus Weiden geflochtenem Sockel, der mit Erdreich aufgefüllt ist, zu sehen.

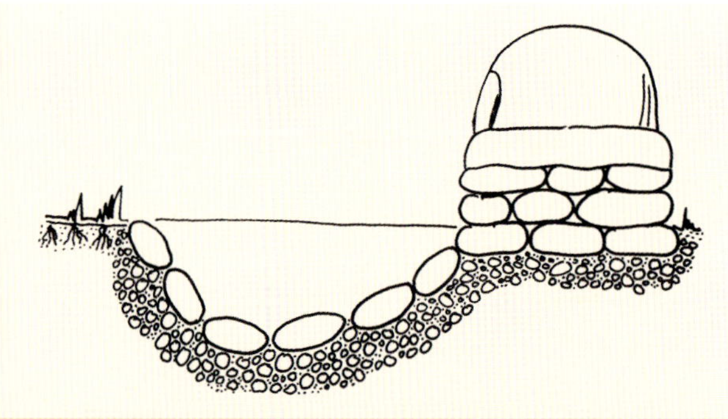

Sitzgrube und Fundament des Brotbackofens werden mit Steinen ausgelegt.

Feldstein- oder Findlingsockel mit Sitzgrube

Dies ist wohl die urtümlichste Form, wie ein Brotbackofen zur Geltung kommen kann und wie die Baukosten sehr gering bleiben können. Bei dieser Variante wird vor dem Ofen eine Sitzgrube ausgehoben. Das hat den Vorteil, dass man leicht vertieft vor dem Ofen steht und so eine geschickte Arbeitshöhe erreicht, ohne dass ein hoher Sockel errichtet werden muss. Solche Sitzgruben sollten nicht bei staunassen Böden errichtet werden. Ideal eignen sich Schotter- oder Sandböden, wo Regenwasser nicht in Pfützen wochenlang stehen bleibt. Grundsätzlich gehört Humus unter kein Bauwerk, weshalb es sich empfiehlt, die Grasnarbe im gesamten Bereich von Brotbackofen und Sitzgrube abzustechen und auch die Humusschicht darunter zu entfernen.

Als nächstes wird die Sitzgrube ausgehoben, im Endzustand sollte sie mindestens knietief sein, denn der Ofen wird in leicht gebückter Haltung bedient. Im Idealfall ist der Aushub, der durch diesen Schritt entsteht, Lehm, der für den Sockel und den Brotbackofen verwendet werden kann. Die Sitzgrube wird mit Kieselsteinen oder Natursteinplatten ausgelegt, die Zwischenräume werden mit Kies befüllt. Im nächsten Schritt wird in dem Bereich, in dem der Ofen stehen soll, damit begonnen, ein Fundament mit Sockel aus Steinen zu legen. Für das Fundament wird eine erste Lage Steine in der gewünschten Größe und Form des späteren Ofens auf dem Boden platziert, die Zwischenräume werden mit kleineren Steinen und Kies aufgefüllt, damit keine Feuchtigkeit vom Boden aufsteigen kann. Ab der zweiten Reihe werden die Steine mit einem Lehm-Sand-Stroh-Mörtel im durch Proben ermittelten Mischverhältnis verbunden und befestigt. Die Backfläche wird mit einer bis zu 20 cm hohen Lehmmischung aufgebaut. Nach einem Tag Trockenzeit kann mit dem Bau der Lehmkuppel begonnen werden. Wird eine Sandform für die Kuppel verwendet, ist die Backfläche mit einer Schicht Zeitungspapier abzudecken. Abschließend wird der Ofen mit einem Flugdach geschützt. weiter auf Seite 108

BEISPIEL AUS DER PRAXIS:

Brotbackofen mit Sitzgrube und Sockel aus Findlingssteinen

Vor ein paar Jahren war ich eingeladen, im Ökozentrum von Klosterneustift in Vahrn bei Brixen in Südtirol einen Brotbackofen-Bauworkshop abzuhalten. Geplant war, den Backofen im Schaugarten

Mit Hilfe einer Flasche wird der Kamin hochgezogen.

Sitzgrube und Sockel mit Flusssteinen

des Ökozentrums zu bauen. Da sich der Schaugarten auf einer Flussinsel des naheliegenden Eisack befindet, beschlossen wir, lokales Material einzubauen. Wir hoben eine ca. 70 cm tiefe Grube aus, die mit großen Steinen aus dem Eisack ausgelegt wurde. Vor der Sitzgrube entfernten wir auf einer quadratischen Fläche mit einer Seitenlänge von 150 cm die Grasnarbe und den Humus und schichteten einen Sockel aus den gleichen Flusssteinen auf, mit denen wir schon die Sitzgrube ausgelegt hatten. Für die abschließende Backfläche wurden Lehm und Sand aus einer nahen Kiesgrube mit etwas Stroh gemischt und direkt auf den Steinsockel in einer 10 cm dicken Schicht aufgetragen. Auch die Hohlräume zwischen den runden Steinen wurden mit dem Material verfüllt.

Die WorkshopteilnehmerInnen mit ihrem Meisterstück

Über Nacht deckten wir unsere Baustelle mit einer Plane ab und ließen den Sockel beziehungsweise die Backfläche darauf etwas ziehen. Am nächsten Morgen legten wir als Trennschicht ein paar Lagen Papier auf die noch etwas feuchte Backfläche und errichteten eine Form aus Sand, welche den Backraum und das Mundloch mit Kaminstutzen tragen sollte. Lehm, Sand und Stroh wurden auf einer Plane gut durchgemischt und mit den Füßen in eine gute, plastische Konsistenz getreten. Reihum wurden die durchgekneteten Grünlinge dicht an der mit Zeitungspapier abgedeckten Sandform aufgetragen und aneinander gedrückt. Mithilfe einer großen Flasche modellierten wir den Kamin über dem Mundloch. Nach der Dämmschicht, bei welcher wir lediglich den Strohanteil erhöhten, glätteten wir die Oberfläche des gesamten Brotbackofens mit einem Lehmputz mit hohem Sandanteil.

Als Schutz vor Wind und Wetter erhielt der Brotbackofen noch eine einfache Dachkonstruktion aus zwei alten Türen, welche für die nächsten Jahre halten sollte. Während der Dachmontage wurde auch schon der Sand, der zur Formgebung diente, aus dem gesamten Backraum entfernt. Zur Probe und um den Kursteilnehmern den Zug des Ofens zu veranschaulichen, entzündete ich im Backraum noch etwas Zeitungspapier.

Brotbackofen mit Palettensockel

Brotbacköfen auf Paletten sind transportabel.

Eine einfache Backfläche auf Palette

Waschbeton-Paletten-Sockel

Bei dieser Variante wird eine Grasnarbe in der gewünschten Größe abgestochen. Diese Fläche wird dann mit vier Waschbetonplatten als Fundament auf den gewachsenen Boden ausgelegt. Gewachsener Boden ist Boden, der nicht aufgeschüttet oder bewegt wurde. Mit einer Holzlatte und einer Wasserwaage werden die Platten eingerichtet und notfalls mit Kies ein wenig unterfüttert. Bei Bedarf wird bei der einen oder anderen Platte unterhalb etwas Material abgestochen. Am Ende sollte sich eine ebene Fläche ergeben. Auf diesen Untergrund werden nun einfach Holzpaletten aufeinandergestapelt, wie viele Sie dafür verwenden, hängt von Ihrer gewünschten Höhe für die Arbeitsfläche ab. Die Mindestgröße der Paletten sollte 80 × 120 cm betragen.

Die oberste Palette wird dann zur Backfläche ausgebaut. Diese Palette wird rundherum mit 15 cm breiten und mindesten 2,5 cm starken Brettern verkleidet, die angeschraubt oder angenagelt werden. Die Zwischenräume der einzelnen Bretter der Palette werden mit Brettern, die ebenfalls angeschraubt oder angenagelt werden, überdeckt, sodass eine geschlossene Oberfläche entsteht. Mögliche Spalten werden mit mehreren Lagen Zeitungspapier abgedeckt oder mit einer Lehm-Sand-Mischung abgedichtet. Auf diese Fläche kommt nun ein Sandbett, auf das wiederum eine Lage NF Mauerziegel (Normalformat voll 25 × 12 × 6,5 cm, 3 kg/Stk.) gelegt wird. Für die gesamte Backfläche im Format einer Palette mit 80 × 120 cm werden 27 Ziegel benötigt. Anstelle von Ziegeln kann auch hochwertige, lebensmittelechte Schamotte verwendet werden. Wer bei Ziegeln oder Schamotte sparen will, kann auch nur die Backfläche damit auslegen, da die Randbereiche von der Lehmkuppel überdeckt werden. Sind alte Ziegel zur Hand, können diese als unterste Schicht unter neue Ziegel gelegt werden. Die alten Ziegel müssen keine ganzen Ziegel sein, sie werden einfach aneinander gereiht, sodass die Fläche ausgefüllt ist.

Anstatt alter Ziegel kann auch eine Lage Einwegglasflaschen im Sandbett, Schaumglas oder Blähton unter die Backfläche gelegt werden. Zwischenräume werden mit Sand aufgefüllt. Alternativ kann auch hier die Backfläche mit einer Lehmmischung aufgefüllt werden. Eine einfache Dachkonstruktion kann direkt an die Paletten geschraubt werden.

Trockensteinmauerwerk als Sockel

Ein kostengünstiger Sockel kann aus Betonbruch, Waschbetonplatten oder Steinplatten geschlichtet werden. Dazu wird im Bereich des Sockels die Grasnarbe abgezogen und der Humus entfernt. Das Loch wird mit Schotter gefüllt oder es wird gleich mit der Schlichtung begonnen. Am besten wird leicht konisch gebaut, sodass sich das Mauerwerk von unten nach oben etwas verjüngt. Notfalls kann mit Zementmörtel ein wenig nachgeholfen werden. Ist die gewünschte Höhe erreicht, kann die Backfläche aufgesetzt werden. Davor sollte aber getestet werden, ob der Sockel stabil ist und hält. Dafür balanciert man am besten an den Kanten entlang. Löst sich kein Stein und fällt die Schlichtung nicht zusammen, hält das Mauerwerk.

Sehr schöne und stabile Schlichtungen ergeben Porphyr und Hartgneis. Gerade Porphyr wurde früher oft als Pflasterstein verwendet, weshalb gebrauchte Steinplatten relativ leicht und kostengünstig zu erhalten sind. *weiter auf Seite 110*

Runder Steinsockel

Brotbackofen auf Steinsockel (im Kräuterdorf Rezi in Ungarn)

BEISPIEL AUS DER PRAXIS:

Brotbackofen auf Trockensteinmauerwerk für Projekttage in Langenlois

Im Rahmen des Projektes „Ke Nako Afrika – Afrika jetzt!" war ich vom Verein vidc (Wiener Institut für Internationalen Dialog und Zusammenarbeit) im Juni des Jahres 2010 eingeladen, mich an den Projektwochen in Langenlois/Niederösterreich zu beteiligen. Da ich im Frühjahr 2009 mit einer Projektgruppe die Gelegenheit hatte, den Südsudan zu bereisen und dort in einigen Dörfern das Glück hatte, traditionelle Rundhäuser der Dinka zu sehen, bot es sich an, gemeinsam mit Schülern der Maurerberufsschule im Kindergarten von Langenlois ein Rundhaus nach afrikanischem Vorbild zu bauen. Zuvor baute ich aber gemeinsam mit Schülern der Gartenbaufachschule verschiedene Brotbacköfen und eine einfach Kochstelle, einen sogenannten Rocketstove, aus Lehm, Sand und Stroh in der Schaugartenanlage der Schule.

Gemeinsam mit der Schulleitung wurde im Schaugarten ein Standort für einen einfachen Brotbackofen ausgewählt. Als Sockel wählten wir Natursteinplatten, welche von den Schülern trocken, das bedeutet ohne Mörtel dazwischen, verlegt werden sollten. Zuvor wurde noch das Gelände etwas eingeebnet. Beim Verlegen des Natursteines wurden Zwischenräume mit abgetragenem Erdreich aufgefüllt, zwei größere Steinplatten bildeten zum Abschluss des Sockels die Backfläche. Gemeinsam wurde eine Sandform modelliert und mit mehreren Lagen Zeitungspapier abgedeckt.

Für den Bau des kuppelförmigen Brotbackofens bot sich der regionale Lössboden sehr gut an: Lehm mit einem hohen Sandanteil. Wir erhöhten den Sandanteil noch geringfügig durch die Zugabe von etwas Quarzsand und mischten noch im trockenen Zustand gehäckseltes Stroh unter. Da sich die Schüler nicht dazu animieren ließen, mit nackten Füßen die angefeuchtete Mischung geschmeidig zu treten, wurde kurzerhand im Schubkarren gegengleich mit zwei Gartenharken gemischt und dann noch mit den Händen gut durchgeknetet. Da die Oberfläche des Sockels nicht sehr groß war, wurde der Backofen mit einer Wandstärke von ca. 10 cm gebaut.

Reste der Mischung versetzten wir mit dunkler Gartenerde. Wir erhielten dunkelgraue Lehmklumpen, welche von den Mädchen auf die braune Oberfläche des Brotbackofens gegeben und gut angedrückt wurden. So erhielten wir unseren „Fußball" – eine Anspielung auf die Fußball-Weltmeisterschaft in Südafrika, in deren Zeichen die Projektwochen veranstaltet wurden. In der Zwischenzeit zimmerten die Burschen der Gruppe ein einfaches Flugdach aus Holzabfällen. Am Abend des zweiten Workshoptages räumten wir die Sandform aus dem Backofen.

Ein paar Wochen später, bei der Abschlusspräsentation der Projektwochen „Ke Nako Afrika – Afrika jetzt!", wurde der Brotbackofen dann eingeweiht. Unterstützt durch die Schulküche, die mit Brotteig versorgte, buken Schüler für Teilnehmer und interessierte Besucher kleine Fladenbrote.

Holzsockel mit Punktfundamenten

Ein schöner Sockel kann auch aus 10/10er Kanthölzern auf einem Punktfundament errichtet werden. Vier Löcher in Spatenbreite werden mindestens 50 cm tief in den Boden gegraben und mit Beton aufgefüllt. Jedes so entstandene Punktfundament wird mit einem Metallschuh versehen. Bevor die vier Metallschuhe mit dem Dorn mit 2 cm Abstand zur Betonoberfläche in den noch feuchten Beton gedrückt werden, sollten noch einmal die genauen Eindrückpunkte, an denen die Metallschuhe platziert werden sollen, vermessen werden. Sind alle vier Metallschuhe in den Beton eingedrückt, werden sie mit einer Wasserwaage zueinander vermessen.

Brotbackofen auf Holzsockel mit Punktfundamenten (im Schaugarten des Obst- und Gartenbauvereines St. Marienkirchen/Polsenz)

Brotbackofen auf Holzsockel aus Kanthölzern

Wenn der Beton gut angezogen hat, kann am folgenden Tag mit der Holzkonstruktion begonnen werden. Vier 70 cm lange 10/10er Kanthölzer werden in die Metallschuhe eingesetzt, die Abstände zueinander kontrolliert, in die Waage gerichtet und mit Schrauben befestigt. Parallel zueinander werden die Steher oben mit je einem 10/10er Kantholz verbunden. Zum Abschluss wird ein Plateau aus 10/10er Kanthölzern gelegt, sodass sich eine Fläche ergibt, und von unten verschraubt.

Auf das so entstandene Plateau kann nun die Backfläche aufgebaut werden. Je nach Außendurchmesser des Backofens wird ein mindestens 10 cm breiter Ring aus einer Lehm-Sand-Stroh Mischung aufgetürmt (für die ersten beiden Schichten). Innerhalb dieses Randes wird die Fläche mit einer 5 cm hohen Sandschicht befüllt. Auf diese kommt wiederum eine 10 cm hohe Lage aus Schaumglas oder Einwegglasflaschen, die aneinander gereiht werden. Die Zwischenräume werden mit Sand aufgefüllt. Auf die so entstandene Dämmschicht folgt eine Lage alter Ziegel und darauf wiederum eine Schicht 5 cm starker Schamotteplatten. Als letzter Schritt wird der Lehmring auf Höhe der Backflächenoberkante, also bis zur Oberkante der Schamotteplatten, hochgezogen. Sowohl die Ziegel als auch die Schamotteplatten können in den Lehmring hineinragen und müssen nicht extra zugeschnitten werden.

Bei einer Holzkonstruktion wie dieser ist eine ausreichende und feuerfeste Dämmung nach unten hin unabdinglich, damit es zu keinem Schwelbrand kommen kann. Am Backtag sollte im Anschluss an das Brotbacken öfter kontrolliert werden, ob die Konstruktion unter der Backplatte abkühlt.

Betonfüllstein-Sockel mit Schotterfundament

Relativ einfach lässt sich ein massiver Sockel aus Betonfüllsteinen oder Betonschalungssteinen bauen. Grasnarbe und darunter liegender Humus werden im Ausmaß des Sockels und einem Gehweg rundherum mindestens einen Spaten tief abgestochen. Die freie Fläche wird mit Schotter aufgefüllt. Für die erste Lage Füllsteine wird ein Schnurgerüst erstellt, bei welchem auch die Diagonale gemessen wird. Dann werden die Steine mit einem Gummihammer und einer Wasserwage in die richtige Position gebracht und rund um die Fläche herum platziert. Nun werden rundherum Baustahlmatten eingelegt und die erste Reihe Füllsteine mit Beton befüllt. Dabei verläuft sich ein wenig vom Material im Schotter, was sich positiv auf die Standfestigkeit auswirkt. In den noch feuchten

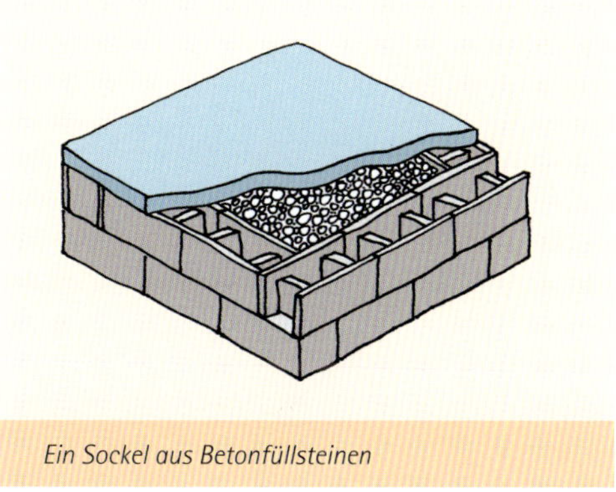

Ein Sockel aus Betonfüllsteinen

Brotbackofen auf Sockel aus Betonfüllsteinen

Beton werden Baustahleisen stehend eingeschlagen, damit eine Verbindung zu den folgenden Reihen besteht. Die Eisen sollten über die Steine hinausragen, damit auch noch eine darauf folgende Reihe damit angebunden werden kann. Pro Stein sollten etwa zwei Eisen verwendet werden. Hat der Beton angezogen, können ein oder zwei weitere Reihen folgen.

Eine gut geeignete Größe der Betonfüllsteine für den Sockel eines Brotbackofens ist 50 × 25 × 17,5 cm. In der Höhe kann in 25 cm-Schritten gearbeitet werden, sodass sich ein aus zwei Reihen bestehender 50 cm oder aus drei Reihen bestehender 75 cm hoher Sockel anbietet. Die fehlende Höhe wird durch eine abschließend betonierte Platte und die folgende gedämmte Backfläche erreicht.

Die freie Fläche innerhalb der Füllsteine wird nun mit Schotter aufgefüllt und mit einer Kunststofffolie oder einem Geotextiflies abgedeckt, damit sich der Beton der Deckplatte nicht im Schotter verläuft. Die abschließende Deckplatte wird wie bei einem Betonfundament mit einem Rahmen aus geraden Holzlatten geschalt. Die Deckplatte wird mit Baustahlmatte armiert und die Fläche mit Beton aufgefüllt und glatt gestrichen. Bei Bedarf können in den Ecken Metallschuhe mit dem Dorn in den noch feuchten Beton eingedrückt und in die Waage gerichtet werden. Sie dienen nach dem Trocknen zur Aufnahme der Dachkonstruktion. Diese kann aber auch direkt an den Sockel angeschraubt werden.

Schachtring-Sockel mit Schotterfundament

Eine etwas kostspieligere aber schnell hergestellte Ausführung ist ein Brotbackofen-Sockel aus Brunnen- bzw. Schachtringen. Im Bereich des Sockels

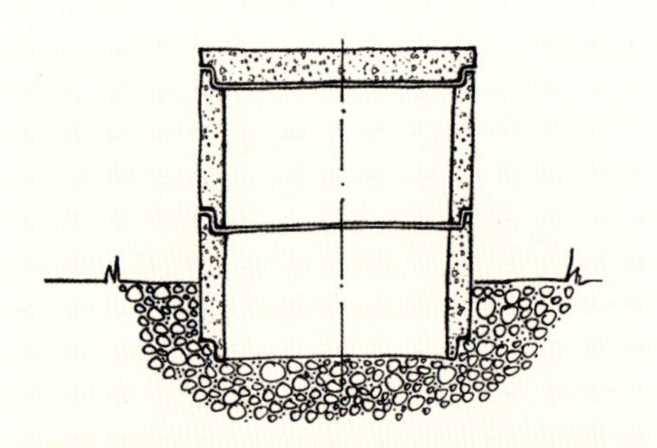

Einfacher, jedoch etwas kostspieliger Sockel für einen Brotbackofen aus Schachtringen

Schachtringe mit größerer Abdeckung als Sockel für einen Brotbackofen

Brotbackofen auf Sockel aus einem Schachtring

und einem Gehweg rundherum werden Grasnarbe und Humus abgezogen und mit Schotter ersetzt. In das Zentrum dieser Fläche werden je nach Bedarf ein bis zwei Betonringe übereinander gestellt. Der Hohlraum kann mit Schotter aufgefüllt werden oder leer bleiben. Als Abschluss wird ein Deckel aufgesetzt, auf welchem die Backfläche aufgebaut wird. Verzichtet man auf den Deckel und befüllt die Ringe, kann von unten her schon mit der Backfläche und entsprechender Dämmung und Speichermasse begonnen werden. Je nach Belieben kann der so entstandene Sockel nach Fertigstellung des Brotbackofens bemalt oder auch mit Mörtel verputzt werden. Eine Dachkonstruktion kann direkt außen an den Sockel angeschraubt werden.

Beim Bau eines solchen Sockels ist das Gewicht der Ringe und des Deckels zu beachten. Sie können nur mit einem Flaschenzug, Stapler oder Kran bewegt werden. Bei der Anlieferung der Ringe sollte der Untergrund also soweit vorbereitet sein, dass die Ringe direkt vom Lieferanten an Ort und Stelle gesetzt werden können.

Die Alternative: mobile Brotbacköfen

Ist der endgültige Standort noch nicht klar, kann am gewünschten Standort nicht gebaut werden oder soll der Ofen einfach versetzbar sein, gibt es auch die Möglichkeit, einen mobilen Brotbackofen zu bauen.

Am einfachsten ist es in diesem Fall, einen kleinen Backofen auf Paletten zu bauen. Möchte man jedoch einen durchschnittlich großen Backofen bauen, können auch armierte Betonplatten oder Eisenkonstruktionen vorbereitet werden. Weiters besteht die Möglichkeit, nur die Speicherschicht der Backkuppel vorzubereiten und diese später an ihrem Bestimmungsort mit einer Dämmschicht zu überziehen.

Vorbereiteter Brotbackofen für die OÖ Landesgartenschau in Kremsmünster auf Betonplatte mit Muffen für Kranlaschen zum Transport

Die Backkuppel wird auf einer Holzfaserplatte für einen anderen Bestimmungsort vorbereitet.

Ein Brotbackofen kann beispielsweise auch auf mobilen Fundamentplatten zur Versetzung mit Stapler oder Frontlader errichtet werden. So kann der Standort des Brotbackofens nach Bedarf verändert werden. Das hat auch den Vorteil, dass der Backofen über den Winter einfach in einen Schuppen gestellt werden kann.

Eine weitere Möglichkeit bietet der Bau auf einem Einachstraktoranhänger. Auch Autoanhänger eignen sich, wobei hier die zulässige Gesamtlast zu bedenken ist. Ein Brotbackofen mit ø 130 cm Innen- und ø 170 cm Außenmaß und einem Backflächenaufbau mit 30 cm kann ein Gewicht um die 2 Tonnen erreichen. Auf jeden Fall muss der Autoanhänger eine Auflaufbremse und eine entsprechende Zugmaschine haben, welche bergab nicht vom Gewicht des Brotbackofens geschoben wird. Eine nach unten feuerfeste Backfläche mit ausreichend Speicher- und Dämmschicht ist auch beim mobilen Brotbackofen ein wichtiges Thema. Hält der Brotbackofen die Hitze lange, kann zu Hause aufgeheizt werden und nach kurzer Transportstrecke frische Pizza und Brot gebacken werden.

Mobiler Brotbackofen zum Transportieren mit dem Traktor (beim Andreal-Wirt in Rauris)

Mobiler Brotbackofen für auflaufgebremsten Autoanhänger

BEISPIEL AUS DER PRAXIS:

Mobiler Brotbackofen am Biohof Leimlehner in St. Georgen am Walde

Im Rahmen eines Workshops für die Jugendtankstelle der Mühlviertler Alm baute ich am Biohof Leimlehner mit über 25 Teilnehmern einen Brotbackofen aus Lehm, Sand und Stroh auf eine vorgefertigte, mobile Plattform. Organisiert wurde das Projekt vom Biobauern Michel Paireder. Der Plan von Michael und seinen Freunden war es, einen mobilen Brotbackofen, der für private und öffentliche Feste im unteren Mühlviertel verwendet werden kann, im Rahmen eines Workshops zu bauen. Zu diesem Zweck wurde von der Projektgruppe eine Unterkonstruktion ausgetüftelt und angefertigt, auf welche im Workshop ein Brotbackofen aufgebaut werden sollte.

Die vorgefertigte Plattform mit einer Innenabmessung von 170 × 170 cm war so konstruiert, dass sie mithilfe von vier Winden ideal an jedes Gelände angepasst oder auf einen Anhänger abgesenkt werden kann. Die Grundkonstruktion wurde aus Formstahl geschweißt und ein Holzrahmen aufgesetzt. Von unten her bauten wir die Backfläche mit einem ca. 8 bis 10 cm hohen Sandbett auf. In das Sandbett wurde eine Reihe NF-Ziegel zur besseren Wärmespeicherung gelegt. Die folgenden Bäckerplatten aus Schamotte wurden zur besseren Wärmeübertragung mit den Ziegeln durch einen Lehmmörtel verbunden.

Auf der so vorgefertigten Backfläche wurde eine Sandform mit einem Durchmesser von 120 cm errichtet, welche mit mehreren Lagen feuchtem Zeitungspapier abgedeckt wurde. Als Formgebung für den Kamin wurde eine Doppelliterflasche auf die Sandform aufgesetzt. Währenddessen bereitete ein Teil der Workshopteilnehmer frische Grünlinge aus einer Lehm-Sand-Stroh-Mischung zu.

• 1 *Lehm, Sand und Stroh mischen* • 2 *Ziegeln formen* • 3 *Die vorgefertigte Plattform* • 4 *Die Backfläche wird fertiggestellt.*

• 5 *Die Speicherschicht des Backgewölbes wird aufgebaut.* • 6 *Zwischen Speicher- und Dämmschicht wird Schafwolle eingearbeitet.* • 7 *WorkshopteilnehmerInnen 2014*

Dazu wurden Lehm, Sand und Stroh im in der Probe ermittelten Mischungsverhältnis auf einer Plane gemischt, mit den Füßen gut durchgetreten und im Anschluss zu erdfeuchten Ziegeln geformt. Diese „grünen", ungetrockneten Ziegel wurden reihum an die mit Zeitungspapier geschützte Sandform angedrückt.

Nachdem die 12 cm dicke Speicherschicht der Backkuppel fertiggestellt war, wurde Schafwolle vom Biohof reihum zwischen Speicherschicht und der ebenfalls 12 cm dicken Dämmschicht eingearbeitet. Die Schafwolle verhindert eine Wärmebrücke zwischen Speicher- und Dämmschicht. Wie bei einem richtigen Ziegelgewölbe wurde zum Abschluss ein Lehmziegel in das Gewölbe eingesetzt. Nach Fertigstellung der Backkuppel wurde gleich die Sandform entfernt.

Bisher wurde der mobile Brotbackofen bei verschiedenen Festen am Biohof und in der Region eingesetzt, zum Beispiel am Bio-Adventmarkt in Grein, wo für die begeisterten Gäste an einem Abend über 500 frische Pizzen im Lehmofen gebacken wurden. Dazu wurde auf der einen Hälfte des Backfläche das Feuer aufrecht erhalten und nach zwei Stunden einfach das Feuer auf die andere Seite geschoben und weitergebacken. Die besondere Pizzaspezialität von Bio-Bauer Michael Paireder und seinem Gourmet-Backofen-Team ist eine Rote-Beete-Pizza („Rauna-Pizza") mit Schafskäse überbacken.

Biohof Leimlehner
Michael Paireder
Ober St. Georgen 21
4372 St. Georgen am Walde
michael@biohof-leimlehner.at

Sebastian Thiemann mit seinem mobilen Backofen

BEISPIEL AUS DER PRAXIS:

Ein einfacher mobiler Brotbackofen für die Kleingartenanlage

von Sebastian Thiemann

Der Wunsch nach richtig gutem Brot ohne Zusätze, also einfach nur aus Mehl, Wasser und ein wenig Salz, veranlasste mich dazu, selbst Hand anzulegen. So setzte ich kurzerhand meinen eigenen Sauerteig an und startete im heimischen Elektroofen die ersten Backversuche und war begeistert. Brot wie man es sich vorstellt: natürliche Zutaten, saftige Krume und ganz passable Kruste. Zu diesem Zeitpunkt stand bereits fest, dass ein Holzofen gebaut werden musste. Und das Baumaterial war von Anfang an klar: Lehm!

Da der Ofen in einer Kleingartenanlage stehen sollte und dort wegen Vorschriften und Gesetzen jedes „Bauwerk" einer Genehmigung bedarf, kam mir die Idee: Der Ofen muss transportabel wie ein Grill sein. Die Dimensionen des entstehenden Ofens wählte ich dann so, dass er gerade groß genug wird, um ein bis zwei Brotlaibe zu backen und so klein und leicht wie möglich, um ihn im Notfall doch mal transportieren zu können. Das Gestell baute ich aus Fichtenbrettern und einer Siebdruckplatte. Als Dämmschicht mischte ich Blähton mit einer Lehmschlämme und füllte ca. 8 bis 10 cm der Dämmschüttung in den gebauten Rahmen.

Etwas Komfort sollte der Ofen schon haben, und so entschied ich mich dafür, die Backfläche aus Klinkersteinen zu erstellen, auch wenn es vielleicht eine Lehmbackfläche getan hätte. Die Speicherfähigkeit des Klinkers sprach aber dafür. Den Innenradius wählte ich mit 60 cm so, dass die Backfläche mit sechs Klinkersteinen im Normalformat ausgelegt werden konnte und für den Bereich der Ofenöffnung gab es nochmals drei Steine. Als „Kleber" diente natürlich wieder Lehm, der einfach mit etwas Wasser zu meinem Lehmmörtel angemischt wurde.

Die Höhe des Backraumes wollte ich schön hoch haben, sodass man gut in meinem kleinen Backofen hantieren und auch gleichzeitig Feuer schüren und Pizza backen kann. So entschied ich mich für ca. 40 cm. Auch die Faustregel 63 % der Ofenhöhe als Höhe der Ofentür passte nahezu perfekt. Ein erster Versuch, die Innenraumform zum Erstellen der Kuppel mit Weiden zu flechten, scheiterte leider. Also wechselte ich auf die Standardmethode Sandform: Da aber der vorhandene Sand schon als Baumaterial für die Ofenkuppel reserviert war, habe ich kurzerhand Erde aus dem Gewächshaus genommen und mit ein wenig Wasser in Form gebracht. Eine Folie als Trennlage darüber und los ging es mit dem Bau.

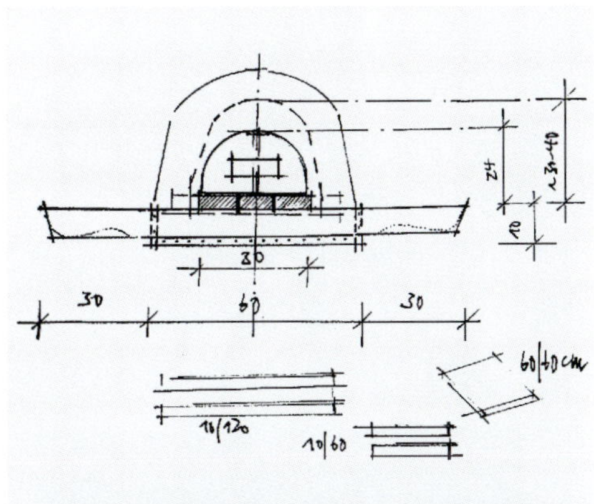

Mein Entwurf für den mobilen Backofen

Die Ofentür habe ich aus einer Multiplexplatte geschnitten und nochmals eine Lage Holzbretter aufgeschraubt, und zwar so, dass bei der Auflagefläche zum späteren Lehmbogen eine Verzahnung entsteht. So schließt die Tür perfekt und da ich die untere Seite abgeschrägt habe, klappt die Türe nach innen und liegt seitlich und oben immer am Lehmofen an.

Die Ofentür habe ich gleich mit eingebaut, so sparte ich mir eine extra Schablone. Den Ton konnte ich gleich in der Nähe aus einer Tongrube holen und ich sicherte mir gleich sieben große Eimer (zur Info: gesamt habe ich nur vier Eimer Lehm gebraucht). Schicht für Schicht im Kreis um die „Sandform" und schon stand die erste ca. 10 cm dicke Lehmschicht. Den Lehm hatte ich natürlich mit Sand und Wasser angemischt. Nach zwei Tagen Trockenpause konnte ich die Form aus der Kuppel buddeln und der Erfolg ließ mich strahlen: Die Kuppel hielt!

• 1 Unterbau mit einer Schicht Blähton
• 2 Die Backfläche mit der hölzernen Backofentür
• 3 Der Überstand der Backfläche verschwindet unter der Backkuppel. • 4 Aus feuchter Erde modellierte Form, welche den Backraum vorgibt • 5 Mehrere Lagen Zeitungspapier verhindern, dass sich Erde und Lehm mischen. • 6 Der Backofen mit seiner finalen Lehmputzschicht

Der Backofen wird angefeuert.

Für die Dämmschicht habe ich wieder Blähton in die Sand-Lehm-Mischung gegeben und mich wieder im Kreis herum nach oben gearbeitet, bis die gesamt Kuppel mit einer Dämmschicht versehen war. Das „Kugelige" des Blähtons war zwar nicht ganz einfach zu verarbeiten, aber nachdem alles getrocknet war, blieb auch diese Schicht perfekt stehen. Die vorher getrocknete erste Lehmschicht habe ich vor dem Aufbringen der Dämmschicht immer wieder mit Wasser eingesprüht, damit sich alles gut verbinden konnte.

Die finale Lehmputzschicht habe ich feucht angemischt, so konnte ich die schöne Form meines Ofens weiter herausarbeiten und nach dem Antrocknen konnte ich immer wieder mit nassen Händen darüber reiben und eine glatte Oberfläche erreichen. Nun war der Ofen eigentlich fertig.

Bekannterweise kann man einen Lehmofen nicht einfach der Witterung aussetzen. Es musste also ein Dach her. Und da im Garten noch eine alte Regentonne mit einem großem Riss stand, habe ich diese kurzerhand in Form geschnitten, mit zwei Auflagerhölzern verschraubt und schon war ein abnehmbares Dach gebastelt. Und es hat sich wirklich bewährt: Es hält Regen und Schnee vom Lehm fern.

Der Bau des Ofens hat mich wirklich begeistert. Lehm lässt sich einfach super verarbeiten. Wenn einmal ein Fehler passiert: einfach nass machen und korrigieren. Auch kleine Abplatzer am Ofen können jederzeit wieder ausgebessert werden.

Spannend war natürlich das erste Aufheizen des Ofens. Von einem ganz kleinen Feuer her habe ich mich immer weiter an die gewünschte Ofentemperatur genähert. Nach ein wenig Übung weiß ich jetzt, dass ich beispielsweise zum Brotbacken drei bis vier Holzscheite verheizen muss. Dann entsteht die perfekte Temperatur im Ofen: 290 °C bis 300 °C Grad. Ein schöner Riss in der Ofenkuppel hat dann einen Spalt von ca. drei bis vier Millimeter. Auch ein Zeichen dafür, dass die Temperatur erreicht ist (nach dem Abkühlen geht dieser Riss natürlich wieder zurück, Lehm arbeitet). Der Ofen hält nach dem Auskehren und Einschießen des Brotlaibes die Temperatur wirklich gut. Nach einer Stunde sind noch knapp 200 °C im Inneren. Um noch mehr Hitze zu halten, mache ich es nun meist so, dass ich noch einen Klinkerstein auf der Seite im Ofen habe. Dieser speichert beim Aufheizen zusätzlich die Energie und meine Brote werden richtig schön kross und bekommen eine Kruste, die man nur im Holzofen so hinbekommt.

Natürlich wird auch fleißig Pizza, Flammkuchen und vieles mehr in meinem Ofen gebacken. Bei geöffneter Ofentür beim Pizzabacken muss jedoch immer ein kleines Feuer weiterbrennen, denn die Energiespeicherfähigkeit meines „leichten" Ofens ist natürlich begrenzt.

Meine Überlegungen beim Start des Baus haben sich bestätigt: Zu zweit kann man den Ofen gerade noch so tragen, es passen bis zu zwei Brotlaibe ins Innere und er ist fester Bestandteil der Sommermonate geworden.

Sebastian Thiemann
www.sebastian-thiemann.de

EXKURS: Irrläufer – ungeeignete Materialien für den Sockelbau

Aus eigener Erfahrung weiß ich, dass es auch Materialien gibt, die für den Bau eines Sockels ganz und gar nicht geeignet sind. Einmal musste ich dies bei einem Sockel aus hölzernen Eisenbahnschwellen erleben, ein anderes Mal bei einem Sockel aus massiven Granitwegplatten.

Brotbackofen-Sockel aus hölzernen Eisenbahnschwellen

Bei Freunden in Steyr war ich eingeladen, einen Brotbackofen-Bauworkshop zu halten. Auf der geplanten Baustelle wurde ein Sockel aus alten, hölzernen Eisenbahnschwellen vorbereitet. Den Abschluss des Podests bildete eine 10 cm dicke Betonplatte mit Schamotte oben auf. Die Zwischenräume der Eisenbahnschwellen waren mit Schotter aufgefüllt. Alles in allem eine sehr massive Unterkonstruktion, die für die Ewigkeit gebaut zu sein schien.

Das Podest sah sehr stabil aus, Betonplatte und Schamotte schienen mir reichlich Auflage zu sein. Doch ich sollte eines Besseren belehrt werden! Bei regnerischem Wetter bauten wir frohen Mutes einen sehr schönen Brotbackofen, der den stolzen Besitzern auch einige Zeit gute Backergebnisse liefern sollte. Gerne wurde im Kreise der Familie Pizza gebacken und im Feuerschein gefeiert. Doch irgendwie stand der Brotbackofen von Beginn an unter keinem guten Stern. Schon am Tag, nachdem der Ofen fertig gebaut war, trat die Enns nach unaufhörlichen Regenschauern über ihre Ufer und erreichte schnell unser Bauwerk. Bis zwei Zentimeter unter das Mundloch stieg das Hochwasser an, verwüstete den gesamten Garten, der Ofen blieb jedoch unbeschädigt stehen.

Nach diesen Anfangsschwierigkeiten wurde der Brotbackofen fleißig zwei Jahre lang genutzt. Bei einem der besagten Familienfeste wurde wieder begeistert Pizza gebacken, und um im Feuerschein weiter beisammen sitzen zu können, wurde immer wieder Holz nachgelegt. Zwei Stunden nach dem Ende der Feier stand das gesamte Podest und die schützende Dachkonstruktion plötzlich in Flammen und ein Großaufgebot der Feuerwehr im Garten. Diese konnte ein Übergreifen der Flammen auf das Wohnhaus glücklicherweise verhindern. In den nächsten Tagen ermittelte auch die Kriminalpolizei. Eine genaue Brandursache konnte nicht ermittelt werden, doch ich nehme an, dass durch die Dauerbefeuerung zu viel Hitze nach unten übertragen wurde und im Sockel ein Schwelbrand entstanden ist. Irgendwann kam dann ausreichend Sauerstoff dazu, der Sockel aus Eisenbahnschwellen entzündete sich und die Flammen griffen auf die Dachkonstruktion über.

Ein schöner Brotbackofen, der später allerdings ein Raub der Flammen wurde.

Diese Erfahrung zeigt, dass ein Brotbackofen nicht endlos die Energie des Feuers aufnehmen kann und generell bei allen Konstruktionen aus Holz im Nahbereich des Brotbackofens und des Kamins aufzupassen und mehrmals zu kontrollieren ist.

Mittlerweile rate ich allgemein vom Gebrauch von hölzernen Eisenbahnschwellen im Garten oder in der Landwirtschaft ab. Auch wenn sie sehr dekorativ aussehen mögen, wurden sie in in Altöl getränkt und am Bahngeleis jahrelang mit Unkrautvernichtungsmittel und anderen Umweltgiften besprüht.

Nach mehrmaliger Benützung ist die massive Granitplatte leider gesprungen.

Brotbackofen-Sockel aus massiven Granitwegplatten

Am Biohof Pevny in Niederneukirchen bauten wir einen sehr schönen, rustikalen Brotbackofen auf einen Tisch aus drei sogenannten Gredplatten. Die Gred ist bei uns in Oberösterreich der gepflasterte Weg rund um ein Gehöft oder die Pflasterung im Innenhof. An vielen Orten sind darum massive Gredplatten aus Granit zu finden. Der Brotbackofen sollte im Schaugarten, geplant von einem Landschaftsplaner, errichtet werden. Der Landschaftsplaner wollte eine Verhüttelung am Gelände vermeiden, weshalb sich die Bauersleute dazu entschieden, den Brotbackofen direkt auf den Granittisch zu setzen und die Oberfläche gleichzeitig als Backfläche zu nutzen.

Am Hof wird eigenes, vermahlenes Getreide zu köstlichem Biobrot gebacken. Viele Besucher kommen zum Einkauf, zu Brotbackworkshops, zu Hoffesten im Jahreskreis und auch Schulklassen finden reichlich Information über den Weg vom Getreide bis zum Brot. Ziel war es darum, den Brotbackofen im Schaugarten für Feste und Schulklassenbesuche zu nutzen.

Nach mehrmaliger Benutzung des Brotbackofens ist diese eigentlich sehr robuste Steinplatte genau in der Mitte gesprungen. Das Gewicht des Brotbackofens hielt den gesprungenen Stein zusammen, wurde aber aus Sicherheitsgründen mit einer Hilfskonstruktion unterstützt. Eine bessere Alternative wäre vielleicht gewesen, auf dem Steintisch eine ausreichende Dämmschicht und eine darüber liegende Backfläche aus Klinker oder Schamotte, welche die Hitze besser aufnehmen kann, zu errichten. Denn Granit ist zwar grundsätzlich ein sehr hartes und widerstandsfähiges Gestein, doch bei großer Hitze springt es. Gerade beim Abwischen der Backfläche des Brotbackofens mit einem feuchten Tuch kann es darum zu Abplatzungen kommen.

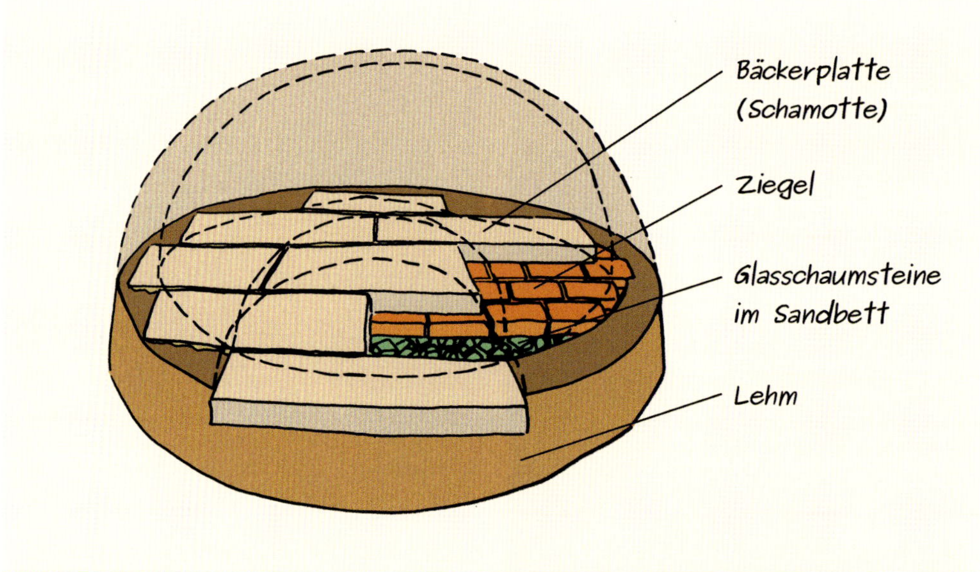

Aufbau der Backfläche: unten die Dämmschicht, oben die Speicherschicht, auf der gebacken wird

Die Dämmung der Backfläche

Mit einer Aussparung im Sockel kann die Dämmung einfach nach unten verlegt werden.

Beim Bau der Backfläche muss immer von außen nach innen gedacht werden, oder eben von unten nach oben, also von der Dämmung zur Speicherung. Während bei der Kuppel, die der Energiespeicher oben ist, die Dämmschicht nach der Speicherschicht kommt, ist es bei der Backfläche genau umgekehrt. Zuerst kommt die Dämmschicht, oben auf dann die Speicherschicht. Grundsätzlich kann der Sockel die Backfläche beinhalten, wie wir schon gesehen haben.

Um eine optimale Backqualität zu gewährleisten, ist ein Gleichgewicht zwischen Backfläche und Gewölbe beziehungsweise Unterhitze und Oberhitze anzustreben. Gerade die Backfläche kann durch den direkten Kontakt mit dem Feuer die Energie viel leichter aufnehmen und natürlich auch nach unten hin leichter verlieren. Zu wenig Unterhitze stellt ein großes Problem dar, weil das Backgut dann von unten her nur leicht angebacken, in der Mitte fast roh und oben verbrannt aus dem Ofen kommt. Bei zu viel Unterhitze würde das Brot von unten herauf anbrennen. Gibt ein Ofen

Dämmeigenschaften verschiedener Baustoffe

Baustoff	Dichte *in kg/m³*	Wärmeleitfähigkeit λ *in W/(m·K)*
Steinwolle	*20–200*	*0,03*
Glaswolle	*20–150*	*0,03*
Schaumglas	*130–200*	*0,08*
Naturbims	*400*	*0,12*
Holzlehm	*750*	*0,17*
Bimskies	*1.000*	*0,19*
Gasbeton	*800*	*0,20*
Porenbeton	*600*	*0,20*
Holzspan-Beton	*800*	*0,24*
Blähton	*800*	*0,29*
Holzasche	*900*	*0,29*
Leichtlehm	*800*	*0,30*
Blähbeton	*800*	*0,30*
Leichtlehm	*1.000*	*0,40*
Hohlziegel	*1.000*	*0,45*
Leichtlehm	*1.200*	*0,50*
Vulkanische porige Natursteine	*1.600*	*0,55*
Glasbausteine	*1.500*	*0,58*
Strohlehm	*1.400*	*0,60*
Vulkanisches Gestein	*166*	*0,60*

Baustoff	Dichte *in kg/m³*	Wärmeleitfähigkeit λ *in W/(m·K)*
Kiesschüttung trocken	*1.800*	*0,70*
Sand, Kies, Splitt	*1.800*	*0,70*
Vollziegel	*1.700*	*0,76*
Strohlehm	*1.600*	*0,80*
Glas	*2.500*	*0,81*
Massivlehm	*1.800*	*0,95*
Fliesen	*2.000*	*1,00*
Massivlehm	*2.000*	*1,20*
Kunststein	*1.750*	*1,30*
Estrichbeton	*2.000*	*1,40*
Beton	*2.200*	*1,60*
Sandstein	*2.000–2.500*	*2,00*
Kies- oder Splitbeton	*2.400*	*2,10*
Sandstein, Kalkstein, Schiefer	*2.600*	*2,30*
Sediment Naturstein	*2.600*	*2,30*
Stahlbeton	*2.500*	*2,30*
Kalkstein	*2.000–2.500*	*2,50*
Gneis	*2.400–2.700*	*3,50*
Granit, Marmor, Basalt	*2.800*	*3,50*
Kristalliner Naturstein	*2.800*	*3,50*

zu viel Unterhitze ab, gibt es aber einen kleinen Trick: Wischen Sie den Backofen vor Gebrauch mit lauwarmem Wasser ab, das reguliert dieses Problem etwas. Allerdings wirkt sich dieses Abwischen bei häufiger Durchführung je nach Art und Qualität auf die Backfläche aus und das Material kann mürbe werden.

Für die Dämmung der Backfläche, genauso wie für die Dämmung des gesamten Brotbackofens, können wir uns die Tatsache, dass Luft ein schlechter physikalischer Leiter ist, zunutze machen. Ist etwa in einem Material viel Luft eingeschlossen, ist es ein schlechter Wärmeleiter. Und eine Faustregel ist: Ein schlechter Wärmeleiter ist ein guter Dämmstoff! Beim Einsatz von Dämmstoffen ist immer darauf zu achten, dass sie feuerbeständig sind, keine gesundheitsschädlichen Stoffe abgeben und wenn möglich ohne Verluste oder hohen Aufwand wiederverwertbar sind.

Schaumglas

Der mineralische Leichtbaustoff Schaumglas wird aus Altglas gewonnen, ist druckstabil, verrottet nicht, ist nicht brennbar und ist als hervorragender Dämmstoff leicht zu verarbeiten, da es lose schüttbar ist. Für die ausgezeichneten Dämmeigenschaften sorgt eine hohe Menge an Luft, die beim Herstellungsprozess durch Beigabe von Bindemittel

Schaumglas zur Dämmung der Backfläche auf einem Sandbett

und Blähmaterial und durch Erhitzung auf 900 °C eingeschlossen wird. Schaumglas wird vorwiegend im Straßenbau und bei der Dämmung von Kellern oder Fundamentplatten eingesetzt. Auch zur Dämmung eines Brotbackofens eignet sich Schaumglas ausgezeichnet, sowohl unter der Backfläche als auch über Gewölbe und Kuppel. Schaumglas kann als Baurest auf Baustellen erhältlich sein oder ist über den Baufachhandel beziehbar.

Naturbimsstein und Bimskies

Naturbimsstein entsteht durch eine gasreiche Eruption eines Vulkans, wobei die Lava durch Wasserdampf und Kohlendioxid aufgeschäumt wird. Er kommt nahezu weltweit im Umfeld aktiver oder erloschener Vulkane vor und wird im Tagebau unter den obersten Bodenschichten abgebaut. Bimsstein und Bimskies eignen sich aufgrund geringen spezifischen Gewichts, hoher Druckfestigkeit und nicht zuletzt ihrer ausgezeichneten Dämmwerte sehr gut zur Dämmung der Backfläche und auch der Kuppel oder des Gewölbes eines Brotbackofens. Allerdings ist Naturbimsstein kein Baustoff, der in den meisten Hausgärten vorkommt oder regional leicht verfügbar ist. Mögliche Bezugsquellen sind der Baufachhandel oder auch Baustoffreste.

Leichtlehm

Grundsätzlich ist Lehm nicht brennbar, je nach Anteil der organischen Zuschläge wird er als schwer entflammbar klassifiziert. Neben organischen Zuschlägen wie Strohhäckseln, Getreidespelzen, Hanffasern, Hackschnitzeln, Hobelspänen oder Sägemehl können als anorganischer Zuschlag auch Materialien mit hohem Porenvolumen wie Blähbeton, Schaumglas oder Bims beigemengt werden. Diese Mischung wird dann als Leichtlehm bezeichnet. Da der Lehm als Kleber fungiert, sollte mindestens ein Anteil von 30 % enthalten sein.

Leichtlehm kann einfach selbst hergestellt werden. Dafür wird Lehm unter Zugabe von Wasser eingesumpft, mit einem Rührwerk zu einem Brei verrührt und mit den Zuschlägen gemischt. Dieser Schritt kann auch in einem Zwangsmischer erfolgen.

Leichtlehm erlaubt kostengünstiges Bauen bei hohem Eigenleistungsgrad und eignet sich sehr gut zur Dämmung eines Brotbackofens. Zudem kann Leichtlehm bzw. seine Inhaltsstoffe oft lokal organisiert werden.

Porenbeton und Blähbeton

Porenbeton (auch Gasbeton) ist ein dampfgehärteter, leichter, mineralischer Baustoff, der aus quarzhaltigem Sandmehl, Kalk und Zement hergestellt wird. Durch das sogenannte Blähen bekommt er seine hochporöse Struktur. Ein ähnlicher Baustoff ist Blähbeton, der aus dampfgehärtetem Kalksandstein durch Blähen oder Schäumen hergestellt wird. Diese beliebten Baumaterialien haben gute Dämmeigenschaften, dafür aber schlechten Schallschutz und nehmen leicht Feuchtigkeit auf. Als Dämmmaterial und auch als Sockel beim Brotbackofenbau eignen sie sich aber gut, da sie auch vom Laien leicht bearbeitet werden können. Sie sind einfach als Abfallprodukt auf Baustellen und auch in jedem Baustoffhandel oder Baumarkt günstig zu bekommen. Beim Errichten eines Sockels aus Blähbeton

Damit Lehm und Stroh gemeinsam gut abbinden, muss reichlich Wasser beigemengt werden.

Porenbeton

Holzasche

ist unbedingt eine Bitumenbahn zwischen Fundament und Sockel einzuziehen, damit Feuchtigkeit nicht im Sockel aufsteigen kann.

Blähton

Bei der Herstellung von Blähton wird ein Gemisch aus kalkarmem Ton und organischen Zuschlägen gemahlen, granuliert und bei 1.200 °C in einem sogenannten Drehrohrofen gebrannt. Bei diesen hohen Temperaturen verglühen die organischen Bestandteile und das entstehende Kohlendioxid bläht den Ton kugelförmig bis zum Fünffachen seines Ausgangsvolumens auf. Da dieser Baustoff gänzlich ohne chemische Zusätze hergestellt wird, findet er auch Verwendung im Garten- und Landschaftsbau zur Belüftung schwerer Böden und als Substrat bei Dachbegrünungen und Hydrokulturen. Für die Dämmung der Backfläche eignet sich Blähton gut als Schüttung, als Dämmung für eine Kuppel oder eine Gewölbe ist dagegen ein Gemisch aus feuchtem Lehm und Blähton notwendig, da sich die Kuppel mit den kleinen Kugeln des Blähtons nicht überziehen lässt. Blähton ist leicht als Baustoffrest oder auch bei aufgelassenen Hydrokulturen zu finden und auch im regionalen Baustoffhandel oder Baumarkt erhältlich.

Holzasche

Holzasche ist nicht nur als Zugabe zum Kompost oder als Reinigungsmittel geeignet, sondern wurde früher auch als feuerfeste Schüttung beim Hausbau in Stockwerkdecken als Wärmedämmung und Schallschutz eingesetzt. Asche ist der mineralische bzw. anorganische Rückstand, der bei der Verbrennung von organischem Material wie Holz oder Stroh übrig bleibt. Beim Brotbackofenbau kann Asche unter der Backfläche als Dämmschicht eingesetzt werden. Wird die Backkuppel oder das Gewölbe außen mit einem Mauerwerk eingehaust, kann auch der entstehende Zwischenraum zur Dämmung mit Asche aufgefüllt werden. Asche kann über einen längeren Zeitraum beim Hausbrand und dem Heizen mit Stückgut wie Holzscheiten, Hackschnitzeln oder auch Pellets gesammelt werden.

Glaswolle und Steinwolle

Glas- und Steinwolle sind Arten der Mineralwolle. Glaswolle wird aus bis zu 70 % Altglas, Sand, Kalkstein und Soda hergestellt, Steinwolle aus Dolomit, Basalt, Diabas, Spat, Anorthosit und Recyclingmaterial. Mineralwolle wird bei hohem Energieeinsatz bei Temperaturen zwischen 1.200 °C und 1.600 °C im Ziehverfahren, Blasverfahren, Schleuderverfahren oder Kombinationen daraus hergestellt. Sie verrottet nicht und ist beständig gegen Fäulnis und Schimmel. Steinwolle weist eine Temperaturbeständigkeit von 1.000 °C, Glaswolle eine

Beständigkeit von 700 °C auf. Mineralwolle kommt als Dämmstoff, Schall- und Brandschutz zum Einsatz. Gerade Steinwolle eignet sich sehr gut für den Brandschutz bei Kamindurchführungen durch das Gebälk beim Dachstuhl. Mineralwolle wird üblicherweise auch zum Dämmen von Brotbacköfen verwendet und ist leicht als Baurest auf Baustellen, im Baufachhandel oder auch im Baumarkt erhältlich. Sie ist leicht zu verarbeiten, je nach Produktqualität und Bindestoffen ist aber ein ausreichender Schutz für Augen, Atemwege und Hände erforderlich. Aufgrund des hohen Energieeinsatzes bei der Produktion ist der Einsatz jedoch zu überdenken, da es ja auch viele weitere geeignete Alternativen gibt.

Holzspanbeton

Holzspanbeton wird aus Weichholzspänen und zerkleinertem Restholz aus der Holzverarbeitung unter Zugabe von Mineralstoffen, Zement und Wasser hergestellt. In Form von Holzspanbetonplatten oder Holzspanbetonsteinen verfügt der Baustoff über sehr gute schalldämmende Eigenschaften mit hoher Tragfähigkeit und Erdbebensicherheit und ist witterungsbeständig. Feuerbeständig ist Holzspanbeton bei einem organischen Anteil unter 15 %, die Verwendbarkeit zur Dämmung eines Brotbackofens ist also zu prüfen. Erhältlich sind Holzspanbetonplatten als Baustoffreste auf Baustellen oder im Baufachhandel.

Glasbruch, Glasbausteine und Glasflaschen

Da eingeschlossene Luft wie schon erwähnt der beste Dämmstoff ist, eignen sich auch Glasbruch, Glasbausteine und Glasflaschen sehr gut, um die Backfläche eines Brotbackofens zu dämmen. Aufgrund von Verletzungsgefahr bei der Einbringung und bei einem möglichen späteren Abbau des Brotbackofens würde ich jedoch von der Verwendung von Glasbruch abraten. Glasbausteine und Glasflaschen werden im Unterbau auf einem Sandbett dicht aneinander geschlichtet, Zwischenräume können mit Leichtlehm oder Sand aufgefüllt werden. Glasbausteine sind als Altbaustoff erhältlich, bei Glasflaschen sind Einwegglasflaschen zu bevorzugen.

Glasflaschen als Dämmung auf einem Palettensockel

Flaschen im Sandbett rund eingefasst mit liegenden Ziegelsteinen auf rechteckiger Grundform

Flaschen im Sandbett eingefasst mit liegenden Ziegelsteinen auf rechteckiger Grundform

Hochlochziegel und Planziegel

Der Hochlochziegel (HLZ) ist ein Hohlziegel, dessen Hohlräume senkrecht zur Lagerfläche stehen und einen Lochanteil von über 25 % aufweist. Der Planziegel wird zur wirtschaftlichen Errichten von Ziegelmauerwerk verwendet. Sein Vorteil ist eine schnelle Verarbeitung bei raschem Baufortschritt, es wird wenig Mörtel benötigt und er weist eine hohe statische Belastbarkeit bei optimalem Wärmeschutz auf.

Hochloch- und Planziegel eignen sich mit ihren Hohlräumen sehr gut zur Dämmung der Backfläche. Damit die Hohlräume nach unten hin verschlossen werden, sollten die Ziegel in ein Lehmmörtelbett gesetzt werden. Auch der Abschluss nach oben hin sollte mit einer Schicht Lehmmörtel erfolgen. Die Höhe der Dämmstärke sollte bereits beim Aufbau des Sockels berücksichtigt werden. Hochloch- oder Planziegel sind als Baustoffreste auf Baustellen oder im lokalen Baustoffhandel und im Baumarkt erhältlich.

Ziegelbruch

Ziegelbruch lässt sich sehr gut als Dämmstoff unter der Backfläche einbringen, im Gegensatz zu Glasbruch besteht eine geringe Verletzungsgefahr, die Verwendung von Arbeitshandschuhen ist jedoch ratsam. Ziegelbruch kann sehr leicht selbst hergestellt werden. Ziegelsteine oder auch Dachziegel werden einfach auf einer Unterlage mit einem Hammer zerkleinert, Mörtelreste sind kein Problem. Gerade hier sollten aber Arbeitshandschuhe, Schutzbrille und möglicherweise auch eine Staubmaske getragen werden. Ziegel und Dachziegel als Altbaustoff sind überall leicht erhältlich.

BEISPIEL AUS DER PRAXIS:

Brotbackofen VS Reindlmühl

von Clemens Schnaitl

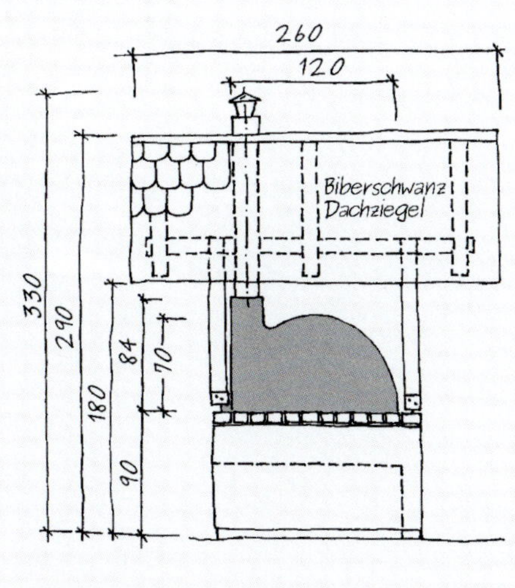

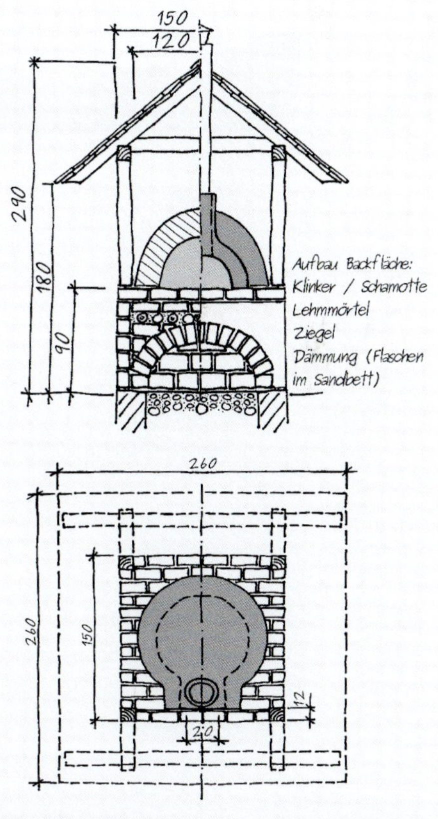

Seitenansicht *oben Vorderansicht / unten Draufsicht*

Eingesetzte Aschenlade bei einem ziegelgemauerten Backofen
(von József Kóbor aus Budakeszi/Ungarn)

Die Gestaltung der Backfläche

Wichtigste Anforderung an die Backfläche ist, dass sie die Wärme des Feuers aufnehmen, speichern und an den Backraum abgeben kann. Der am häufigsten gemachte Fehler beim Brotbackofenbau zu Hause ist eine zu dünne Speicherschicht als Backfläche. Durch die Erhitzung der Backfläche dürfen keine giftigen Stoffe abgesondert werden, die Backfläche sollte mehr oder weniger abriebfest sein und auch möglicherweise das Abkühlen mit einem nassen Tuch gut vertragen.

Metallplatten aus Eisen sind zwar abriebfest, können aber, da sie gute Leiter sind, die Hitze schlecht halten. Dicke Steinplatten können zwar die Hitze sehr gut halten, es kann aber passieren, dass die Steine auf Dauer förmlich zerbröseln.

Besser eignet sich eine Backfläche aus einem Lehm-, Sand- und Strohgemisch, wobei hier durch das Beschicken mit Feuerholz, das Verteilen und Entfernen der Glut, das nasse Wischen zum Regulieren der Hitze und das Befüllen und Entnehmen des Backguts immer ein gewisser Abrieb entstehen wird. Wer auf eine beständigere Backfläche nicht verzichten möchte, wird daher nicht umhin kommen, Ziegelsteine oder gar Schamottesteine, sogenannte Bäckerplatten, zu verwenden. Bei der Verwendung von Schamotte ist darauf zu achten, dass ausschließlich lebensmittelechter Schamotte, also Schamotte ohne Aluminiumzusätze, verwendet wird. Bäckerplatten erhalten Sie bei Ihrem Hafnermeisterbetrieb.

Vorbereitende Überlegungen

Bevor Sie mit der Gestaltung der Backfläche beginnen, gibt es einige Dinge zu bedenken, um später Probleme zu vermeiden.

Berücksichtigung der Backofentür beim Aufbau der Backfläche

Soll der Backofen eine schmiedeeiserne oder gusseiserne Tür erhalten, ist darauf zu achten, dass von Backfläche auf Türrahmen kein Stoß entsteht, sodass der Backofen problemlos gereinigt werden kann. Je nach Türrahmen ist hier eine individuelle Lösung in der Anbindung an die Backfläche zu finden. Es kann auch notwendig sein, in die Schamotte oder Ziegel einen Falz zu schneiden.

Leicht ansteigende Backfläche nach hinten

Beim Aufbau der Backfläche sollte auch darauf geachtet werden, dass sie immer von vorne nach hinten um bis zu 2 % ansteigt. Das entspricht einer Steigung von 2 cm pro Meter Backfläche. Dies hat den Zweck, dass beim Einschießen des Backgutes mit dem Schießl, der Backschaufel, ein Widerstand besteht und das Backgut leichter vom mit Mehl bestäubten Schießl rutscht. Außerdem ist bei freistehenden Brotbacköfen mit geringem Dachüberstand gewährleistet, dass bei Schlagregen das Wasser im Backraum nicht nach hinten fließt. Die Steigung kann bereits beim Unterbau oder bei der Dämmung der Backfläche berücksichtigt werden.

Berücksichtigung einer Aschenlade beim Aufbau der Backfläche

Im vorderen Bereich der Backfläche, gleich im Anschluss an das Mundloch, kann eine Aschenlade integriert werden, was wie schon erwähnt bereits bei der Errichtung des Sockels zu berücksichtigen ist. Es gilt, einen ebenen Abschluss zwischen Backfläche und Aschenlade zu bekommen. Die Aschenlade sollte verriegelbar sein, sodass das Feuer kontrollierbar bleibt und kein zusätzlicher Sauerstoff zugeführt wird. Beim Backprozess soll durch die Aschenlade keine Hitze entweichen. Aschenladen sind meist Blechkisten mit Klappe oben, die über ein seitliches Gestänge durch den Sockel hindurch bedient werden. Unterhalb der Backofentür liegt meist eine weitere Türe, durch welche die Aschenlade entfernt werden kann.

• 1 Mauerziegel im Normalformat • 2 Klinkerziegel • 3 Frische Lehmziegel, sogenannte Grünlinge • 4 Wieselburger Bäckerplatten 300 × 300 × 50 cm

Ausgetüftelte Lösung für eine Aschenlade mit seitlich bedienbarer Aschenklappe (von Josef Rathgeb aus Rauris)

Backfläche aus einer Lehm-Sand-Strohmischung

Backfläche aus Klinkersteinen

Mit der Backkrücke wird die restliche Glut gemeinsam mit der Asche von der Backfläche in die Aschenlade gezogen, bevor das Brot eingeschossen wird. Es gibt auch einfache Aschenladen, die bei Bedarf vor das Mundloch einfach gehängt werden. Für den einfachen Hausgebrauch reicht natürlich auch ein Blecheimer, der zur Hälfte mit Wasser gefüllt ist und in den Asche und Glut gekehrt werden.

Backfläche aus einem Lehm-, Sand- und Strohgemisch

Da Lehm nie im gleichen Ton-Schluff-Sand-Verhältnis zu finden ist, gibt es keine Faustformel für ein Mischverhältnis. Grundsätzlich sollten Sie immer eine Schlämmprobe oder mechanische Tests durchführen, um so die Zugabe von Sand und Strohhäcksel oder anderen Zuschlägen zu ermitteln. Die Mischung muss dann sehr homogen sein, am besten entnimmt man der Mischung einen faustgroßen Klumpen, formt eine Kugel und bricht sie in zwei Hälften, wie bereits beschrieben wurde. In der optimalen Probe sind Lehm, Sand und Stroh gleichmäßig verteilt und es sind keine Stellen zu finden, an denen mehr Stroh oder ein höherer Sandanteil ist. Auch beim Einbringen von Wasser in die Mischung sollte gespart werden, damit der Lehm nicht zu flüssig wird.

Haben Sie die optimale Mischung gefunden, wird der Lehm zu Klumpen geformt, noch einmal händisch durchgeknetet und dabei immer wieder auf ein Brett geschlagen, bis ein plastischer Klumpen entsteht – kein Fladen! Mit diesen Klumpen wird die gesamte Dämmfläche mindestens 10 cm dick abgedeckt und durch Drücken mit Fingern oder auch Schlagen mit Hämmern zu einer geschlossenen Fläche verarbeitet. Wurde möglichst trocken gearbeitet, kann noch am gleichen Tag die Backofenkuppel oder das Backofengewölbe aufgesetzt werden. Ist die Backfläche nicht stabil genug, weil zu nass gearbeitet wurde, sollte der Bau für diesen Tag gestoppt werden. Am nächsten Tag oder an Folgetagen kann dann mit dem Bau fortgefahren werden. Bei starker Sonneneinstrahlung oder heißem, trockenem Wind muss während des Baustopps die Oberfläche mit einem großen feuchten Tuch abgedeckt werden.

Backfläche aus Ziegeln oder Klinker

Wer seine Backfläche gerne abriebfest gestalten möchte, kann auf Mauerziegel oder sogenannte volle (also nicht gelochte) NF-Ziegel (Normalformat-Ziegel 25 × 12 × 6,5 cm) zurückgreifen. Klinker werden bei höheren Temperaturen gebrannt und sind darum zwar witterungsbeständig, können jedoch weniger gut die Wärme des Feuers aufnehmen und neigen zum Bruch. Wer gerne mehr Speichermasse im Brotbackofen haben möchte, kann die Ziegel auch hochkant zu einer Backfläche mit 12 cm Höhe schlichten, oder man verwendet zwei Schichten Ziegel, wobei man als Wärmebrücke beide Schichten mit einer Lehmschlämpe verbindet. Dazu wird eingesumpfter Lehm mit Sand zu einem Brei verrührt, auf die erste Ziegellage aufgetragen und so mit der zweiten Schicht verklebt.

Die gesamte Backfläche sollte mit den Ziegeln ausgelegt werden. Die Ziegel müssen dafür nicht zugeschnitten werden, denn sie können unter die Kuppel oder das Gewölbe reichen. Natürlich können auch gesäuberte, alte Ziegel, die nicht der Norm entsprechen, verwendet werden, die Backfläche sollte nur möglichst gleichmäßig sein und keine verschiedenen Fugenbreiten aufweisen. Mauerziegel sind als Altbaustoff leicht zu bekommen und sind auch in jedem lokalen Baustoffhandel zu finden. Beim Abbruch alter Häuser gibt es auch immer wieder unter dem Dach schöne alte Ziegel, die auf die letzte Stockwerkdecke aufgelegt sind und oft größer als normal oder auch annähernd quadratisch sind und sehr gut verwendet werden können. Brotbackofenbauer schwören auf alte Mauerziegel, welche noch von Hand geschlagen wurden!

Die erste Lage Ziegel der Backfläche wird mit einem Lehmmörtel überzogen.

Vollflächig mit Lehmmörtel überzogene erste Lage

In das leicht nach hinten ansteigende, noch feuchte Mörtelbett wird die zweite Lage Ziegel als Backfläche verlegt.

Mit einem Maurerhammer werden Ziegel in zwei Hälften geteilt.

Verlegemuster für eine Backfläche mit Mauerziegeln

Am schönsten ist es natürlich, wenn die Ziegel für die Backfläche in einem Muster ausgelegt werden. Das einfachste Muster ist der Läuferverband. Dafür werden die Ziegel in Längsrichtung mit jeweiligem Versatz der nächsten Reihe um eine halbe Länge angeordnet. Wer sich gerne spielt, kann auch einen Parkettverband, einen Fischgrätverband oder einen Ellbogenverband legen.

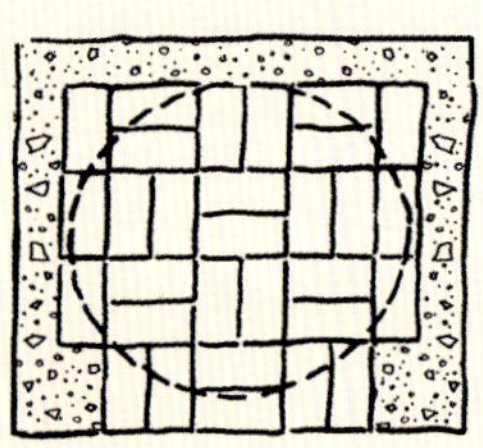
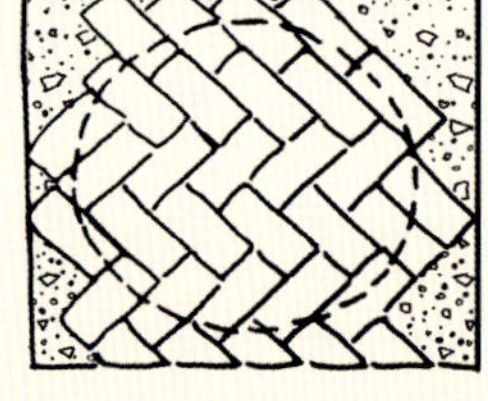
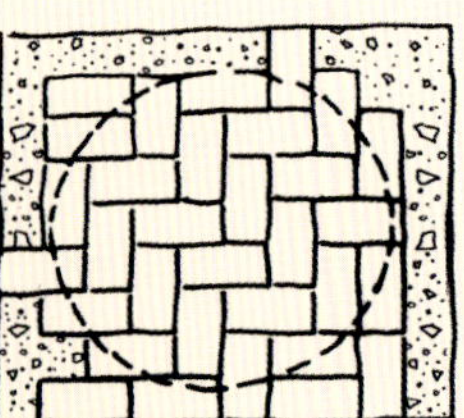
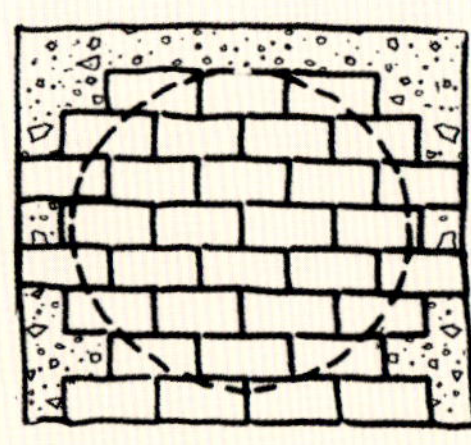
Mögliche Verlegemuster bei Ziegelsteinen als Backfläche: Parkettverband, Fischgrätverband, Ellbogenverband und Läuferverband

Ein sämiger Lehmmörtel wird mit einem Quirlaufsatz und einer Bohrmaschine aus Lehm, Sand und Wasser im Kübel angerührt.

Lehmmörtel wird vollflächig über eine Lage Ziegel aufgetragen.

Bäckerplatten werden im feuchten Mörtelbett fugenlos verlegt.

Backflächen mit Bäckerplatten aus Schamotte

Wird die Backfläche mit Bäckerplatten ausgelegt, braucht natürlich keine Rücksicht auf ein Verlegemuster genommen werden. Die Schamotteplatten werden einfach fugenlos auf die Dämmschicht in ein Sandbett verlegt. Um länger Wärme speichern zu können, kann unter die Bäckerplatten zusätzlich eine Reihe NF-Ziegel gelegt werden. Bäckerplatte und NF-Ziegel werden mit einer Lehmschlämpe verbunden. Eingesumpfter Lehm und Sand wird dazu mit Wasser zu einem Brei verrührt und auf die Ziegel aufgetragen. Damit die Ziegel der Lehmschlämpe nicht zu schnell die Feuchtigkeit entziehen, werden sie zuvor einfach mit einer Maurerbürste angefeuchtet.

REZEPT:

Knusprig-würzige Urkornkräuterfladen

von Anna Pevny

Mengenangaben für ca. 8 Fladen

Zutaten Vorteig:

- 350 g Einkornvollkornmehl
- 150 g Roggenvollkornmehl
- 40 g Sauerteig
- 40 g Hefe
- ¼ l warmes Wasser (ca. 28 °C)
- 1 TL Honig

Zutaten Hauptteig:

- 50 g Sonnenblumenkerne
- 50 g gemahlene Braunhirse
- ⅛ l warmes Wasser (ca. 28 °C)
- 1 TL Salz
- 1 TL Rosmarin
- 1 TL Basilikum
- 1 TL Oregano und Thymian, frisch gehackt oder getrocknet und gerebelt
- etwas Sonnenblumen- oder Olivenöl

Zubereitung:

Mehle für den Vorteig in eine Schüssel geben, mit Sauerteig, Hefe, Wasser und Honig zu einem Teig verkneten und ca. 30 Minuten gehen lassen. Die restlichen Zutaten beimengen und ca. 10 Minuten gut durchkneten. Teig mit Sonnenblumen- oder Olivenöl bestreichen und ca. 45 Minuten gehen lassen. Teig nochmals zusammenkneten und in ca. 8 Stücke teilen. Die Teigteile schleifen und auf der leicht gestaubten Arbeitsfläche dünn auswalken oder mit den Händen flachdrücken, auf ein mit Papier ausgelegtes Blech legen und erneut mit Öl bestreichen.

Backen:

Vor dem Einschießen mit Wasser besprühen. Bei ca. 200 – 220 °C Heißluft auf mittlerer Schiene ca. 20 Minuten backen. Dieses Rezept eignet sich aber besonders gut fürs Backen im Lehmofen oder auf dem Griller (Schamottstein).

Aus: „Natürlich backen. Brot, Kuchen und Kekse aus vollem Korn. Wohlfühlrezepte, die einfach guttun" von Anna Pevny.

Getreidemühle im Museumsdorf Bayerischer Wald

Zusammenspiel von Mundloch, Backraumhöhe, Rauchzügen und Kamin

Bevor mit einer Schalung oder verlorenen Form für den Backraum des Brotbackofens begonnen werden kann, sind mehrere wesentliche Punkte zu beachten.

Das Mundloch – die Manipulationsöffnung im Brotbackofen

Das Mundloch dient zur Beschickung mit Feuerholz, als Rauchabzug und nach dem Niederbrennen des Holzes zum Beschicken mit dem Backgut. Um einen guten Zug, also ein gutes, sauberes, mehr oder weniger rauchfreies Abbrennen des Holzes, zu gewährleisten, muss die Höhe des Mundloches ⅔ der Höhe des Backraums betragen.

Die Höhe des Mundlochs sollte ⅔ der Backraumhöhe betragen.

Wird bei einem Backofen eine fixe Tür eingebaut, sollte ein Kamin auch nicht fehlen, da die Türöffnung meist geringer als ⅔ der Backraumhöhe ist.

In der unteren Hälfte wird frische Luft vom Feuer angesogen, darüber strömt die verbrauchte, rauchige Luft aus dem Brotbackofen. Deshalb ist das Mundloch meist schon nach dem ersten Anfeuern oben etwas verrußt. Bei der Breite des Mundlochs ist darauf zu achten, dass alle Bereiche im Brotbackofen beim Herausräumen der Glut und beim Beschicken mit Brot gut erreichbar sind. Von Vorteil ist auch, wenn die Breite der Öffnung auf vorhandene Backbleche ausgelegt wird. Dabei ist beim Lehmofenbau mit einem gewissen Schwundmaß durch das Schrumpfen auf Grund von Feuchtigkeitsverlust zu rechnen. Das Mundloch sollte immer gewölbt und nicht eckig ausgeführt werden. Eckige Mundlöcher sind instabil und müssen bis zum Austrocknen des Lehms unterstützt werden. Die ideale Bogenform eines Mundlochs ist die Parabel, natürlich ist aber beispielsweise auch eine Ausführung als Spitzbogen möglich.

Das Mundloch wird in Bogenform beim Aufbau der Backkuppel mit modelliert und bei Bedarf etwas nachgeschnitten.

Weder Kamin noch eine fixe Tür sind notwendig, lediglich das ⅔ -Verhältnis von Mundloch zu Backraumhöhe ist zu beachten.

Das Mundloch als Spitzbogen ausgeführt

Rundes Mundloch bei eckigem Türrahmen

Die Brotbackofentür

Während des Anfeuerns braucht der Brotbackofen nicht zwingend eine Türe. Wichtig ist sie während des Backvorgangs, um die Wärme im Backraum zu halten. So kann der Backofen zum Beispiel auch mit einer dicken, zugeschnittenen Holztür verschlossen werden. Beim Aufbau des Brotbackofens wird ein Wulst für die Backofentüre in das Mundloch eingearbeitet, sodass die Tür nicht in den Backraum fällt und auch nur wenig heiße Luft entweichen kann. Beim Entzünden kann es notwendig sein, dass die Holztür schräg an das Mundloch gelehnt wird, da so ein besserer Zug entsteht. Wird eine fixe Brotbackofentür eingebaut, ist dies schon im Vorfeld beim Erstellen der Backfläche und dann bei der Schalung oder der Form zu berücksichtigen. Ist die Ofentür eckig, sollte das Mundloch immer gewölbt ausgeführt werden.

Backofentüre bei gemauertem Brotbackofen

Traditionelle Brotbacköfen haben meist einfache Holztüren.

Brotbackofentür aus dem Deckel einer Ringmülltonne

Eine Brotbackofentür können Sie aus den verschiedensten Materialien herstellen. Hervorragend eignet sich zum Beispiel der Deckel einer Mülltonne aus Stahlblech.

Die optimale Höhe des Backraumes

In verschiedenen Büchern finden sich für die ideale Backraumhöhe Angaben zwischen 30 und 65 cm. Im Laufe der Jahre hatte ich bei verschiedenen Brotbackofen-Bauworkshops immer wieder Bäcker dabei, die eine optimale Backraumhöhe von 43 cm bevorzugen und auch ich würde aus meiner persönlichen Erfahrung zustimmen. Bei zunehmendem Backraumdurchmesser kann es jedoch notwendig sein, die Kuppel ein wenig höher auszuführen. Bei einer Backraumhöhe von 45 cm bei einem Lehmofen betrug der größte Durchmesser, den ich bei einem Workshop gebaut habe, 130 cm. Um einen solchen Durchmesser bei so geringer Höhe zu überspannen, bedarf es aber sorgfältiger Arbeit. Das Mischverhältnis von Lehm, Sand und Stroh muss passen, das Baumaterial muss gut plastisch und dabei nicht zu feucht sein und die einzelnen Klumpen müssen gut aneinandergedrückt werden.

Immer wieder ist übrigens auch zu lesen, dass eckige Backräume gleichmäßigere Backergebnisse

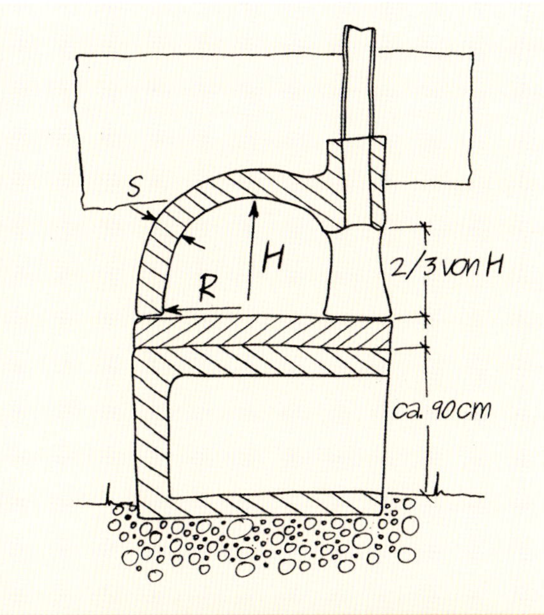

Skizze der Maßverhältnisse eines Brotbackofens

bringen als gewölbte Backräume, doch dem kann ich nicht zustimmen. Im Versuch in Zusammenarbeit mit einem professionellen Bäcker erreichten wir ohne Umschießen der Brote im gewölbten, runden, selbst gebauten Lehmbackofen gleichwertige Ergebnisse zum professionell gefertigten, eckigen Brotbackofen.

Brotbackofen mit Unterzug

Sie haben beim Eigenbau die Möglichkeit, einen Brotbackofen mit Unterzug zu bauen. Ein Feuerraum unter der Herdsohle beziehungsweise Backfläche ermöglicht ein längeres Verweilen der Rauchgase im Backofen und eine bessere Erhitzung von unten. Der Backofen wird so in zwei Etagen geteilt, unten der Feuerraum, oben der Backraum. Im hinteren Bereich des Backraumes treten zwei regulierbare Kanäle vom Feuerraum in den Backraum ein, durch welche die heißen Rauchgase ziehen, über das Backraumgewölbe streichen und im Bereich des Mundloches in den Kamin eintreten.

Die Zweiteilung des Brotbackofens hat zwar den Vorteil, dass auch während des Backens weiter geheizt werden kann, allerdings gibt es eher wenige Öfen in dieser Ausführung, da sich beim Bau doch ein erheblicher Mehraufwand ergibt. Zudem erzielt die Strahlungsenergie eines zuvor aufgeheizten Backofens ein besseres Backergebnis als die reine Umluft des Backofens mit Unterzug.

Der Kamin

Grundsätzlich verhält es sich so, dass frische Luft vom Feuer angesogen wird und das Feuer nährt. Die entstehende Abwärme verteilt sich im Gewölbe und die Rauchgase suchen ihren Weg nach außen. Das kann beispielsweise auch durch das Mundloch sein. Rauchgase können auch über Züge über den Backraum geführt werden, diesen zusätzlich von oben erwärmen und dann direkt ins Freie austreten oder in den Kamin münden.

Bei einem einfachen Brotbackofen sind ein Kamin oder auch Rauchabzüge nicht zwingend notwendig. Der Kamin hat die Funktion, Rauch und heiße Luft geregelt und sicher abzuführen. Mit Zügen kann die Temperatur im Backraum beim Abbrennen des Feuerholzes reguliert oder auch durch Öffnen und Schließen zweier oder mehrerer Züge gelenkt werden. Wird auf Kamin und Rauchabzüge verzichtet, ist lediglich auf das richtige Höhenverhältnis zwischen Backraumhöhe und Mundloch zu achten.

Ein Kamin erzeugt einen Auftrieb, wodurch die Rauchgase abgeführt werden. Ein idealer Höhenunterschied zwischen Backfläche und Rauchfangoberkante von 150 cm und einem entsprechenden Querschnitt ist jedoch auch für einen guten Zug förderlich. Dieser Zug im Kamin entsteht, weil die Dichte der Rauchgase geringer ist als die der Umgebungsluft. Warme Luft steigt auf, kalte Luft fließt zähflüssig. Das Aufsteigen der warmen Luft erzeugt einen Unterdruck, sodass durch das Mundloch, eventuelle Lüftungsklappen oder Ritzen frische Luft in den Backraum nachströmt und das Feuer nährt.

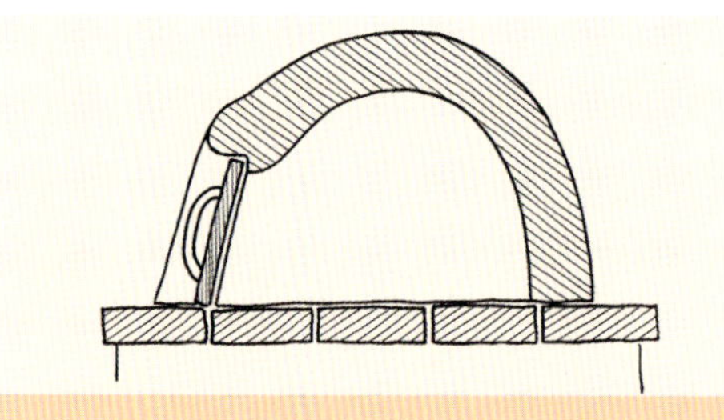

Brotbackofen mit Tür ohne Kamin ausgeführt

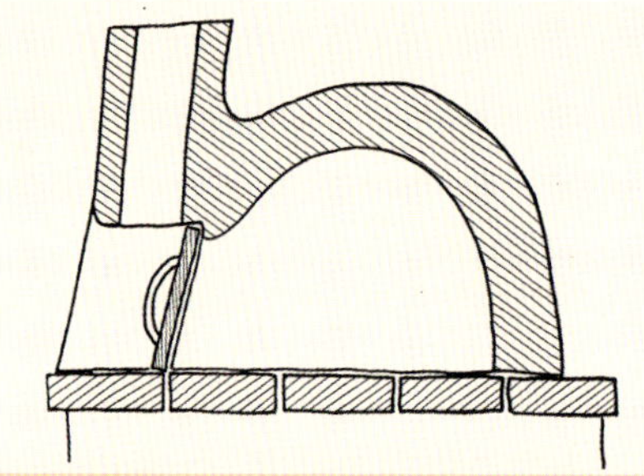

Brotbackofen mit Tür hinter den Kamin gesetzt, Rauchabzug ohne Klappe

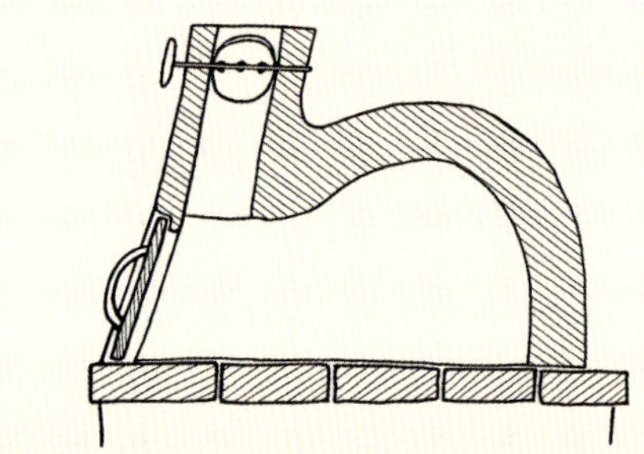

Brotbackofen mit Tür vor den Kamin gesetzt, Rauchabzug mit Klappe

Aufgesetzter Kaminrotor für besseren Zug

Der Zug ist umso besser, je größer der Temperaturunterschied zwischen Abluft des Brotbackofens und der Außenluft ist. Besonders an heißen Sommertagen kann durch geringe Temperaturunterschiede nur ein schlechter Zug entstehen.

Wenn die Kaminoberkante einen zu geringen Abstand zur Dachfläche aufweist, kann das zu vermehrtem Qualm im Ofen führen. Dem kann durch eine Verlängerung des Kamins mit einem schwarz gestrichenen Metallrohr oder zusätzlich einem aufgesetzten Kaminrotor abgeholfen werden.

Eine optimale Kaminhöhe wäre 1 m über Dach. Der Querschnitt eines Kamins ist von verschiedenen Faktoren abhängig: der Form, der Zuluft, dem Abbrand, der Führung der Rauchzüge und dem Fuchs. Ein optimaler Querschnitt hat einen Durch-

Anstatt einer gekauften Rauchrohrklappe kann ganz einfach ein Schuber zum Absperren des Rauchrohres angefertigt werden.

Brotbackofen aus Lehm mit nachträglich modelliertem Anschlag für eine Backofentür hinter dem Kamin

messer von etwa 20 cm. Ein runder Kamin hat übrigens einen geringeren Strömungswiderstand als ein eckiger Kamin, wodurch es zu weniger Turbulenzen kommt. Grundsätzlich ist bei einem einfachen, frei stehenden Brotbackofen ein Kamin nicht zwingend notwendig. Wird das Verhältnis von Mundlochhöhe 2⁄3 zu Backraumhöhe 3⁄3 eingehalten und ist nicht gerade Niederdruckwetter, zieht der Brotbackofen auch gut ohne Rauchfang. Zu beachten ist, dass bei einem Verzicht auf einen Schornstein beziehungsweise generell bei einer einfachen oder auch mobilen Ausführung des Brotbackofens möglicherweise auf behördliche Auflagen betreffend Baurecht, Brandschutz und dergleichen keine Rücksicht genommen werden muss. Rücksprache mit dem lokalen Bauamt ist aber trotzdem zu empfehlen, denn bei Gesetzen und Verordnungen geht es auch immer um Auslegung und Ermessensspielraum.

Da ein Kamin eine zusätzliche Wärmeverlustquelle darstellt, sollte seine Platzierung genau bedacht werden. Ist ein Kamin direkt an den Backraum angeschlossen, muss er mit einer Rauchgasklappe oder einem Schuber versehen werden, damit die heiße Luft während des Backprozesses nicht entweichen kann. Ist ein Kamin im hinteren Bereich oder in der Mitte des Backraumes angebracht, werden die Rauchgase und auch die Hitze am schnellsten abgeführt, die Energie des Brennholzes wir am wenigsten genutzt. Um die Energie des Feuers optimal auszunutzen, bringt man den Kamin im vorderen Bereich des Backraumes mittig an. Ist der Kamin nur ein kurzer Stutzen, kann er beim Backen mit einem Stein oder einem Holzbrett aus Hartholz verschlossen werden. Auch bei einem einfachen Brotbackofen besteht die Möglichkeit, die Backofentür hinter dem Kamin anzubringen. Beim Aufheizen wird die Türe offen gehalten oder ganz entfernt, damit das Feuer genug Sauerstoff bekommt, beim Backen wird die Türe verriegelt, weil der Kamin außerhalb liegt, entweicht keine Abwärme. *weiter auf Seite 141*

Hölzernes Backhaus aus Oberroßbach im Freilichtmuseum Massing rekonstruiert nach einem Beispiel aus Oberroßbach bei Massing, Lkr. Rottal-Inn. Ständerbau mit Gitterbundwerk, eingebauter Backofen mit Ziegelgewölbe

AUSFLUGSZIEL:

Freilichtmuseum Massing

Im Freilichtmuseum Massing haben alte Bauernhöfe aus dem Rottal, der Hallertau und dem Isartal Platz gefunden. Inmitten von Hecken, Feldern, Wiesen und Weiden stehen verstreut fünf Höfe, die Schönes und Derbes aus der bäuerlichen Welt Niederbayerns bergen. Es gibt auch mehrere alte Brotbacköfen freistehend oder in Backhäusern zu sehen.

Hölzernes Backhaus aus Oberroßbach im Freilichtmuseum Massing

Das im Freilichtmuseum Massing rekonstruierte hölzerne Backhaus nach einem Beispiel aus Oberroßbach bei Massing im Landkreis Rottal-Inn ist ein typischer Ständerbau mit Gitterbundwerk. Das Backhaus enthält einen an den Backsteinkamin angebauten Backofen mit Ziegelgewölbe gemauert.

Frontansicht des ziegelgemauerten Backofens

Birnenförmig gemauerter Backofen

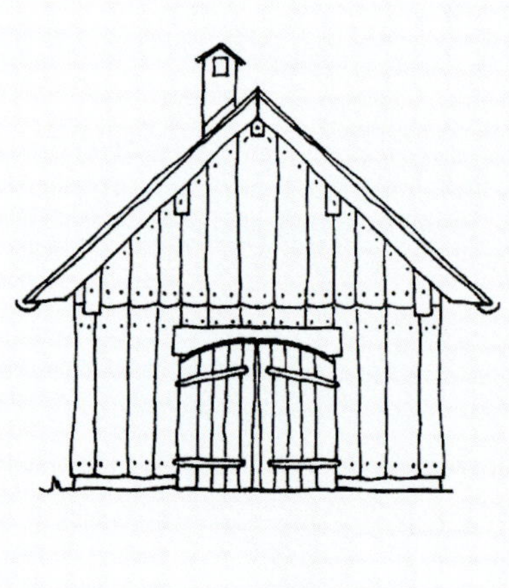

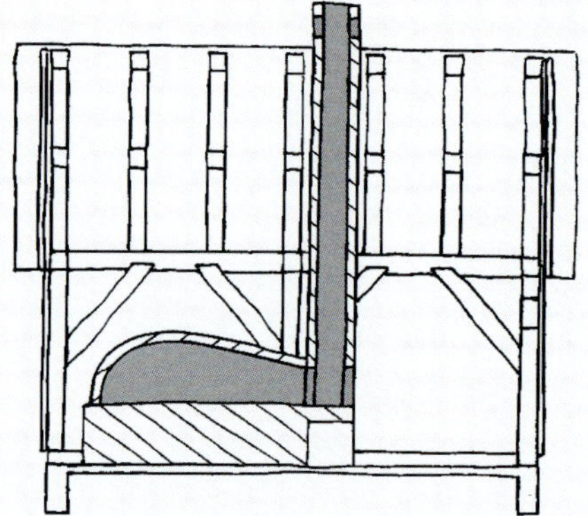

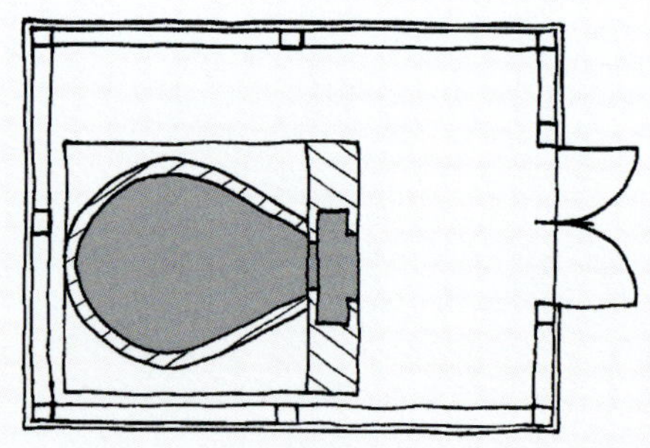

Skizze des rekonstruierten Backhauses
Vorderansicht / Seitenansicht / Draufsicht

Detaillösung: Kamin vor Mundloch
(Freilichtmuseum Massing)

Der Brotbackofen hat ein birnenförmiges Korbbogengewölbe. Der ziegelgemauerte Kamin liegt vor dem Backofen und wird dieser mit seiner hölzernen Tür verschlossen, kann auch die Hitze nicht durch den Kamin entweichen.

Freilichtmuseum Massing
Steinbüchl 5
84323 Massing
Deutschland
T+49 8724 96030
www.freilichtmuseum.de/museum-massing/

Der Fuchs

Sind Schornstein und Brotbackofen zwei getrennte Objekte, werden sie durch einen Kanal, einen sogenannten Fuchs, verbunden. Eine Reinigungstür für Kamin und Fuchs wird notwendig sein. Im Fuchs befindet sich meist auch eine Rauchgasklappe, durch welche das Entweichen der Hitze im Backofen durch den Schornstein verhindert werden kann.

Der Fuchs ist der Verbindungskanal zwischen Backofen und Kamin.

Gemauerter Brotbackofen mit Rauchzügen
(Ofen im Österreichischen Freilichtmuseum in Stübing)

Bei Rauchzügen werden die heißen Rauchgase über das Backofengewölbe geführt.
(Ofen im Österreichischen Freilichtmuseum in Stübing)

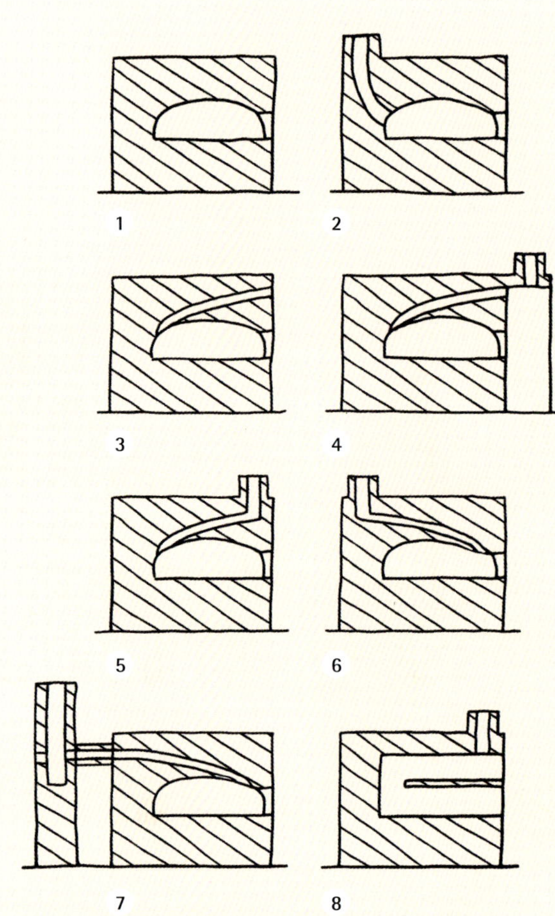

Verschiedene Brotbackofenbauformen:

- 1 *ohne Zug*
- 2 *mit Zug nach hinten in Kamin*
- 3 *mit Zug über Backkuppel nach vorne*
- 4 *mit Zug über Backkuppel und Funkenschutz in Kamin mündend*
- 5 *mit Zug über Backkuppel nach vorne in Kamin mündend*
- 6 *mit Zug über Backkuppel nach hinten in Kamin mündend*
- 7 *mit Zug über Backkuppel nach hinten in freistehenden Kamin mündend*
- 8 *mit Unterzug-Backraum in Kamin mündend*

Durch Öffnen oder Verschließen kann das Feuer im Backofen gelenkt werden.

Die Rauchzüge

Um eine bessere Wärmenutzung der Rauchgase zu ermöglichen, können Rauchzüge über den Backraum durch die thermale Speichermasse geführt werden. Der Backraum kann so auch mehr kontinuierliche Hitze von oben abgeben. In einem Zusammenspiel von aufmerksamer Beobachtung und Schubern beziehungsweise Klappen an den Rauchzügen kann die Flamme im Ofen gelenkt werden. Zu beachten ist, dass alle Rauchzüge in gleicher Höhe aus dem Backraum und in gleicher Länge über den Backraum geführt werden sollten.

Die Rauchzüge münden je nach Bauart ins Freie oder in einen Kamin. Die Position des Kamins kann mit Rauchzügen freier gestaltet werden. Sollen beim Brotbackofen im Eigenbau Rauchzüge über dem Backraum gemauert werden, so erfordert dies einiges handwerkliches Geschick. Rauchzüge sind nicht zwingend notwendig und werden nur bei mit Schamottesteinen oder Ziegeln gemauerten Öfen und nicht bei kuppelförmigen Lehmbacköfen angebracht.

AUSFLUGSZIEL:

Freilichtmuseum Finsterau

Aus dem ganzen Bayerischen Wald sind im Freilichtmuseum Finsterau Bauernhäuser, eine Dorfschmiede, eine Kapelle, ein Straßenwirtshaus und weitere Gebäude zu finden. Kühe, Schafe und Esel beleben die Weideflächen, in den Bauerngärten blühen Blumen und Kräuter. Am Gelände sind freistehende Brotbacköfen wie auch Backöfen im Wohnraum oder an Gebäude angebaut zu finden. Sehr gut hat mir der große Backofen mit Funkenhut und mehreren Rauchzügen im Arrangement des Vierseithofes aus Pötzerreut bei Röhrnbach im Landkreis Freyung-Grafenau gefallen.

Freilichtmuseum Finsterau
Museumsstraße 51
94151 Finsterau
Deutschland
T+49 8557 96060
www.freilichtmuseum.de/museum-finsterau/

Brotbackofen mit drei Rauchzügen
(Freilichtmuseum Finsterau)

AUSFLUGSZIEL:

Museumsdorf Bayerischer Wald

Ein Spaziergang durch das Museumsdorf ist wie eine Reise in die Vergangenheit des Bayerischen Waldes. Den Besucher erwarten wunderschöne,

Doppelter Brotbackofen
(am Rothaumühlgut in Tittling, Museumsdorf Bayerischer Wald)

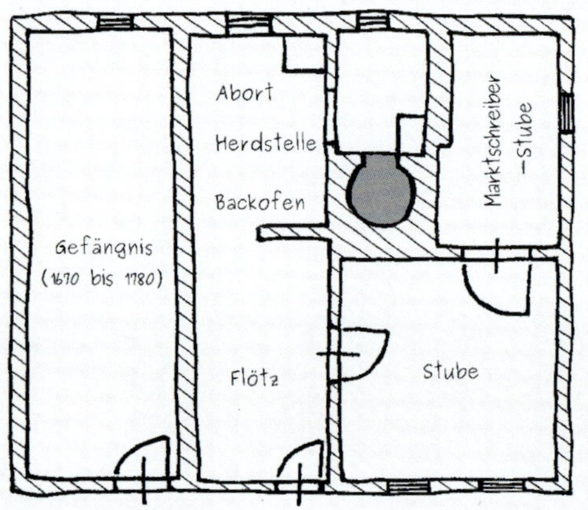

Grundriss mit Backofen des Deiritzhauses
(Simbach bei Landau, Museumsdorf Bayerischer Wald)

Beim Deiritzhaus aus Simbach bei Landau münden die Rauchgase von den Rauchzügen kommend im sogenannten Deutschen Kamin
(Museumsdorf Bayerischer Wald)

alte Bauernhöfe aus dem 17. bis 19. Jahrhundert, alte Kapellen, Mühlen, Sägen, farbenprächtige Bauerngärten und alte Haustierrassen. Auf dem Weg und in den Gebäuden sind zahlreiche Brotbacköfen zu finden.

Museumsdorf Bayerischer Wald
Am Dreiburgensee
94104 Tittling
Deutschland
T+49 8504 8482
www.museumsdorf.com
info@museumsdorf.com

Brotbackofen im Deiritzhaus aus Simbach bei Landau

Das sogenannte Deiritzhaus, zwischen 1666 und 1670 in Simbach bei Landau in Niederbayern erbaut, wurde in Blockbauweise aus Holz errichtet. Es diente als Schulhaus, Gefängnis und Rathaus. Eine Besonderheit ist, dass es über einen innenliegenden Brotbackofen mit seitlich vorgelagerter Herdstelle verfügt. Der aus Ziegeln gemauerte Brotbackofen wurde aber schon mit einem Deutschen Kamin ausgestattet, in welchen der Rauch vom Backofen und der Herdstelle zog. Im Geschoss darüber, wo sich die Schulstuben und weitere Kammern befanden, mündete ein Stubenofen in den Kamin.

Bei einem gemauerten Backofen wird die Bogenform zuerst aufgerissen. Dabei sind die optimale Backraumhöhe und die benötigte Backraumbreite zu beachten. Außerdem sollten sich keine zu breiten Fugen im Backraum ergeben.

Die Konstruktion des Backgewölbes

Unter den verschiedenen Bogenkonstruktionen, die im Laufe der Zeit je nach Baustil entstanden sind, kommen nur wenige für den Bau eines Brotbackofens in Frage.

Der Rundbogen

Der Kreis- oder Rundbogen ist ein geometrisch einfacher Bogen mit nur einem Mittelpunkt. Der Radius entspricht der Backraumhöhe oder der Stichhöhe des Bogens und ist dessen halbe Spannweite. Wird beim Mauern des Backraumgewölbes

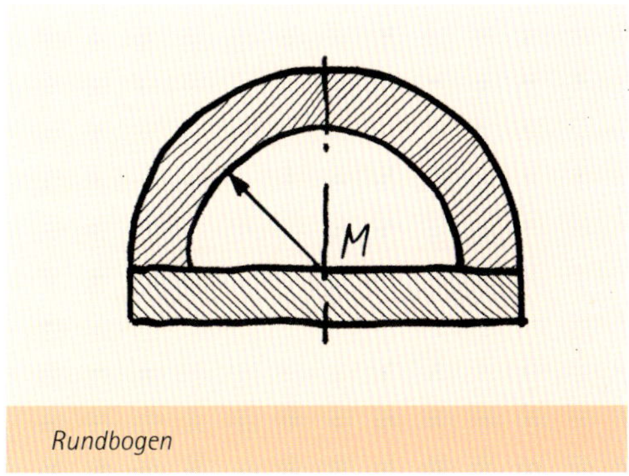

Rundbogen

ohne Halbwölber gearbeitet, entstehen durch die große Krümmung am Bogenrücken breite Fugen zwischen den Schamotte- oder Ziegelsteinen. Bei einer gleichmäßigen Belastung wirken auf den Rundbogen Druckkräfte von oben, Schubkräfte nach außen werden durch diese Bauform größtenteils vermieden.

Da das ideale Höhenmaß des Backgewölbes 43 cm beträgt, liegt die passende Spannweite bei 86 cm. Soll das Idealmaß eingehalten werden, bewegt man sich mit der Bogenform in Richtung eines Korbbogens. Die Form des Rundbogens eignet sich für kuppelförmige und rechteckige Backöfen, genauso wie für eine Kombination aus beidem. Der Kreis- beziehungsweise Rundbogen bietet sich für kleine Brotbacköfen und auch Pizzaöfen im Eigenbau sehr gut an.

Der Korbbogen

Drückt man den Rundbogen in der Höhe nach unten, so erhält man einen Korbbogen. Sein Krümmungsradius verändert sich im Verlauf des Bogens. Die Bogen- beziehungsweise Stichhöhe beträgt ⅓ bis ein ¼ der Spannweite. Die Spannweite kann je nach Mittelpunkten von 3 auf 5 erweitert werden. Am Bogenrücken entstehen durch diese Bauform verschiedene Fugenbreiten. Die Schubkräfte nach außen nehmen im Vergleich zum Rundbogen zu und müssen vom Widerlager aufgefangen werden. Die Form des Korbbogens

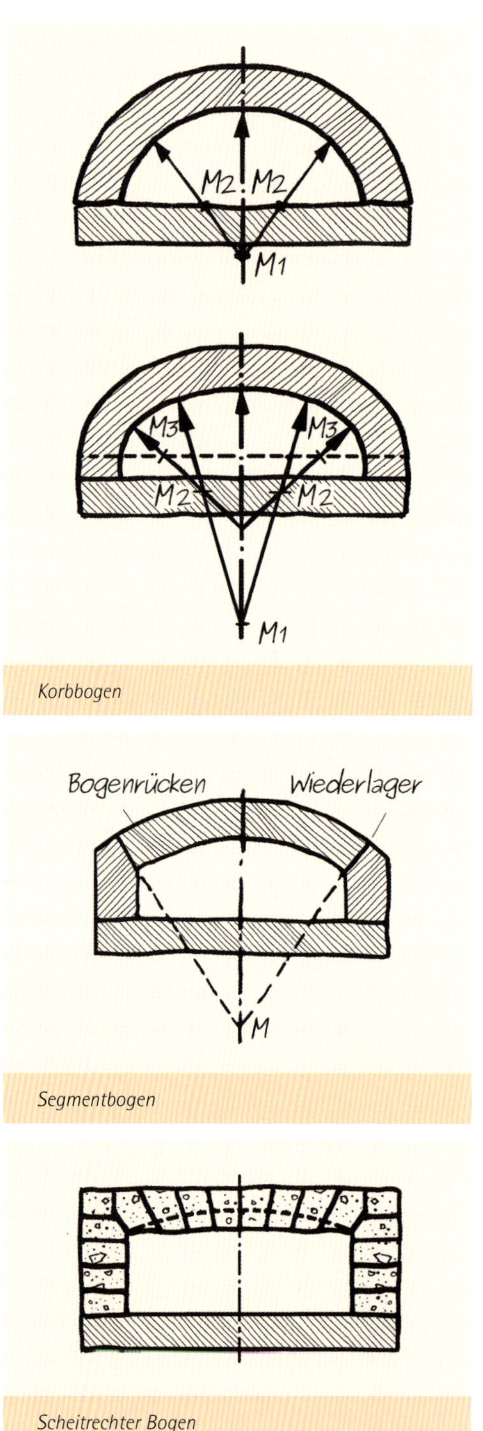

Korbbogen

Segmentbogen

Scheitrechter Bogen

bietet sich sehr gut für birnenförmige, kuppelförmige und rechteckige Backöfen an, genauso wie für Kombinationen aus diesen Formen. Die Korbbogenform passt zu mittleren und größeren Brotbacköfen, die im Eigenbau mit etwas handwerklichem Geschick und Sorgfalt gebaut werden.

Der Segmentbogen

Der Segmentbogen, auch als Stich- oder Flachbogen bezeichnet, ist im Vergleich zum Rundbogen viel weniger gekrümmt. Er beschreibt keinen vollen Halbkreis und stellt nur ein Kreissegment mit weniger als 180° dar. Die Bogen- beziehungsweise Stichhöhe liegt zwischen 1⁄6 und 1⁄12 der Spannweite. Durch die geringe Höhe ergeben sich größere Schubkräfte als beim Rundbogen. Diese müssen seitwärts vom Widerlager aufgefangen werden. Bei Gewölben mit Segmentbögen werden die seitlichen Schubkräfte oft durch Stahlzugbänder abgefangen. Da diese Bänder im Feuerraum stören würden, wird oft um den gesamten Brotbackofen eine Manschette aus Flachstahl montiert. Die Fugen am Bogenrücken können klein und gleichmäßig gehalten werden. Der Segmentbogen bietet sich für rechteckige Backräume an, ist aber für den privaten Brotbackofenbau nur bedingt geeignet.

Der scheitrechte Bogen

Ein scheitrechter Bogen, auch Horizontalbogen genannt, entspricht baulich einem Segmentbogen, der durch zurechtgeformte Keilsteine über eine waagerechte Unterkante verfügt. Diese Bogenform erlaubt nur geringe Spannweiten. Scheitrechte Bögen sind neben Türen und Fenstern auch im gewerblichen Brotbackofenbau zu finden. Diese Bogenform eignet sich für gewerbliche, rechteckige Brotbacköfen, die meist auch in mehreren Etagen betrieben werden. Im privaten Brotbackofenbau ist diese Bogenform eher ungeeignet, da Fachwissen und Können gefragt sind.

Schablonen, Schalungen und Formen für Gewölbe oder Kuppel

Je nach Form des Backraumes und den verwendeten Materialien sollte eine passende Schalung oder Form gewählt werden. Für ein kuppel- oder birnenförmiges Gewölbe bietet sich eine Sandform an, für ein Tonnengewölbe eine Holzschalung und für ein Tonnengewölbe mit angeschlossener halber Kuppel eine Holzschalung mit einer Sandform im Anschluss.

Gewölbe unter dem Backofen als Holzlager

Schalung für das Holzlager

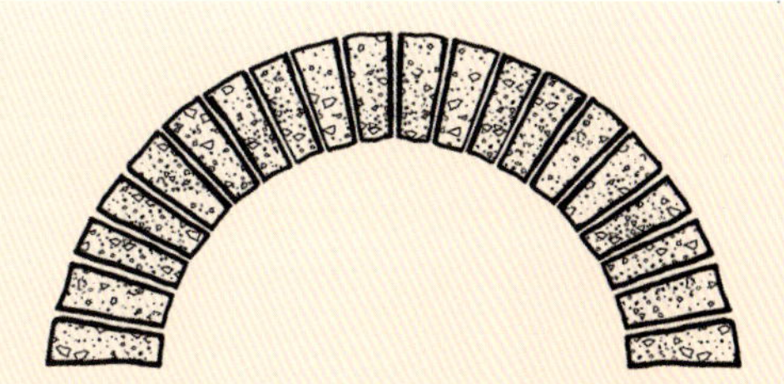
Spezielle Halbwölber aus Schamotte ermöglichen ein gleichmäßiges walzenförmiges Gewölbe.

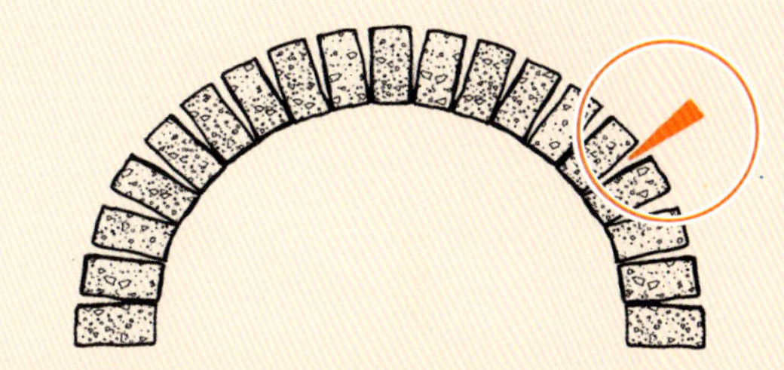
Bei Normalformat-Ziegeln oder auch normalen Schamottesteinen entstehen an der Außenseite des Backgewölbes Keile, die mit Mörtel verfüllt werden müssen.

Speziell bei Lehmbacköfen sollte die Form möglichst bald wieder aus dem Backraum entfernt werden, da sich die Materialmischung beim Trocknen etwas zusammenzieht. Verbleibt die Form länger als nötig im Backraum, können beim Entfernen erhebliche Risse entstehen.

Im Vorfeld der Erstellung einer Form oder Schalung ist das später verwendete Material zu bedenken. Wird die Backkuppel frei mit einer Lehmmischung oder Schamottemörtel erstellt, hat man einen großen Spielraum, bei fixem, genormtem Baumaterial wie Ziegeln oder Schamottesteinen sollte darauf geachtet werden, dass möglichst ohne viel Verschnitt (was einen erheblichen zeitlichen und auch finanziellen Mehraufwand darstellt) gearbeitet werden kann. Bei Schamottesteinen gibt es sogenannte Halbwölber, also Steine, die bereits auf eine Verwendung im Gewölbe ausgelegt sind.

Einfache Schablone für mit Ziegeln oder Schamottesteinen gemauerte Backkuppel

Die Speicherschicht wird frei geformt.

Lediglich beim Mundloch unterstützt eine Schablone.

Schablone für gemauerte Kuppeln

Um ein Gewölbe oder auch eine Kuppel für den Brotbackofen herstellen zu können, bedarf es nicht unbedingt einer Schalung oder einer verlorenen Form. Es gibt verschiedene Techniken oder Schablonen, um das Gewölbe mit Ziegeln oder Schamotte freitragend aufzumauern.

Runde Grünlinge werden aneinander gedrückt.

Frei geformte Kuppeln

Mit handlichen Lehmklumpen aus einem Lehm-Sand-Stroh-Gemisch kann eine Kuppel frei wie ein Iglu aufgebaut werden. Dazu werden runde Lehmklumpen im ermittelten Mischungsverhältnis hergestellt, je nach Wandstärke der Backkuppel sollen sie um mindestens 20 % größer sein. Beginnend links und rechts vom Mundloch werden sie reihum leicht auf den Untergrund gedrückt. Die folgenden Reihen werden immer versetzt angebracht. Durch Flacherdrücken der Innen- und Außenseite der Klumpen schließen sich kleine Materiallücken – deswegen der Zuschlag von 20 %. Dabei wird mit einer Hand von der Innenseite stabilisiert und mit der anderen außen angedrückt. Am Ende wird oben der Schlussstein in Form eines Lehmklumpens gesetzt. Der frei geformte Aufbau bedarf jedoch einiger Übung und handwerklichem Geschick, um ein respektables Ergebnis zu erzielen.

Geflecht aus langen, geraden, biegsamen Ästen als Formgeber

Traditionell wurde in verschiedenen Gegenden ein Flechtwerk aus langen, leicht biegsamen Ästen, wie zum Beispiel von der Korbweide *(Salix viminalis)* angefertigt. Diese Form verschwand zur Gänze im Gemisch aus Lehm, Sand und Stroh, da sie mit dieser breiigen Masse innen und außen dick verkleidet wurde. Um ein respektables Ergebnis erzielen zu können, ist es notwendig, sich mehrere Tage Zeit für solch einen Brotbackofen zu nehmen.

Das Weidengeflecht kann ähnlich einem Korb vorgefertigt oder direkt in die Unterkonstruktion um die Backfläche gesteckt werden. Da die Tragkraft eines solchen Weidengeflechtes begrenzt ist, ist es ratsam, in mehreren Schichten mit längeren Pausen dazwischen aufzutragen. Wird zu viel Material auf einmal aufgetragen, kann es passieren, dass die Kuppel einknickt. Eine Reparatur ist zwar möglich, kostet aber wiederum Zeit.

Verlorene Formen

Als verlorene Form wird eine Form bezeichnet, die im Anschluss an den Bau wieder entfernt wird und so dem Brotbackofen seine freitragende Kuppel oder sein Gewölbe gibt. Hierbei wird eine Negativform hergestellt, gebaut aus Sand oder anderen Materialien, die dem Backraum seine Form geben. Soll ein weiterer Ofen gebaut werden, muss eine neue Form hergestellt werden.

Sandform als Formgeber

Eine Form aus Sand ist meine favorisierte Konstruktionshilfe. Sie ist schnell gebaut und das Material ist leicht zu verarbeiten und nahezu überall verfügbar. Ideal formen lässt sich Quarzsand. Der leicht feuchte Sand wird in Schichten aufgebracht und jede Schicht mit Händen durch Schlagen mit der offenen Hand verdichtet. Die Sandform wird auf der Backfläche aufgebaut und nach Erreichen der Backraumhöhe in Form gebracht.

Vorgefertigtes Weidengeflecht als Konstruktionshilfe beim Bau eines Brotbackofens

Das Weidengeflecht verschwindet in der Wand des Brotbackofens. Diese Formen sind bei dickeren Wandstärken nicht gut geeignet.

Die Sandform bestimmt den späteren Backraum.

Mit leicht angefeuchtetem Sand birnenförmig gebaute Brotbackofenform

Backofentür und Kamin werden bei der Sandform berücksichtigt.

Ist nicht ausreichend Sand zur Hand, kann auch Erde verwendet werden.

Sandform

Skizze der Schubkraft und Druckkraft

Die Kuppel sollte aus statischen Gründen in einem möglichst steilen Winkel beginnen, sodass sich die Kräfte nach unten und nicht zur Seite ableiten. Das Modell der Kuppel kann sehr leicht mit einem langen Messer oder einem Reibebrett in eine schöne, rundliche Form eines Rund- oder Korbbogen gebracht werden. Steht nur wenig Sand zur Verfügung, kann anstelle des Sandes auch humoses Erdreich, roher Lehm und dergleichen verwendet werden. Ist die Kuppel fertig, wird sie zu ihrem Schutz mit mehreren Lagen feuchtem Zeitungspapier überzogen. Dazu werden mehrere Seiten rasch in einen Eimer mit Wasser eingetaucht und von Oben nach Unten über die Form ausgebreitet. Verlorene Sand- beziehungsweise Erdformen eignen sich sowohl für Lehmbacköfen als auch für Steinbacköfen aus Ziegelsteinen, Schamotte oder auch Naturstein.

Kleinballen Stroh oder Heu als Formgeber

Für einen einfachen Brotbackofen mit einem etwas unförmigen Backraum kann auch ein Kleinballen Stroh oder Heu verwendet werden. Dazu werden die oberen Kanten des Kleinballens mit einem

Ein mit Stroh oder Heu gefüllter Jutesack gibt die spätere Backraumform vor.

scharfen Messer abgerundet. Kleinballen haben meist eine Abmessung von etwa 90 cm Länge, 50 cm Breite und 38 cm Höhe, wobei die Länge meist etwas variiert. Der Strohballen kann durch Abbinden mit Hilfe einer langen Holz- oder Eisennadel in eine passende Länge gebracht werden. Am Ende eines dicken Drahtes wird dafür eine Öse geformt, durch welche eine Schnur gezogen werden kann. Oder man spitzt ein Stück Holz zu und bohrt an einem Ende ein Durchgangsloch. Um eine relativ ebene Oberfläche zu erzielen, kann auch der Kleinballen mit mehreren Lagen feuchtem Zeitungspapier abgedeckt werden. Der Kleinballen eignet sich als Form bedingt und nur für rustikale Brotbacköfen aus Lehm. Ist der Lehm trocken, wird der Strohballen in einem Schwelbrand ausgebrannt. Schon während der Trockenphase kann es allerdings zu Trockenrissen kommen. Solche Brotbacköfen eignen sich eher zum Bau und zur Verwendung mit Kindern.

Vollgestopfter Strohsack als Formgeber

Eine weitere einfache Möglichkeit, eine Form für einen einfachen Brotbackofen aus Lehm zu bekommen, ist, einen alten Sack aus Leinen, Jute oder auch Kunststoffgewebe fest mit Stroh oder Heu auszustopfen. Dieser Strohsack wird auf die Backfläche gelegt und mit dem Lehm überzogen. Ist das Backgewölbe fertig und hat der Lehm etwas angezogen, kann das Stroh durch das Mundloch aus dem Sack entfernt werden. Wurden Leinen- oder Jutesäcken verwendet, kann das Stroh samt Sack nach dem Trocknen ebenfalls ausgebrannt werden. Auch dieser Brotbackofen ist eher zum Bau und zur Verwendung mit Kindern geeignet.

Wiederverwendbare Form aus Polystyrol

Wer gerne mehrere Brotbacköfen mit gleichbleibendem Durchmesser bauen möchte und über ein wenig handwerkliches Geschick verfügt, kann eine Form aus Polystyrol vorfertigen. Polystyrol ist ein unter dem Handelsnamen Styropor bekannter Kunststoff, hergestellt aus Styrol, einem ungesättigten Kohlenwasserstoff. Polystyrol ist von der Natur nicht abbaubar, weshalb der Einsatz als Baustoff zu überdenken ist. Der Vorteil von Polystyrol oder Styropor ist, dass es sich leicht mit einem langen Messer in Form bringen lässt. Wer ein Ladegerät für die Autobatterie hat, kann sich auch einen einfachen Schneidebogen anfertigen. Aus einer Haselnussrute und dünnem Draht wird ein Bogen gebaut, an jedes Ende wird ein Pol des Ladegerätes geklemmt und fertig ist das einfache Schneidewerkzeug. Mit dem heißen Draht kann Polystyrol ganz leicht geschnitten werden. Es ist jedoch zu bedenken, dass die Form auch wieder aus dem fertigen Brotbackofen entfernt werden muss, weshalb die Form aus Einzelteilen bestehen muss, die später durch das Mundloch passen.

Ölfass oder Mülltonne als Formgeber

Wer einen einfachen Brotbackofen bauen will, kann auch ein altes Ölfass zur Formgebung verwenden, wobei das Ölfass dauerhaft im Brotbackofen verbleibt. Es ist darauf zu achten, dass das Ölfass vor dem ersten Backen gründlich ausgebrannt wurde, sodass keine giftigen Dämpfe mehr im Backofen entstehen können. Aus Stabilitätsgründen ist es gut,

Wer sich von der Ästhetik nicht abschrecken lässt, kann auch aus einer Mülltonne oder einem Ölfass einen Brotbackofen bauen.

beide Tonnenböden an der Blechtonne zu belassen. In den vorderen Tonnenboden kann je nach Bedarf ein Mundloch und auch eine Öffnung für eine Aschenlade geschnitten werden. Legt man große, passende Schamotteplatten in das Fass, entsteht ein Brotbackofen mit Unterzug. Die untere Hälfte der Tonne wird als Feuerraum genutzt, im hinteren Bereich zieht die Hitze nach oben in den Backraum und im vorderen Bereich oben treten die Rauchgase in den Kamin ein. Die Ausschnitte, die vorher entstanden sind, werden mit Scharnieren als Türen an die Tonne geschraubt.

Für diese Art des Brotbackofens kann ein einfacher Unterbau gewählt werden, es ist nur wichtig, dass keine Feuchtigkeit von unten nach oben aufsteigen kann. Die so vorbereitete Tonne wird auf ein 20 cm hohes Lehmmörtelbett gelegt und erhält im Anschluss seine Wärmespeicher- und Dämmschicht. Da sich der Lehm um den Brotbackofen nicht zusammenziehen kann, werden Risse entstehen. Aus diesem Grund ist es ratsam, eine sehr magere Mischung (hoher Sandanteil) unter geringer Wasserzugabe für die Speicherschicht zu verwenden. Die Dämmschicht kann je nach Lehmqualität mit einem hohen Strohanteil ausgeführt werden.

Diese Brotbackofenbauform eignet sich sehr gut zur Errichtung eines Feldbackofens und kann auch in einen Hang eingegraben werden. Dazu wird über die Dämmschicht großzügig eine Teichfolie gelegt, um den Brotbackofen auch von oben und seitlich vor Feuchtigkeit zu schützen. Die Teichfolie wird mit einer Erdschicht bedeckt und dann kann im wahrsten Sinne des Wortes Gras darüber wachsen.

Zu bedenken ist, dass Metallmülltonnen aus verzinktem Blech hergestellt werden und Zink nicht als lebensmittelecht gilt. Es ist ratsam, einen solchen Backofen erst nach mehrmaligem Aufheizen und Auskehren zu verwenden und bei jedem Backeinsatz Backblecke zu benutzen. Brotbacköfen, die mit Hilfe von Mülltonnen oder Ölfässern errichtet werden, können von und mit Jugendlichen gebaut werden.

Holzschalung als Formgeber

Eine Holzschalung bietet sich bei einem Tonnengewölbe unter Verwendung von Ziegeln, Schamottesteinen oder auch Naturstein an. Wichtig ist, dass stabiles Holz und keine Holzspanplatten oder Hartfaserplatten verwendet werden, da diese aufquellen können, wenn sie in Kontakt mit Wasser kommen. Dem gewünschten Tonnengewölbe entsprechend werden zwei gleiche, stehende, halbrunde Schablonen gefertigt, über welche stabile, schmale Bretter oder Dachlatten gelegt werden. Die Schablonen werden durch die Bretter miteinander verbunden. Die Holzschalung muss dabei so

Eine einfache Holzschalung wird zusammengezimmert.

1

2

• 1 *Die Lattung kann an die Stirnseite der Schablone geschraubt werden.*
• 2 *Stabiler wird die Schalung, wenn die Lattung auf die Schablone montiert wird.*

konstruiert sein, dass sie problemlos wieder aus dem gemauerten Backraum entfernt werden kann. Am Einfachsten wird die Schalung etwas unterkeilt, beim Ausbau werden dann zuerst die Keile entfernt. Die Holzschalung kann zwar auch ausgebrannt werden, diese Option ist jedoch nicht optimal, da der Brotbackofen langsam trocknen sollte. Es ist also wichtig, sehr genau zu arbeiten und darauf zu achten, dass die Konstruktionshilfe von vorne nach hinten abgebaut werden kann. Alternativ kann man auch gegengleich arbeiten und die Schalung nach hinten aus dem Backraum entfernen. Sitzt erst einmal der Schlussstein im Gewölbe, ist die Schalung soweit überflüssig, weil sich die Konstruktion von selbst tragen sollte. Das Gewölbe muss darum so konstruiert sein, dass ein Großteil des Gewichtes nach unten und nicht zur Seite abgeleitet wird.

BEISPIEL AUS DER PRAXIS:

Frei geformter Brotbackofen aus Lehm mit gemauertem Ziegelsockel, Berlin-Mitte/ Deutschland

von Paulina Desbats und Marco Grimm, Freelance-Handwerker

Ich arbeitete seit 2008 als Maler und Stuckateur. Nachdem ich mein Studium an der Kunsthochschule in Bordeaux abgeschlossen hatte, vertiefte ich mich in das Studium von traditionellen Baustoffen und historischen, nachhaltigen Bauwerken in Südwestfrankreich. Nach meiner Zusammenarbeit mit verschiedenen traditionellen und konventionellen Baufirmen beschloss ich, mich selbstständig zu machen und schloss mich in einer Kooperative mit verschiedenen Handwerkern zusammen. Nach fünf Jahren Arbeit an verschiedensten Baustellen im Bereich Kunst, Garten, Bauwerke und Bildung, umgeben von der industriellen Bauwirtschaft und Lobbyismus Frankreichs, beschloss ich, nach Berlin umzuziehen. Bei einem Workshop über CO^2-neutrale

Der Sockel wird auf ein vorhandenes Betonfundament aufgebaut.

Das fertige Gewölbe im Backofensockel

Heizsysteme lernte ich Marco Grimm kennen. Da sich unsere gemeinsamen Interessen nicht nur bei Recycling-Baustoffen und praktischen Handwerkstätigkeiten trafen, beschlossen wir, gemeinsam in Berlin einen Backofen zu bauen.

Unser Ausgangspunkt war ein Hinterhof mit einem verwilderten Garten im Bezirk Berlin-Mitte, welcher gemeinschaftlich von den Anwohnern genutzt wird. Auf den zweiten Blick schauten unter dem verwilderten Grün noch Ziegeltrümmer aus der Nachkriegszeit, Betonplatten aus dem Wiederaufbau und rundherum Abrissmaterial aus der heutigen Entkernung und Modernisierung hervor. So war es auch von Anfang an unser Ziel, die vorhandenen Ressourcen zu verwenden, anstatt zu entsorgen und neues Material aus dem Baumarkt heranzuschaffen. Wir wollten diesem Zeugnis der Zerstörung wieder neues Leben einhauchen und so gut wie möglich wiederverwerten.

Wir besorgten zusätzlich etwas Kalk, Lehm und Fasern von einer alten Ziegeleigrube aus der Umgebung. Eine ehemals überwachsene Betonplatte war als Fundament geplant. An die Überreste einer Brandschutzwand, welche dem Bauwerk Schutz und Stabilität geben sollte, wurde aus gefundenem Abfallholz eine Dachkonstruktion montiert, sodass eine Ständerkonstruktion für das Dach entfallen konnte, was sich als materialsparend erwies und gleichzeitig auch mehr Bewegungsfreiheit ergab. Mit einer Bauplatte wurde das Dach stabil und eine Folie sorgte dafür, dass es dicht blieb. Das Dach sowie der folgende Mauersockel wurden mit einem Abstand zur Wand erstellt, um eine gute Durchlüftung zu gewährleisten und um den Pflanzen nahe an der Mauer Raum zu geben.

Aus Ziegeln und Lehmmörtel wurde ein massiver Mauersockel errichtet, aus Bruchstücken von Steinplatten die Arbeitsfläche gefertigt und aus Lehm und Stroh der Backofen geformt.

Der Lehmmörtel der ersten Reihen des Sockels wurde mit Kalk stabilisiert, um dort die Wasserfestigkeit zu gewähren. Bogen und Tonnengewölbe ermöglichten es uns, mit der begrenzten Anzahl an gefundenen Ziegeln und Sand die gewünschte Arbeitsfläche von 150 × 150 cm zu erreichen. Zudem wurden Bogen und Gewölbe so nicht nur der Materialmenge und Ästhetik gerecht, sondern schafften auch Stauraum für Holz.

Die Arbeitsfläche wurde mit Kalkmörtel verfugt, um auch bei intensiver Nutzung standzuhalten und dem gesundheitsunbedenklichen Versiegelungsgrad der benutzten Steinplatten zu entsprechen. Die Backfläche wurde mit Ziegel-, Kalkmörtel- und Porenbetonbruchstücken zur Dämmung unterfüttert. Das Material war als Bauschutt vorhanden und fand so seine Funktion und hat uns die Arbeit einer Stroh-Lehm-Dämmung erspart. Auf die Dämmung wurde eine Lage Ziegel im Fischgrätmuster als birnenförmige Backfläche trocken verlegt.

Da nicht genug Material für eine Negativform aus Sand vorhanden war, haben wir das 8 bis 12 cm massive Gewölbe aus frei gesetzten, festen Lehmbällen geformt. Hier ergab sich zunächst das

Nach dem Verdichten der Speicherschicht

Das Rauchabzugsrohr wird in den Fuchs gesteckt.

Der fertige Brotbackofen

Problem, dass es in den ersten Tagen regnete, die Bälle zu weich wurden und sich nicht selbst tragen konnten.

Nach dem Nachklopfen und Verdichten dieser massiven Schicht haben wir eine gleich dicke Dämmschicht aus einer Stroh-Lehm-Schlämme aufgebracht, darüber einen Stroh-Lehm-Unterputz mit Faserbewehrung und zum Schluss einen Lehmputz. Jede Schicht haben wir mindestens einen Tag lang trocknen lassen. Ein Jahr später sollte ein Feinputz mit Kalkanstrich erfolgen.

Ein altes, abgerissenes Regenfallrohr haben wir mit einer selbst gebastelten Drosselklappe versehen und anstatt eines Schornsteines montiert. Dieser Rauchabzug ist im hinteren Ofenbereich angebracht. Der Wirkungsgrad des Backofens ist dadurch zwar nicht so hoch, dafür ist aber ein guter Zug gewährleistet. Der Kamin endet unter der Maueroberkante, ist so windgeschützt und erregt bei den Nachbarn keine Aufmerksamkeit. Aufgrund der geringen Baugröße und den großen Abständen zu benachbarten Gebäuden gab es übrigens keine behördlichen Auflagen.

Die Backofentür wurde aus Holz ausgeschnitten und wird beim Backen lediglich an das Mundloch des Backofens gelehnt. Zwei Abstandhalter sorgen für Zuluft von unten. Das Backen erfolgte problemlos, nach 3 bis 4 Stunden konnte etwas Wärme auf dem Putz gespürt werden und das Backen konnte beginnen. Zur Einweihung des Backofens haben wir Freunde zu einem Pizzaabend eingeladen. Wir haben geschätzt 20 Pizzen gebacken. Da nur 2 Pizzen mit je einem Durchmesser von 42 cm in den Ofen passen, waren das dann mindestens 10 Backgänge. Trotz der Tatsache, dass die Türe die meiste Zeit offen stand, war noch genug Wärme vorhanden, um später langsam backende Gerichte in den Ofen zu geben. Letztendlich waren alle satt und der Abend endete in einer geselligen Runde. Der Ofen war von Anfang an ein voller Erfolg!

Der Aufbau des Backraumgewölbes

Haben Sie sich für eine Backraumform entschieden und eine Schablone gefertigt, können Sie mit dem Bau des Backraumgewölbes beginnen. Auch hier bieten sich verschiedene Möglichkeiten.

Backraumgewölbeaufbau mit Lehm

Beim Backraumgewölbeaufbau mit Lehm bietet sich ein kuppel- oder birnenförmiges Gewölbe, je nach Größe mit Rundbogen oder Korbbogen an. Wenn die vorgefertigte Form aus Sand ist, wird sie mit feuchtem Zeitungspapier in mehreren Lagen abgedeckt und so gut wie möglich ganz ummantelt. Das Verwenden von mehreren Lagen Zeitungspapier verhindert, dass Sandreste an der Kuppel haften bleiben und beim Backen wieder auf das Backgut herabrieseln. Das Zeitungspapier kann beim Entfernen der Sandform ganz einfach aus dem Backraum entfernt werden. Bleiben Reste der Zeitung am Gewölbe kleben, spielt das keine Rolle, sie werden beim ersten Befeuern des Brotbackofens verbrennen.

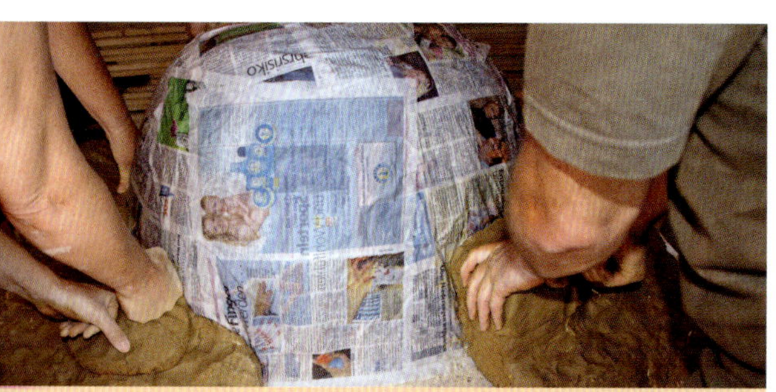

Mit feuchtem Zeitungspapier wird die Sandform geschützt. Beim Aufbau kann von Beginn an das Mundloch ausgespart werden

Das Mundloch zum Befeuern und Beschicken mit Backware wird entweder von Anfang an ausgespart oder nach Fertigstellung der Speicherschicht mit einem langen Messer ausgeschnitten. Die Idealform ist wie schon erwähnt eine Parabel oder ein Rundbogen.

Rundumlaufender Abriebschutz für die Lehmkuppel

Beim sorglosen Hantieren im Backofen mit Backkrücke, Wischer und Schießl wird immer ein wenig Material abgetragen. Das kann durch einen einfachen Abriebschutz verhindert werden. Lebensmittelechte Schamottereste werden mit Hilfe einer Diamanttrennscheibe zugschnitten und rundumlaufend an die mit Zeitungspapier geschützte Sandform angedrückt. Die Schamottestücke sollten von der darüber liegenden Speicherschicht aus Lehm gut gehalten werden und sich später nicht aus der Wand lösen. Es sollten auch keine Zwischenräume bleiben, die den Stücken Bewegungsfreiraum geben. Der Abriebschutz zählt zu den kleinen Extras, die ein Backofen aus Lehm haben kann, aber nicht haben muss.

Kleine Mischungen verhindern rasches Ermüden

Der Lehm für den Bau sollte erdfeucht sein. Lässt er sich nicht formen und zerbröselt, ist es hilfreich, wenn er zumindest am Vortag ein wenig gewässert oder eingesumpft wird. Um ein rasches Ermüden der Helfer zu verhindern, werden am besten zahlreiche kleine Mischungen gemacht. Damit jede Mischung im gleichen Verhältnis gemischt wird, sollten gleich große Eimer als Streichmaß verwendet werden, oder dieselben Personen schaufeln immer Lehm und Sand mit einer Wurfschaufel. Stroh kann nebenbei mit einem Cuttermesser vom Kleinballen geschnitten, im Gartenhäcksler zerkleinert oder auf einem Hackstock mit Beil oder Machete gehackt werden. Auch Stroh und Wasser werden im Eimer als Streichmaß zugegeben.

Ein rundumlaufender Abriebschutz

Rasches Ermüden der Helfer wird durch kleine Mischungen verhindert.

Stroh kann mit einem Beil oder einer Machete zerkleinert werden.

Mit Hilfe einer Plane wird gemischt.

Mit bloßen Füßen wird die Mischung getreten.

Weitere mögliche Zuschlagstoffe

Anstelle von Strohhäckseln bieten sich noch weitere organische Zuschläge wie Heuhäcksel, Getreidespelze, Hanffaser, Reisignadeln, Hobelspäne oder Sägemehl. Achten Sie darauf, was für Sie verfügbar ist und wie Sie es am einfachsten verarbeiten können.

Das richtige Mischen des Materials

Die Gewebeplane, auf der Sie den Lehm mischen, sollte nicht zu groß sein, ideal sind 3 × 4 m, ist sie größer, wird sie eingeschlagen und doppelt genommen. Als erster Schritt wird (wie beim Ziegelschlagen das Holzbrett) die Gewebeplane „eingesandelt". Das Aufstreuen und Verteilen des Sandes braucht kein Fachwissen. Ein ermitteltes Mischverhältnis kann zum Beispiel 7 Teile Sand, 5 Teile Lehm und 1 Teil Stroh sein. Ein Teil Sand wird zum Sandeln verwendet und anschließend abwechselnd Lehm und Sand auf die Plane gekippt. Werden noch gröbere Verunreinigungen wie Steine, Grasbüschel oder Wurzeln gefunden, werden sie aussortiert, größere Lehmbrocken werden zerkleinert. Abschließend wird der eine Teil des gehäckselten Strohs über Lehm und Sand gestreut. Dieses Gemenge wird trocken gemischt. Dazu wird das Material mit Hilfe der Plane eingerollt, indem zwei Personen die Plane von einem Ende über das Material an das andere Ende ziehen. Abwechselnd wird so die Mischung von einer Seite zur anderen bewegt, bis alles gut durchmischt ist.

Die Bearbeitung der Mischung

Sind Lehm, Sand und Stroh gut durchmischt, kann mit der mechanischen Bearbeitung begonnen werden. Dazu wird die Mischung in die Mitte der Plane gerollt und mit bloßen Füßen und mit Ferseneinsatz von der Mitte nach außen getreten. Die Mischung wird mehrfach zu einer Flade ausgetreten und wieder zusammengerollt. Mit der Zeit spürt man mit den bloßen Füßen, ob das Material plastisch wird. Zur Probe wird ein Stück von der Flade

Ist das Wetter zu kalt, kann die Plane auch zum Treten über die Lehmmischung geschlagen werden.

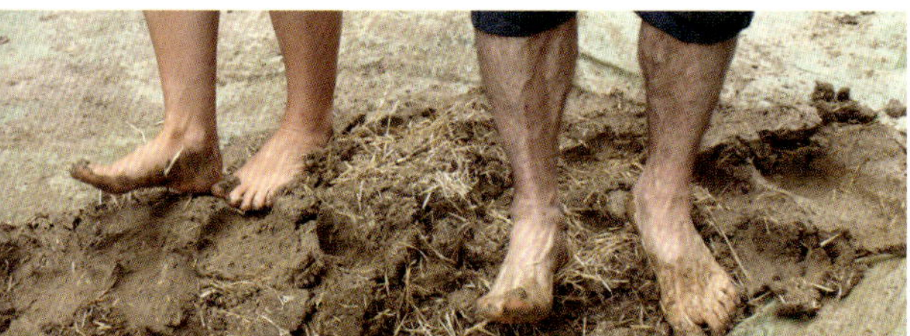

Beim Mischen des Materials für die Speicherschicht sollte das Material so trocken sein, dass die Füße beinahe nicht schmutzig werden.

Das Baumaterial wird zur besseren Handhabung in Teile gestochen.

Fertig durchgearbeitete Grünlinge werden zum Verbauen bereitgelegt.

gebrochen, zu einer faustgroßen Kugel gerollt und in zwei Hälften gebrochen. Beide Bruchflächen sollten ein homogenes Bild aus einer Mischung von Lehm, Sand und Stroh zeigen.

Die Zugabe von Wasser

Sind Lehm und Sand gut erdfeucht, muss kein Wasser mehr zugegeben werden. Ist das Material sehr trocken, kann ein wenig Wasser, aber maximal ein ½ Teil, beigegeben werden. Wasser erhöht das Gesamtvolumen, verlängert den Trockenprozess und fördert Rissbildung. Jeder Eimer Wasser, der beigemischt wird, muss aus dem fertigen Backofengewölbe wieder entweichen. Bleibt Lehm beim Treten an den Füßen kleben, wurde zu viel Wasser zugegeben. Ist die ganze Mischung zu feucht, kann mit der Zugabe von Sand, Lehm und etwas Stroh abgeholfen werden. Wird das Material nicht plastisch, kann noch ein wenig Wasser beigegeben werden.

Erhöhung des Lehmanteils

Wird das Gemisch nicht plastisch und zerbröselt trotz Wasserzugabe, kann es sein, dass der gewählte Sandanteil zu hoch ist. Dann muss entweder mehr Lehm zugegeben werden, oder die gesamte Masse wird bei folgenden, neu in Proben ermittelten, Mischungen mit höherem Lehmanteil in kleinen Mengen beigemischt. Die erste Mischung kann auch für den Abschluss der Kuppel aufgehoben werden, ab der zweiten oder dritten Mischung sollte das Mischverhältnis und die Zugabe von Wasser soweit erforscht sein und bis zur Fertigstellung der Speicherschicht gleich bleiben.

Grünlinge werden geformt

Wird die optische Probe für gut befunden, werden aus der gesamten Mischung längliche Klumpen geformt. Der Fladen kann mit einem Spaten in kleine Teile gestochen werden, wobei darauf zu achten ist, dass die Gewebeplane nicht beschädigt wird. Beim Formen der Klumpen oder Grünlinge sollte so viel Material genommen werden, wie man leicht mit zwei Händen fassen kann. Die Masse wird dann mehrfach auf den Boden oder auch auf ein Holzbrett geschlagen. Das Material wird so nochmal gut mechanisch nachbearbeitet und noch plastischer. Die fertigen Grünlinge werden zur Seite auf ein Brett gelegt, ist es sehr heiß, können sie auch mit einem feuchten Tuch abgedeckt werden. Unter einer Plane im Schatten oder in einer Garage können die Grünlinge auch mehrere Tage auf ihre Verwendung beim Brotbackofenbauen warten.

Der Aufbau der Lehmkuppel

Die Grünlinge werden auf einem Brett oder in einer Schubkarre zur Baustelle gebracht. Während ein Teil der Helfer fleißig weiter mischt, können bis zu vier Personen beginnen, die mit Zeitungspapier abgedeckte Sandform mit den Lehmklumpen zu ummanteln. Wird das Mundloch freigehalten, wird links und rechts davon begonnen. Der Grünling wird mit der äußeren Hand an die Form und mit der inneren Hand flach gedrückt. Mit dem Daumen wird das Material an die mit Zeitung geschützte Sandform gedrückt, sodass das Ende des Grünlings keilförmig ausläuft. Der nächste Grünling

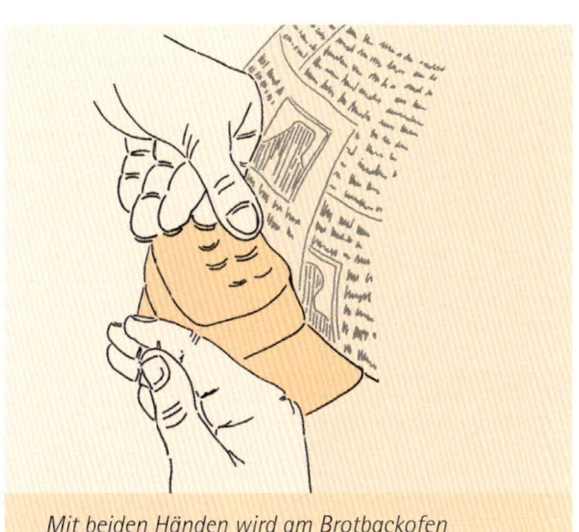

Mit beiden Händen wird am Brotbackofen gearbeitet, mit der einen gedrückt und der anderen stabilisiert.

Mit einem Brett können die Grünlinge leicht transportiert werden.

Der Lehm wird direkt neben der Sandform zu Verbauen abgestellt.

Der vorbereitete Lehm wird im Schubkarren für die Verarbeitung bereitgestellt.

Reihum laufende Grünlinge werden gut verbunden.

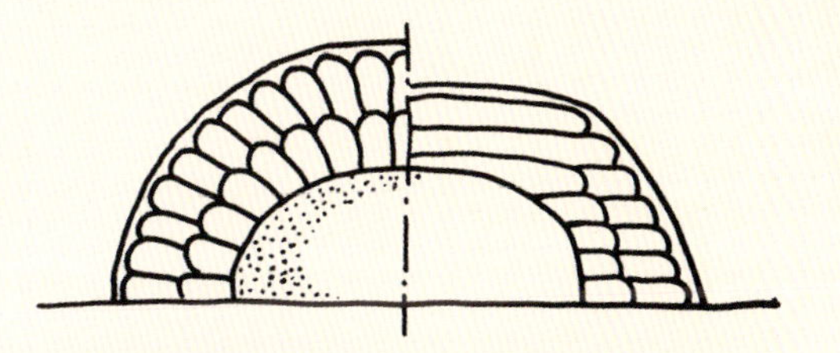

Richtiger und falscher Aufbau der Lehmkuppel

Ein Grünling als Maß für die Wandstärke

wird zur Hälfte überlappend auf den unteren Grünling gelegt und wieder mit einer Hand stabilisiert und mit der anderen flachgedrückt. Auch an der Rückseite des Brotbackofens kann gleichzeitig mit dem Aufbau der Lehmkuppel begonnen werden. Alle Grünlinge werden im Verbund reihum zur gleichen Wandstärke geformt. Die Reihe der Grünlinge sollte immer im rechten Winkel (90°) zur Kuppelform stehen, sodass die Kuppel ein echtes und kein falsches Gewölbe bekommt. Wird der Grünling keilförmig an die Sandform gedrückt, entsteht ein falsches Gewölbe und der Scheitel des Backofens bekommt womöglich eine zu dünne Speicherschicht. Wie bei einem echten Ziegelgewölbe wird am Ende der letzte Grünling passend in seine Lücke gedrückt.

Den Überblick behalten

Es besteht zwar die Möglichkeit, die Kuppel mit zahlreichen, gleichlangen Holzstöckchen zu spicken, sodass eine Lehre für die Wandstärke entsteht. Einfacher ist es aber, zu Beginn der Arbeiten oben auf den Scheitelpunkt der Backofenform einen Grünling in gewünschter Wandstärke zu legen und immer dessen Höhe anzuvisieren.

Sind mehrere Reihen an Grünlingen gemeinsam gelegt worden, sollten alle Handwerker am Brotbackofen zwei, drei Schritte zurück gehen und das Bauwerk mit etwas Abstand betrachten, um sich einen Überblick zu verschaffen. Auch können jeweilige Bauplätze verglichen und mögliche Fehler gemeinsam ausgebessert werden. Um nicht betriebsblind zu werden, ist es gut, sich immer wieder mit der Materialmischgruppe beim Kuppelbau abzuwechseln.

Einbau von Türen und Rauchrohren

Soll in den Pizza- oder Brotbackofen eine Tür mit Rahmen oder ein Kamin mit Rauchrohr eingebaut werden, sind diese Materialübergänge mit Sorgfalt zu behandeln. In diesem Bereich sollten Materialmischungen mit geringem Wasseranteil und etwas

Mindestens zum Abschluss eines jeden Arbeitsschrittes sollte das Projekt mit Abstand betrachtet werden. Wer Schritt für Schritt sorgfältig arbeitet, bekommt ein schönes Ergebnis.

Die Mauerpratzen sind sorgfältig in die Speicherschicht einzuarbeiten.

Auch bei einer rechteckigen Tür sollte das Mundloch eine Rundbogenform haben.

höherem Sandanteil verwendet werden. Das Material muss mögliche Hohlräume ausfüllen und gut angedrückt werden. Zudem muss darauf geachtet werden, dass Mauerpratzen des Türrahmens zur Gänze in der Speicherschicht verschwinden.

Auch wenn die Tür und der Türrahmen rechteckig sind, so sollte das Mundloch hinter der Tür immer im Kreisbogen ausgeführt werden. Besonders am Scheitelpunkt des Mundloches ist sehr sorgfältig zu arbeiten, weil jede Öffnung eine mögliche Schadstelle ist und es beim ersten Einheizen passieren kann, dass in diesem Bereich Mauerbrocken abplatzen.

Bekommt der Backofen einen Abzug über ein Rauchrohr, sollte dieses ein wenig in die Sandform eingedrückt und mit einigen Lagen Zeitungspapier ummantelt werden. Ist das Rauchrohr nicht zur Hand, kann eine Doppelliterflasche in einem alten Strumpf zur Hilfe genommen werden.

Der Brotbackofen mit Lehmkuppel auf dem Gelände der Fachschule für Land- und Forstwirtschaft, Alt-Grottenhof in Graz, ist in einem gemeinsamen Projekt mit Bernhard Gruber und dem Bildungshaus Steiermarkhof in Graz entstanden. Lehrer und Schüler der Fachschule haben den Sockel mit Dach errichtet. Bernhard Gruber hat in einem vom Steiermarkhof organisierten Brotbackofen-Bauworkshop das Backgewölbe gebaut.

Ein einfacher Pizzaofen ohne Dämmschicht

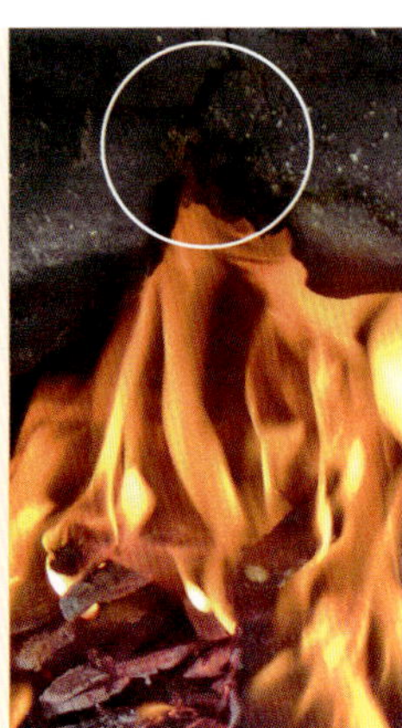

Die angebaute Lehmkuppel konnte sich nicht zusammenziehen, so ist ein leichter Riss entstanden (Bild links).
Ausgebrochenes Stück am Scheitelpunkt des Mundloches (Bild rechts).

Um die Flasche wird dann herum modelliert, während sie immer wieder ein Stück nach oben wandert. Der alte Strumpf verhindert, dass der Lehm an der Flasche kleben bleibt. Der entstehende Kaminstutzen kann zur Gänze in der Dämmschicht verschwinden oder auch ein Stück darüber hinausgeführt werden. Der Kaminstutzen braucht keine Dämmung, seine Wandstärke sollte annähernd an die der Speicherschicht angepasst werden, da er sonst zu schnell austrocknen würde und so Risse entstehen.

Die Wandstärke der Lehmkuppel

Bei einem einfachen Pizzaofen reicht als Speicherschicht eine Wandstärke von 8 cm, auf eine Dämmschicht kann komplett verzichtet werden. Will man zusätzlich Brot backen, braucht man eine lange anhaltende Hitze. Bei hoher Temperatur wird zuerst die Pizza gebacken und im Anschluss eine oder mehrere Chargen Brot. Hierfür empfiehlt sich eine Speicherschicht von 12 bis 15 cm und außen nochmals eine Dämmschicht von gut 10 cm. Dies ist bereits bei der Planung der Backfläche zu berücksichtigen.

Anbau eines Rundbogens aus Schamotte- oder Ziegelsteinen

Gerne werden an den Brotbackofen auch Rundbögen zur Halterung der Tür angebaut. Dies sollte nach dem Trocknen der Speicherschicht und vor dem Bau der Dämmschicht erledigt werden. Kann sich der Backofen im Bereich des Mundloches nicht zusammenziehen, können möglicherweise Risse entstehen, Nacharbeit ist erforderlich.

Alternative Baumethode mit Lehmkugeln

Als Alternative zum Lehmkuppelaufbau mit Lehmziegeln kann man auch Lehmkugeln für den Aufbau verwenden. Für Mischungsverhältnis und bauliche Gegebenheiten gilt dasselbe wie für den Bau mit dem Lehmziegeln, nur die Methode ist eben eine andere. Dafür werden runde Lehmkugeln mit einem Übermaß geformt, was bedeutet, dass die Kugeln größer sind, als die Speicherschicht breit sein soll. Rund um eine mit Zeitung geschützte Sandform werden die Kugeln aufgelegt und mit leichtem Druck aneinander und an die Sandform gedrückt. Jede Reihe wird um eine halbe Kugel versetzt. Wird der Durchmesser der Sandform kleiner,

Gleich große Lehmkugeln werden reihum um die Sandform angedrückt.

Die Reihen werden immer versetzt.

Es ist darauf zu achten, dass keine zu großen Zwischenräume entstehen.

Ist die Form mit Lehmkugeln überzogen, werden diese mit einem Gummihammer vorsichtig flachgeklopft.

Als Dämmschicht kommt noch eine Lage Strohlehm darüber.

Der fertige Backofen aus Lehmkugeln

wird es etwas schwieriger und es muss sorgsam gearbeitet werden. Zwischen den Reihen der Kugeln dürfen keine Lücken entstehen. Ist die Kuppel vollständig mit Lehmkugeln bedeckt, werden diese mit einem Gummihammer vorsichtig flachgeklopft oder mit einer Flasche flachgerollt. Durch das Flachklopfen füllen sich die Zwischenräume, innen bleibt jedoch eine wellige Oberfläche. Dies hat den Vorteil, dass die Oberfläche erhöht wird: mehr Oberfläche, mehr Wärmeaufnahmefähigkeit! Die Stärke der Kugeln wird durch das Flachklopfen um 1⁄4 bis 1⁄3 reduziert.

Der weitere Aufbau der Dämmschicht kann wie bei der Lehmziegelmethode mit Lehmklumpen aus Strohlehm erfolgen. *weiter auf Seite 167*

BEISPIEL AUS DER PRAXIS:

Backofen aus Lehm in multifunktionaler Verwendung

von Maria Grabitzer,
St. Bartholomä/Steiermark

Den ersten Lehmofen habe ich in Graz bei einem Workshop mit Bernhard Gruber gebaut. Daheim hatten wir einen ungenutzten Platz und ein Bekannter hat beim Brunnenbau eine Lehmschicht erwischt, welche ich ihm gleich abgenommen habe. Auf 30 Schaufeln Lehm haben wir 5 Säcke Sand und 2 große Regentonnen voll Stroh genommen. Das Stroh haben wir gleich in der Tonne mit dem Rasentrimmer gehäckselt, was sehr gut funktioniert hat.

Der Aufbau der Fläche sah folgendermaßen aus: 10 cm Beton mit Eisen darin, einige cm Perlit mit Zement, darauf Sand zum Ausgleichen und Mauerziegel liegend im Sandbett verlegt. Als Backfläche 6 cm Schamotte. Die Kuppelhöhe sollte innen 40 cm und der Ofenmund ca. 25 cm hoch sein.

Den Ofen haben wir auf einer Jutesackschicht aufgebaut, damit er nicht am Ziegelboden anklebt und springt. Zwischen die zwei Lehmschichten wurde auch eine Juteschicht gelegt. Auf einen Rauchfang haben wir verzichtet, was in unserem Fall aber gar nicht stört und im Gegenteil eher im

Maria Grabitzer beim Brotbackofenbauen

Damit sich die Backkuppel beim Trocknen ungehindert zusammenziehen kann, haben wir Jutestreifen um die Sandform gelegt, als Trennschicht haben wir auf die Speicherschicht eine Lage Jute gelegt.

Die Backofentür aus Metall mit hölzernem Griff wird an den Backofen gelehnt.

Weg gewesen wäre. Der Rauch zieht auch so gut ab. Die Ofentür haben wir vom Schlosser, sie wird einfach vor die Öffnung gestellt.

Wir heizen fast jede Woche einmal ein, im Winter natürlich etwas weniger. Die Temperatur hält der Ofen recht gut. 20 Mal Pizza, Backhendl, Schweinsbraten, Rippchen, zwei Eintöpfe, Kuchen, Brot und Hefespeisen haben wir bei der Einweihungsfeier des Ofens an einem Nachmittag gemacht.

Auch zum Trocknen von Obst und Kräutern und zur Seifen- und Joghurtherstellung verwende ich den Ofen. Eintöpfe machen wir vor allem in hohen, porös gebrannten Tongefäßen mit viel Schamottebeimengung, die halten die Hitze am besten aus. Holzbackofentaugliche irdene Töpfe sind leider eher schwer zu bekommen, am ehesten noch im Urlaub auf Mallorca oder man bestellt lagerfeuertaugliche Tontöpfe vom Mittelalterversand.

Was uns dazu bewegt hat den Ofen zu bauen? Ich habe es mir einfach in den Kopf gesetzt. Ich mache gerne allerhand selber und der Platz hat gut gepasst. Außerdem halten sich die Materialkosten in Grenzen. Ich würde den Ofen auch wieder in dieser Größe bauen, also mit 70 cm Durchmesser, oder vielleicht noch mit 5 cm mehr.

Der Workshop mit Bernhard Gruber in Graz hat uns beim Bau sehr geholfen. Er konnte sein Wissen so gut übermitteln, dass wir uns dann auch selbst getraut haben, einen Backofen zu bauen!

BEISPIEL AUS DER PRAXIS:

Brotbackofen der Casita Azul in Bijagua de Upala/Costa Rica

von Angelika Streicher und Andreas Moser

Als wir nach Costa Rica auswanderten, stand für uns von Anfang an fest, dass wir unser eigenes Brot backen würden. Da wir auf der Finca genügend Holz haben und wir sowieso eine Feuerstelle zum Kochen (für Bohnen oder diverse andere Sachen, die lange brauchen) bauen wollten, kamen wir auf die Idee, diese doch gleich mit einem Backofen zu kombinieren. Nach stundenlanger Tüftelei und Internet-Recherche und auch mangels Zugang zu Schamotteziegeln oder ähnlichem sind wir zu dieser Lösung gekommen: Für den Unterbau haben wir zwei kleine Steinmauern gebaut. Darauf wurden erst Holzträger und dann Stahlbetonplatten (welche hier als Mauerelemente verwendet werden) gelegt. Auf diese haben wir als Einfassung einen Kranz aus Steinen betoniert, welche wir später mit ein wenig Sand und einer ca. 10 cm dicken Schicht Lehmgemisch gefüllt haben.

Den Ofen selbst haben wir nach einer Anleitung von Bernhard Gruber gebaut. Unser Gemisch bestand aus Lehm, Sand, trockenem Gras, trockenem Kuhmist und ein wenig Wasser. Weil der Ofen unter Dach steht, ließen wir auf der rechten Seite mittig eine Öffnung mit ca. 15 cm Durchmesser für das Abzugsrohr. Links unten ebenso, als Verbindung und Abzug für die Feuerstelle. Die Feuerstelle haben wir ebenfalls aus Lehmziegeln gebaut. Obenauf kam eine kleine Kochplatte aus Gusseisen.

Mittlerweile ist der gute Ofen mehr als 3 Jahre alt und ständig in Gebrauch, was man ihm schon ein bisschen ansieht. Abgesehen von ein paar Rissen, die er von Anfang an hatte und die wir immer wieder mal mit Lehm zugeschmiert haben, gab es lange keine Probleme.

Letztes Jahr allerdings ist einiges innen von der Oberseite herunter gebrochen. Mit einer weicheren Lehmmasse, welche wir fest angedrückt haben, konnten wir ihn aber wieder recht gut restaurieren.

Obwohl wir ihn das nächste Mal etwas größer bauen würden, sind wir sehr zufrieden mit dem Ofen und möchten ihn nicht mehr missen – und schon gar nicht das frischgebackene Brot und die Pizza!

La Casita Azul
Angelika Streicher und Andreas Moser
Bijagua de Upala, Provinz Alajuela
Costa Rica
T+506 86 58 27 37
hallo@casitaazul.at
www.casitaazul.at

Ziegelgemauertes Backofengewölbe des rekonstruierten Brotbackofens *(vom Hanslerhof aus Alpbach/Tirol im Österreichischen Freilichtmuseum)*

Backraumgewölbeaufbau mit Lehmziegeln, Mauerziegeln oder Schamottesteinen und anderen Baustoffen

Der Brotbackofengewölbeaufbau mit getrockneten rechteckigen Lehmziegeln, gebrannten Mauerziegeln oder Schamottesteinen erfordern handwerkliches Geschick und auch Fachwissen. Es sollte auf jeden Fall im Vorfeld bedacht werden, dass solch ein Brotbackofen zeitaufwändig und auch kostspielig sein kann und vielleicht ein einfacher Brotbackofen aus Lehm, Sand und Stroh den gleichen Zweck erfüllt. Grundsätzlich bieten sich bei vorgefertigten Baustoffen Tonnengewölbe oder auch walzenförmige Gewölbe mit und ohne angeschlossener halbrunder Kuppel an. Diese Kuppel stellt allerdings einen erheblichen Mehraufwand dar, da viel Material geschnitten und in Form gebracht werden muss. Eine vollständig runde Kuppel aus vorgefertigtem Baustoff ist sehr zeitaufwändig. Je nach Größe kommen Rundbogen, Korbbogen und auch Segmentbogen in Frage, immer wieder sind auch Brotbacköfen mit scheitrechtem Bogen zu finden.

Brotbackofenbau aus Naturstein

In Bergregionen, wo weniger Lehm zu finden war und auch der Hausbau traditionell teils mit Naturstein erfolgte, wurden Brotbacköfen oft komplett aus Naturstein errichtet. Der Backraum wurde durch ein Natursteingewölbe gebildet oder einfach durch ein Mauerwerk, abgedeckt mit einer großen Steinplatte, errichtet. Gerade in diesen ärmlichen Regionen wurde Brot meist nur vier bis zehn Mal im Jahr gebacken und dann zur Haltbarmachung getrocknet.

Backöfen dieser Art zählen vermutlich auch zu den ersten Bauformen in germanischen Gebieten und können auch auf freiem Gelände errichtet werden. Einfache Backöfen dieser Art nennt man Hirtenöfen. Sie werden gerne bei Outdoorcamps im Rahmen von Überlebenstrainings oder auch bei wildnispädagogischen Aktivitäten auf Schullandwochen gebaut. Eine oder mehrere dicke Steinplatten dienen als Backfläche, rundherum wird ein Mauerwerk aus großen Steinen errichtet, die mit Lehmmörtel verfugt werden. Diese Steinschlichtung verjüngt sich nach oben hin wie ein falsches Gewölbe, ein Schlussstein schließt die Backkuppel ab. Zur besseren Wärmedämmung kann darüber Erdreich angehäuft werden. Gleich nach der Fertigstellung kann dieser einfache Backofen mit einem Holzfeuer aufgeheizt und nach einiger Zeit einfaches Fladenbrot in der Asche gebacken werden.

Brotbackofengewölbe aus Lehmziegeln

Ungebrannte Lehmziegel können aus dem Lehmbau-Fachhandel und von Ziegelfabriken bezogen werden. Beim Bezug über eine Ziegelfabrik ist allerdings fraglich, ob Sie dort auch wirklich Grünlinge, also noch ungebrannte Lehmziegel, bekommen.

Mit Hilfe einer einfachen Form aus Holz werden Ziegel hergestellt. Zum besseren Trocknen sollten Ziegel hochkant gelagert werden.

Lehmziegel (Adobe) werden nur an der Sonne getrocknet.

Eine weitere Quelle können alte Häuser sein, die abgerissen werden. Passen Sie allerdings auf, dass Sie keine zu hohen Preise bezahlen. Werden diese Ziegel nass, quellen sie auf und sind dann doch wieder nur Lehm, wie er in der Natur vorkommt.

Wollen Sie nicht viel Geld ausgeben, können Sie Lehmziegel auch ganz einfach selbst herstellen. Dazu wird eine Holzmodl (Holzform) gezimmert, bei der ein gewisses Schwundmaß beim Trocknen des Ziegels berücksichtigt werden kann. Grundsätzlich kann man sich bei der Größe des Ziegels an die Baustoffnormen halten, zwingend nötig ist das aber nicht. Zum Vergleich: ein genormter Mauerziegel hat die Abmessung von 25 × 12,5 × 6,5 cm. Wichtig ist, dass sich das Gewölbe später selbst tragen und ausreichend Wärme speichern kann. Ideal wäre es, wenn eine Speicherschicht von mindestens 10 cm Dicke entsteht. Die Materialzusammensetzung für den Ziegel kann in mehreren Proben erfolgen. Ist das passende Mischungsverhältnis aus Lehm, Sand und Zuschlagstoffen wie Strohhäcksel oder Getreidespelze ermittelt, wird möglichst trocken gut durchmischt und geknetet bzw. mit Füßen getreten, bis das Material plastisch ist. Größere Materialklumpen werden in die vorbereitete Modl gedrückt, überstehendes Material kann mit einem mit feinem Draht bespanntem Bogen abgezogen werden. Der Ziegel wird aus der Form auf ein Brett gestürzt und zum Trocknen in die Sonne gelegt. Am besten stellt man den Ziegel hochkant auf und wendet ihn alle paar Stunden.

Schon nach einem Tag Trocknen können die so entstandenen Lehmziegel zum Einsatz kommen. Während des Trocknens kann auf der fertig vorbereiteten Backfläche die Hilfskonstruktion für das Backgewölbe errichtet werden. Wie bereits beschrieben, sollte die optimale Backraumhöhe beachtet werden. Bei der Verwendung von vorbereiteten Lehmziegeln bietet sich je nach Größenverhältnis ein tonnen- beziehungsweise walzenförmiger Rund- oder Korbbogen mit 3 oder 5 Mittelpunkten an. Am einfachsten zeichnet man die

Bogenform auf einem großen Blatt Papier im Maßstab 1:1 auf und ordnet die Ziegel darum herum an. Zum Backraum hin sollen nur geringe Fugen entstehen, außen kann mit Holzkeilen oder Leisten gearbeitet werden, damit die Fugenbreite gleichbleibend ist. Beidseits der Schalung wird mit einem angerührten klebrigen Lehm-Sandmörtel das Ziegelgewölbe im Verband errichtet. Für den Ziegelverband können Lehmziegel auch sehr leicht halbiert werden. Beim Errichten des Gewölbes sollten mögliche Rauchzüge mit bedacht werden. Die Stirnseiten werden nach dem Entfernen der Schalung an das Gewölbe angemauert oder unter den Gewölbebogen eingepasst.

Etwas aufwändiger gestaltet sich die Errichtung eines birnenförmigen oder runden Backgewölbes mit getrockneten Lehmziegeln, da auch hier wieder die optimale Backraumhöhe beachtet werden sollte. Als erster Bauschritt wird der Bogen des Mundlochs mithilfe einer Schalung errichtet, an diesen Bogen schließt die Backkuppel direkt an. Der kuppelförmige Backofen aus Lehmziegeln wird reihum aufgebaut und kann so auch ohne Schalung errichtet werden. Als Hilfestellung kann in der Mitte der Backfläche eine Schnurlehre angebracht werden, mit welcher rundherum die Abstände übertragen beziehungsweise kontrolliert werden können. Ist der Radius des Gewölbes größer als die Höhe, wird es schwierig, denn dann wird der Rundbogen zum Korbbogen und die Verwendung einer Sandform ist von Vorteil. Bei einem birnenförmigen oder runden Gewölbe müssen wiederum mehr Ziegel geschnitten werden, um eine optimale Rundung und einen guten Versatz der Reihen zueinander zu erzielen. Um Mehraufwand zu vermeiden, bieten sich kleinere Ziegelformate an, was schon bei der Herstellung oder Besorgung der Lehmziegel bedacht werden sollte. Aufwand und Mühe spart man sich in diesem Fall aber, wenn man stattdessen eine Lehmkuppel (z.B. aus einer Lehm-Sand-Stroh-Mischung) über einer Sandform errichtet.

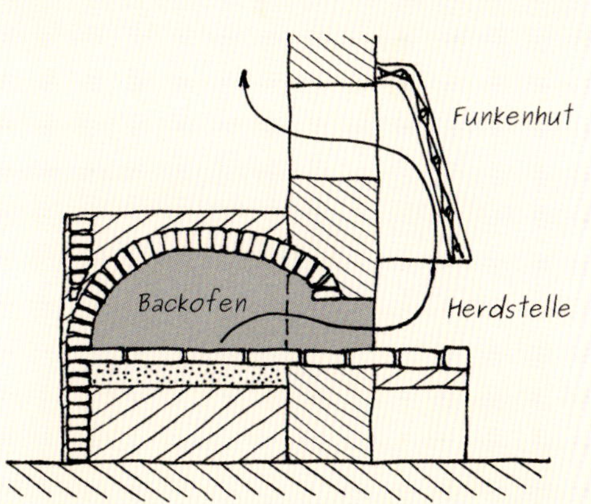

Schnitt durch einen aus Lehmziegeln gemauerten Backofen mit Funkenhut aus Weiden geflochten und mit Lehm verputzt
(in einem Wohnhaus in Erdöhorváti in Nordungarn, Szabadtéri Néprajzi Múzeum/Ungarn)

Ausschnitt eines mit Ziegeln gemauerten kuppelförmigen Backgewölbes

Backofengewölbe aus Mauerziegeln oder Schamottesteinen

Beim Backofengewölbeaufbau mit Mauerziegeln oder Schamottesteinen kann ebenso Lehm-Sand-Mörtel benutzt werden, meist wird jedoch feuerfester Schamottemörtel verwendet. Beachten Sie aber, dass Schamottemörtel im Vergleich zum Lehm-Sand-Mörtel, der ein gleichwertiges Ergebnis erzeugt, teuer ist und nicht mit bloßen Händen verarbeitet werden kann. Der Bau eines solchen Backofens erfordert Genauigkeit und Zeit. Bei walzen- beziehungsweise tonnenförmigen Backgewölben aus Schamottesteinen bieten sich Halbwölber an, durch deren Form die Fugenbreite innen und außen gleich bleibt. Feuerfester Mörtel ermöglicht das exakte Arbeiten bei einer gleichmäßigen 2 mm-Fuge. Auch mit genormten Schamottesteinen kann ein Backgewölbe mit scheitrechtem Bogen oder ein Segmentbogen gebaut werden. Beim Bau kann gleich verfahren werden wie beim Bau mit getrockneten Lehmziegeln. Viele Schamotteproduzenten bieten auch Formsteine an, aus denen die Backkuppel oder das Gewölbe aus mehreren Fertigteilen zusammengebaut werden kann. *weiter auf Seite 183*

BEISPIEL AUS DER PRAXIS:

Mit Ziegel gemauerte Backöfen in Ungarn

von József Kóbor

Einige Jahre lang habe ich in Ungarn als Architekt und Baumeister gearbeitet, Häuser geplant und deren Bau organisiert und begleitet. Immer zwischen Bauherr und Handwerker zu stehen und im Grunde die ganze Verantwortung für die fachgerechte Ausführung zu tragen, raubte mir jedoch die Freude. Beim Bauen von Brotbacköfen nach meist traditionellem Vorbild mache ich vom Entwurf bis zur Bauausführung alle Arbeitsschritte selbstverantwortlich. Gebaut wird mit lokalem Material, am liebsten sind mir alte gebrannte Ziegel. Im Gegensatz zu neuen, maschinell gefertigten Ziegeln sind sie für den Brotbackofenbau besser geeignet, auch wenn die Qualität von Ziegel zu Ziegel sehr unterschiedlich sein kann.

Auf Kundenwunsch plane und baue ich seit 2004 vom einfachen Brotbackofen bis zur Außenküche mit Backofen, Räucherkammer, Grillplatz und Kesselherd alles. Ich baue diese Kochstellen aber nicht nur im Außenbereich, sondern auch im Haus, für Privatpersonen, Schulen, Kindergärten, Pfarrheime und Dorfgemeinschaften in Ungarn wie auch in Österreich und Deutschland.

Architekt und Brotbackofenbauer József Kóbor

• 1 *Der Entwurf des Backofens wird auf den Boden übertragen*

Je nach Projektgröße dauert so ein Bau mehrere Tage bis ein paar Wochen. Dabei ist es wichtig, den Bau gut zu planen und mit dem Kunden abzusprechen. Der Kunde besorgt vor Ort die Baustoffe. Zu Beginn einer Baustelle zeichne ich mir den Backofen oder eben auch die ganze Küche am Boden auf und lege sie mir mit Ziegelsteinen aus, um einen besseren Gesamteindruck zu bekommen. Ganz wichtig dabei ist mir auch die richtige bautechnische Ausführung. Auf das angrenzende Mauerwerk darf vom Backofen keine Hitze und zuvor beim Bau soll keine Feuchtigkeit übertragen werden.

Im Bereich von Wandanschlüssen arbeite ich gerne mit Porenbetonsteinen, da sie sehr gut dämmen und nur wenig Hitze übertragen, bei Unterkonstruktion und dem Sockel des Backofens gerne mit Porenbetonsteinen. Sie haben den Vorteil, dass sie schnell und einfach zu verarbeiten sind. Man kann sie mit einer Handsäge, einem elektrischen Fuchsschwanz oder einer Handkreissäge bearbeiten und mit gewöhnlichem Fliesenkleber miteinander verkleben. Den Zwischenraum fülle ich traditionell mit trockenem Lehm, Ziegelbruchstücken und dergleichen zur besseren Stabilität und als Wärmedämmung auf.

Der Porenbetonstein verschwindet zur Gänze hinter einem Sichtmauerwerk aus Ziegel, im Verband gemauert mit Lehmmörtel. Meinen Lehmmörtel rühre ich mir im Verhältnis 3 : 1 an, drei Teile Lehm, ein Teil Sand. Dazu verwende ich eine Bohrmaschine mit einem Rührstab. Arbeitet man

• 2 *Der Sockel für den Backofen wird vorbereitet.*

• 3 *Zwei Rundbögen aus Polystyrol geben der Holzlage die Form.*

• 4 *Die Schalung wird durch Holzleisten verstärkt*

zügig und genau, müssen die Ziegelsteine nicht angefeuchtet werden. Ist eine Reihe Ziegel fertig aufgemauert, wird auch die Fuge umgehend fertig ausgearbeitet, da dies im feuchten Zustand am besten geht.

Das walzenförmige Gewölbe zum Lagern des Holzes unter dem Backofen wird mit zwei Rundbögen aus Polystyrolplatten und Holzstäben geschalt. Diese Form kann ich immer wieder verwenden, damit sie leicht aus dem Gewölbe entfernbar ist, unterkeile ich sie. An stark beanspruchten Stellen wie beim Holzlager, bei Arbeitsflächen oder Gesimsen verwende ich einen Betonmörtel aus Zement, Kalk und Sand, da er langlebiger ist als Lehmmörtel. Fugen sind hier umgehend zu säubern, da sonst ein Grauschleier auftritt. Lehmmörtel verwende ich vorwiegend dort, wo viel Hitze entsteht.

• 5 *Das fertige Gewölbe der Holzlage*

• 6 *Die Backfläche wird mit Glasflaschen gedämmt.*
• 7 *Die Glasscherben werden mit Sand abgedeckt und verdichtet.*

• 8 *Die erste Lage Ziegel dient als zusätzlicher Wärmespeicher.*

• 9 *Mit Lehmmörtel werden beide Ziegellagen verbunden.*

• 10 *Mit Ziegeln ausgelegte Backfläche*

Der Backofen wird meist so aufgebaut, dass das Backflächenniveau auf ca. 110 cm Höhe liegt. Direkt unter die Backfläche kommt eine bis zu 20 cm hohe Schicht aus Glasscherben, gut verdichtet und mit Sand abgedeckt. Darauf folgt eine Speicherschicht aus Ziegeln, die in das Sandbett verlegt wird. Die Fugen dazwischen werden mit Lehmmörtel verfugt. Die nächste Lage Ziegel, welche die eigentliche Backfläche darstellt, wird mit Lehmmörtel auf die Speicherschicht geklebt. Bevor das Backgewölbe geschalt wird, wird die Rückwand bis zum Fuchs, dem Übergang zwischen Backraum und Kamin, hochgezogen. Die Fugen werden umgehend nachbearbeitet und die gesamte Rückwand erhält zum Abschluss einen Lehmanstrich. An dieser Stelle wird auch bereits die Rauchgasklappe berücksichtigt, mit welcher später beim Brotbacken das Entweichen der Hitze vom Backraum in den Kamin verhindert werden kann.

• 11 Geschaltes Backgewölbe

• 12 Backgewölbe im Ziegelverband gesetzt

• 13 Der Schlussstein wird gesetzt.

• 14 Fertiges Backgewölbe mit Schalung

• 15 Die Schalung wird beim fertigen Backgewölbe entfernt.

Beim Bau eines walzenförmigen Backraumes mit einer Höhe von mindestens 38 cm verwende ich zwei aus Polystyrol zugeschnittene Rundbogenstücke und passende Latten, welche darübergelegt werden. Beim Bau eines kuppelförmigen Backraumes verwende ich eine Schablone, welche um den Mittelpunkt der Backkuppel gedreht wird. Das ganze Gewölbe wird im Verband bei gleicher Fugenstärke verlegt. Die abschließende Schlusssteinreihe wird zugeschnitten und eingepasst. Sobald die Schlusssteine an ihrem Platz sind, kann die Schalung abgebaut werden. Alle Fugen werden sorgfältig im noch feuchten Zustand nachgearbeitet, sowohl im Gewölbe als auch auf der Backfläche. Die gesamte Backkammer erhält zur besseren Feuerverträglichkeit einen Lehmanstrich. Lehmanstrich und Backkuppel werden mithilfe eines Feuers getrocknet.

- 16 *Die Fugen des Backgewölbes werden verfüllt.*
- 17 *Die Fugen der Backfläche werden verfüllt.*
- 18 *Lehmanstrich zur Erhöhung der Feuerfestigkeit der Ziegel*

- 19 *Backgewölbe mit fertigem Lehmanstrich*

- 20 *Der Fuchs mit Rauchgasklappe*

- 21 *Der Backraum wird zum Trocknen vorgeheizt.*

• 22 Für die Aschenlade erhält der Backofen einen Vorbau.

• 23 An den Vorbau wird die Backofentür montiert.

• 24 Ein Ziegel wird so eingeschnitten, dass er die Mauerpratze des Türrahmens aufnehmen kann.

• 25 Der Vorbau erhält passend zum Türrahmen einen Segmentbogen.

• 26 Backofentür, Vorbau des Backgewölbes

• 27 Der Schlussstein des Backgewölbes wird gesetzt.

Vor die Backkammer wird ein weiteres Gewölbe im Format der Backofentür angebaut. Dieses Gewölbe nimmt nicht nur den Türrahmen auf, es wird in diesem Bereich auch eine Aschenlade installiert. Über die Aschenlade kann auch die Luftzufuhr geregelt werden. Wichtig ist, dass die Mauerpratzen der Backofentür gut im Mauerwerk verankert sind. Ist der Vorraum zur Backkuppel von der Schalung befreit und nachgearbeitet, wird im Backofen erneut ein Feuer errichtet. Langsam schaue ich, dass der Backofen auf Betriebstemperatur gebracht wird. Meist backe ich dann mein erstes Brot im Backofen.

Mit einer Lage Ziegel über den Vorraum gleiche ich den Unterschied zum Backgewölbe aus. Beide Gewölbe werden gemeinsam mit einem Glasfasernetz zusätzlich verbunden. Der gesamte Backofen wird abschließend mit einer Lage Ziegel liegend überzogen.

• 28 *Das Backgewölbe wird langsam trocken geheizt.*

• 29 *Das erste Brot wird beim Trockenheizen gebacken.*

• 30 *Der Übergang zwischen Backraum und Vorraum wird genetzt.*

• 31 *Über Backraum und Vorbau kommt eine Ziegelschicht.*

Der Aufbau eines runden Backofens erfolgt im Prinzip gleich wie der eines walzenförmigen. Anstatt der beiden rundbogenförmigen Polystyrolstücke und den Holzleisten verwende ich eine bogenförmige Schablone, welche um den Mittelpunkt der Backfläche gedreht wird. Eine Backkuppel erfordert viel mehr Schneidearbeiten bei den Ziegeln.

• 2 *Dämmung*

• 1 *Der Sockel eines runden Backofens*

• 3 *Speicherschicht*

• 4 *Backfläche*

• 5 *Backgewölbeaufbau*

• 6 *Backofentür*

Architekt und Backofenbauer József Kóbor

Zwischen 1976 – 1980 habe ich die Dimitrov Bauwirtschaftliche Fachmittelschule in Zalaegerszeg besucht. Mein Diplom als Ingenieur habe ich im Jahr 1983 an der Pollack Mihály Technischen Hochschule Pécs bekommen. Diplomingenieur bin ich im Jahr 1992 geworden, da habe ich mein Studium an der Technischen Universität Budapest beendet.

Seit 1984 bin ich Privatarchitekt und seit 1993 beschäftige ich mich auch mit der Bauausführung. Backöfen baue ich seit 2004. Bei der Ausgestaltung der Feuerung folge ich der alten ungarischen Tradition des Ofenbaus. Ich benutze nur traditionelle Stoffe wie z.B. Ton, Scherben oder Ziegel. Seit 2010 unterrichte ich Besitzer von Brotbacköfen und Interessierte im Brotbacken.

József Kóbor Architekt GmbH
Lejtö street 38
2092 Budakeszi/Ungarn
T+36 9 25 04 45
facebook: Kemence Manufaktúra
www.koborjozsefepitesz.hu

Abbildungen: Verschiedene Brotbacköfen, die von József Kóbor gebaut wurden

REZEPT:

Ungarisches Weißbrot

von József Kóbor

Zutaten:

- 1.000 g Weizenmehl
- 1 EL Salz
- 40 g Hefe
- lauwarmes Wasser

Zubereitung:

Dies ist mein persönliches Brotrezept zur Herstellung von unserem typischen, ungarischen Weißbrot. Zu 800 g Mehl mische ich 1 EL Salz, dann mache ich ein „Nest" in die Mitte, krümle ¼ der Hefe hinein und gebe 200 ml lauwarmes Wasser hinzu. Nach 10 Minuten Ruhezeit rühre ich von innen nach außen lauwarmes Wasser und die restliche Hefe zum Teig, und zwar so viel, dass er noch breiig bleibt. Diesen breiigen Teig rühre ich ca. 3 Minuten lang und lasse ihn dann 1,5 Stunden zugedeckt bei Zimmertemperatur ruhen. Nach der Ruhezeit arbeite ich weitere 200 g Mehl (ohne erneute Zugabe von Wasser) unter den Teig und lasse ihn nochmal 20 Minuten lang zugedeckt ruhen.

Backen:

Bei 220 °C bis 250 °C wird das Brot im Holzbackofen gebacken. Das Brot kann auch im Elektrobackofen gebacken werden, dazu kommt es für 10 Minuten bei 180 °C in das vorgewärmte Backrohr, dann wird die Temperatur auf 220 °C gesteigert. Ein Brot dieser Größe braucht 30 bis 40 Minuten, um durchzubacken.

Handmühle aus Filkeháza im Szabadtéri Néprajzi Múzeum

REZEPT:

Baumstriezl

von József Kóbor

Neben zahlreichen Gerichten wie Suppen, Aufläufen, Braten und Kuchen lässt sich auch ein ganz besonderer Kuchen, der sogenannte Baumstriezl, backen. Ich kannte dieses Brauchtumsgebäck von verschiedenen Festen und Märkten, wo sie meist von Siebenbürger Sachsen, welche nach ihrer Vertreibung in Oberösterreich eine neue Heimat fanden, über der Holzglut gebacken werden. Bei meinen Recherchearbeiten für dieses Buch bin ich aber erst so richtig dafür begeistert worden. Ich war zuhause bei József Kóbor in Budakeszi, um mich mit ihm über das Bauen von Backöfen auszutauschen und Informationen für mein Buch einzuholen. Der Architekt und Backofenbauer zeigte mir verschiedene Backöfen in seiner näheren Umgebung, welche er in den letzten Jahren geplant und gebaut hatte. Gemeinsam besuchten wir auch das Szabadtéri Néprajzi Múzeum in Szentendre. Am Abend hat József in seinem Backofen im Garten Brot für uns gebacken, während seine Frau Enikö für uns so richtig klassisch Gulasch kochte.

Für den Nachtisch hatte Enikö noch Germteig vorbereitet, um Baumkuchen, den sogenannten Kürtöskalács, aus ihrer transsilvanischen Heimat für uns zu backen. József schürte im Backofen das Feuer neu an, um mehr Glut zu bekommen und errichtete mit zwei Ziegelsteinen vor und hinter dem Feuer eine Auflage für den Baumstamm. Seine Frau rollte währenddessen den Germteig aus. In Streifen wurde der Germteig um den vorgewärmten und mit Butter eingefetteten Spieß gewunden. Auf einer Unterlage wurde der Baumstriezl noch einmal flach gerollt, damit sich alle Lücken schlossen. Zum Schluss wurde der Teig am Baumstamm mit Pflanzenöl eingestrichen und in Zucker gerollt. Der Baumstamm ist ein Rundholz meist aus Ahorn, leicht konisch von ca. 12 auf 10 cm zulaufend. Liegend auf beiden Ziegeln wurde der Baumstamm mit dem Teig, über der Glut von József hin- und her gedreht, bis der Zucker karamellisiert und die Oberfläche knusprig braun gebacken war. Enikö schob vorsichtig den fertigen Baumstriezl vom Baumstamm und servierte ihn uns, während József weitere Baumstriezl über der Glut für uns gebacken hat.

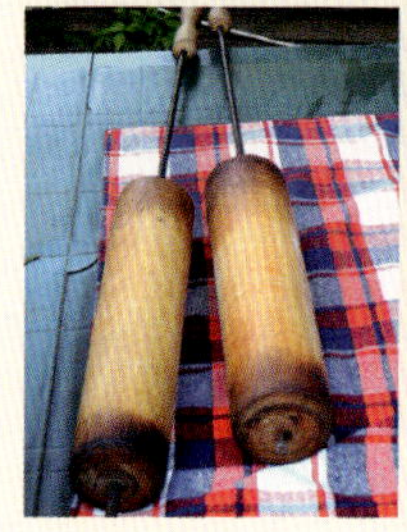

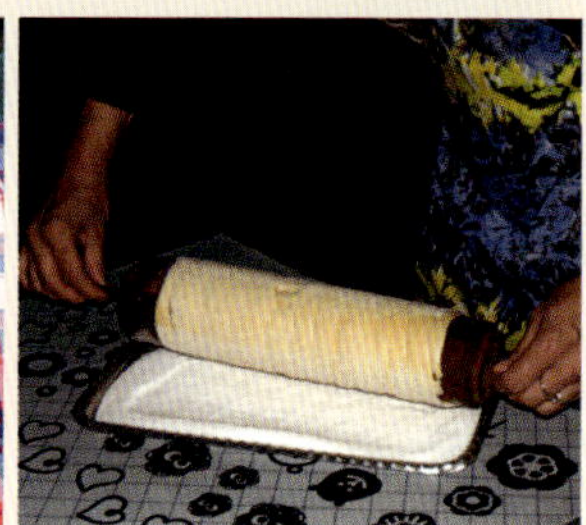

Durch Rollen über der Holzglut wird der Baumstriezl gebacken.

Zutaten:

- 1 kg Weizenmehl
- 4 Eier
- 180 g Zucker
- 180 g Butter
- 30 g Hefe
- ½ l Milch

Zubereitung und Backen:

Alle Zutaten vermengen und gut durchkneten. Den Teig mit einem feuchten Tuch abdecken und eine Stunde zum Gehen warmstellen. Den Teig um den Spieß wickeln, im Zucker walzen und unter ständigem Drehen über der offenen Glut so lange backen, bis die Oberfläche knusprig und braun ist.

Einblick in das Backgewölbe eines Ofens aus Dachziegelstücken

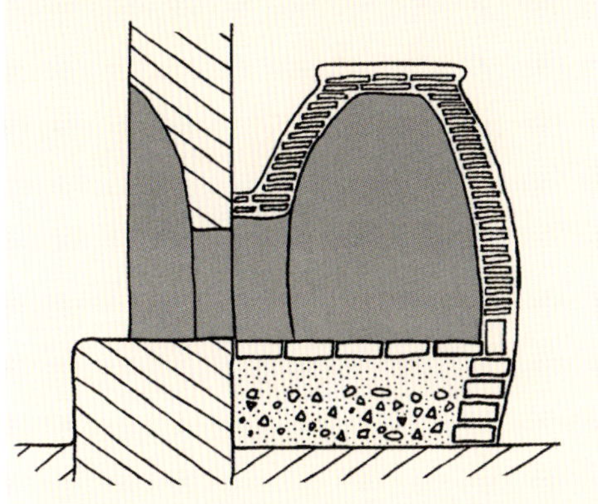

Schnitt durch einen aus Tonscherben gemauerten Backofens

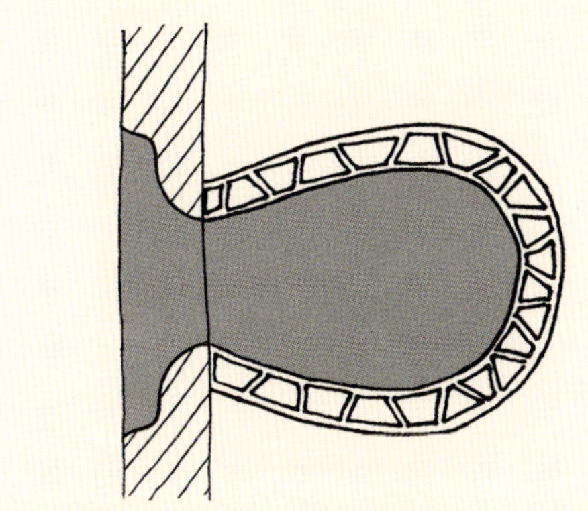

Grundriss eines aus Tonscherben gemauerten Backofens

Backofengewölbe aus Tonscherben gemauert

Der Biberschwanz-Dachziegel ist ein Strangdachziegel in ebener Form mit Seitenverfalzung. In Trapezform geschlagen wurde dieser Dachziegel unter anderem in der großen ungarischen Tiefebene zum Bau von Backöfen und Stubenöfen verwendet. Die trapezförmigen Tonscherben aus Dachziegeln wurden mit Lehmmörtel verklebt. Reihum wurde ein falsches Gewölbe aufgebaut, welches sich nach oben hin verjüngte. Außen wurde die Oberfläche mit Lehmmörtel verputzt und gekalkt. Dieser Ofen hatte einen Mehrfachnutzen, er wurde zum Garen, Braten und Backen verwendet, durch seine hohe Bauform eignete er sich auch gut zum Heizen der Stube. József Kóbor mauert solche Backöfen noch heute. *weiter auf Seite 186*

Windmühle aus Dusnok in Szabadtéri Néprajzi Múzeum

● AUSFLUGSZIEL:

Szabadtéri Néprajzi Múzeum in Szentendre / Ungarn

Das Szabadtéri Néprajzi Múzeum in Szentendre ist ein ethnographisches Freilichtmuseum und das größte Bauernhofmuseum seiner Art in Ungarn. Es befindet sich 24 km nördlich von Budapest und bietet einen sehr guten Einblick in die traditionelle ungarische Dorfkultur in den verschiedenen Regionen. Landwirtschaftliche Bauwerke wie Bauernhäuser, Scheunen, Schuppen, Brotbacköfen, Wind- und Tretmühlen, aber auch sakrale Bauwerke, Handwerkstätten und Geschäfte, die das dörfliche Leben bestimmten, wurden wiederaufgebaut oder rekonstruiert. Von Holzblock- über Stampflehm- und Adobeziegel- bis Ziegelbau sind die verschiedensten Techniken zu finden.

Tretmühle aus Mosonszentmiklós

Ziegelgemauertes Backgewölbe des freistehenden Backofens aus Botpalád/Oberes Theißgebiet

An das Wohnhaus angebauter Brotbackofen aus Ásvanyráró

Backofen

Brotbackofen aus Tonscherben

Das Wohnhaus aus Hajdúbagos in der großen ungarischen Tiefebene wurde 1835 aus Strohlehm mit Gabeln aufgeschichtet und die Wände begradigt. Der für Ungarn typischen Dreiteilung in Stube, Küche und Gute Stube wurde eine Kammer angeschlossen, die als Lagerraum diente. Die Gute Stube war ausschließlich Gästen vorbehalten. Damit die hochstehende Sommersonne nicht in den Wohnraum durch Fenster und Tür dringen kann, wurde ein gewölbter Laubengang errichtet.

Dieses Wohnhaus einer kleinen Landwirtschaft einer niederen ungarischen Adelsfamilie, welche auch selbst die Landwirtschaft betrieb, betritt man über einen kleinen Vorraum zur Küche. Hier teilen sich die Wege zur Stube, welche der Familie als Wohnraum diente, und zur Guten Stube. Die Decke

Wohnhaus aus Hajdúbagos

In der Stube, dem Wohnraum, ist der Zeit entsprechend ein einfacher Kochherd und ein Rohr zum Warmhalten an den Ofen angeschlossen.

Zum Vergleich: der Ofen in der Guten Stube.

Einblick in die einfach Küche

über der Küche wurde zum Kamin hochgezogen und entspricht einer Rauchküche. Am offenen Herd, einem erhöhten Lehmsockel, wurde gekocht, links davon wurde der Stubenofen befeuert, welcher auch zum Brotbacken und Kochen verwendet wurde. Auf der rechten Seite wurde der Stubenofen der Guten Stube beheizt. Beide Öfen sind aus Tonscherben, nämlich Dachziegelbruchstücken, und Lehmmörtel auf einen Sockel aufgemauert und konnten bei Bedarf mit einer angelehnten Holztür verschlossen werden.

Szabadtéri Néprajzi Múzeum
Szentendre, Sztaravodai út
2000 Magyarország
T+36 (26) 502 537
www.skanzen.hu

Aus Schamottemörtel gegossenes Backofengewölbe

Bei meinen Recherchen über das Brotbackofenbauen bin ich auf verschiedenste Methoden gestoßen, eine davon lohnt es sich hier noch zu erwähnen: ein Brotbackofen aus Schamottemörtel gegossen. Davon abgesehen, dass Schamottemörtel relativ teuer ist und auch beim Aufbau von Backöfen aus Schamotte- oder Mauerziegeln einfach durch Lehmmörtel ersetzt werden kann, lässt sich auf diese Weise ein schnelles Resultat mit wenig Aufwand erzielen. Eine Sandform wird mit Kunststofffolie abgedeckt und ein vorgemauerter Ziegelbogen für das Mundloch wird mit einer relativ trocken abgemischten Mörtelschicht 10 cm dick überzogen. Nachdem der Mörtel angezogen hat, wird die so entstandene Kuppel mit Steinwolle, Glaswolle oder Schaumglas gedämmt, mit einer Putzschicht überzogen und abschließend noch gekalkt.

BEISPIEL AUS DER PRAXIS:

Brotbackofen aus ungebrannten Lehmziegeln

von Helga Graef, Unterach am Attersee

Die Geschichte

Die Idee, einen Backofen zu bauen, entstand nach meinem Besuch beim Brotfest in Rauris. Ich buk bereits Sauerteigbrot und zufällig erfuhr ich von dem Fest, bei dem es 3 Tage nur ums Brot geht. Das

Helga Graef (links im Bild) mit einer Kursgruppe

überraschte mich einerseits und zog mich andererseits magisch an. Also fuhr ich mit meinem damaligen Mann Günter hin und ich war Feuer und Flamme. Kurze Zeit später entwarf und baute Günter den Ofen im eigenen Garten. Lehmziegel verwendeten wir, weil sie viel billiger waren als nur Schamotte. Wir waren beide erst kurze Zeit selbstständig und die Kalkulation musste stimmen.

Der Ofen

Die „Säulen-Füße" unseres Ofens sind gemauert. Darauf steht ein Tisch aus Beton, auf dem eine Lage Lehmziegel aufgebaut wurde. Eine Schablone aus Spannholz formte das Gewölbe, auf das wir die Lehmziegel einfach mauern konnten. Mit einem Mörtel aus Lehm haben wir die Ritzen geschlossen. Die erste Lage Ziegel wurde aufgestellt, die zweite Lage liegend angebracht. Die Isolierung besteht aus einem Lehm-Stroh-Gemisch, ein Hasengitter dazwischen unterstützt die Stabilität. Das Ofenrohr hinten hat eine Metallklappe wie ein Kachelofen, das wir vom Schmied fertigen ließen. Fehlten noch die Ofentür und das Dach. Eine kreative Lösung mit rundem, verrostetem Blechdach machte den Ofen zum Kunstwerk. Schön und funktionell. Von Anfang an leistete er gute Dienste. Die Backfläche aus Schamotte beträgt 110 × 70 cm und bietet Platz für 12 kg-Laibe und 3 Halb-kg-Laibe.

In 10 Schritten zum Backofen

- vier Punktfundamente mit dem Erdbohrer bzw. mit Schaufel ca. 80 cm tief ausgegraben
- vier Säulen (25 cm Durchmesser) und Bodenplatte (10 cm) betoniert
- Bodenplatte mit Holzbalken eingefasst und zwei Reihen ungebrannte Tonziegel (13 cm) lose hineingelegt
- Schamotte- bzw. Bäckerplatten (70 × 110 cm) lose aufgelegt
- Gewölbe mit 35 cm Höhe aus ungebrannten Lehmziegeln (70 × 110 cm Innenmaß) mit Lehm-Sand-Gemisch aufgemauert

Betonierter Sockel

Backfläche

Aufmauern mithilfe einer Holzschalung

Verstärkung der Speicherschicht mit einer zweiten, liegenden Lage Lehmziegel. Dazwischen zur Verstärkung ein Hasenstallgitter

Helga Graef bietet Kurse für reines Roggen-Sauerteigbrot ohne Hefe an.

- Hasenstallgitter in ca. 5 cm Lehm-Sand-Stroh-Gemisch eingemauert
- zweite Schicht Lehmziegel liegend darüber gemauert
- 10 cm Isolierschicht aus Lehm-Sand-Stroh-Gemisch gemauert
- Edelstahlkamin mit Eisenklappe im Rohr zum Absperren, hinten im oberen Ofengewölbebereich eingesetzt
- Dach aus Stahlblech (soll verrosten) montiert

Brotbackkurse

Schon vor dem Bau des eigenen Backofens hatte ich die Idee, das Brotbacken in meine Selbstständigkeit „Brot und Leben" – *Familienaufstellungen, Wilde Weiber Almcamps, Kräuterführungen, Bildhauerworkshops* – einzubauen. Der Startschuss für die Brotbackkurse war dann 2012. Mittlerweile finden die Kurse für reines Roggen-Sauerteigbrot ohne Hefe 2–3 Mal pro Monat statt. Brotbacken ist meine Leidenschaft geworden und macht mir, wie auch den KursteilnehmerInnen, große Freude. Es gibt nun auch 4-Tages-Intensivkurse, bei denen Weizensauerteigbrot, Dinkelseelen, Vinschgerl, Baguette – kurz: Spezialbrote mit lang geführten Teigen – gebacken werden.

Brotbacken ist erdig, berührend und macht glücklich! Was brauchen wir mehr für ein gutes Leben?

Helga Graef
T+43 (0)650 3 05 41 44
Unterach am Attersee
www.brot-und-leben.at

Die ersten Reihen des runden Brotbackofens sind bereits aufgemauert.

Lehmziegel werden mit Hilfe einer Form hergestellt.

Lehmziegel werden einen Tag in der Sonne getrocknet.

BEISPIEL AUS DER PRAXIS:

Brotbackofen aus Lehmziegeln am Balmeggberg/Trub in der Schweiz

von Marco Büttner

Im Juli 2009 entstand auf dem Balmeggberg im Rahmen des Ausbaus unserer permakulturellen Gestaltung ein großer Backofen aus Lehm. Der Balmeggberg ist ein Begegnungsort, an dem eine kleine Gemeinschaft von acht bis zehn Personen seit zehn Jahren daran arbeitet, diesen Ort im Gedanken der Permakultur zu gestalten, Kreisläufe zu schließen und eine umfassende Selbstversorgung sorgfältig und achtsam voranzutreiben. Aufgrund der Gruppenstärke und dem Bedürfnis aller Bewohner, langfristig ausreichend eigenes Brot zu backen, wurden so ein Backhaus und ein großer Lehmbackofen geplant und umgesetzt.

Grundüberlegung für das Material war die auf der Hand liegende Verfügbarkeit wie auch die Qualitäten und die Ästhetik: Holz für den halboffenen Unterstand stand auf dem zugehörigen Land zur Verfügung, der Bau bekam ein Gründach und der bekannt lehmreiche Boden stellte, wie ein Querschnitt beim Aushub direkt vor Ort ergab, direkt sehr guten Baulehm zur Verfügung, der nur in rechter Mischung abzumagern war. Um dem Bau den entsprechenden Rahmen zu geben, die Arbeit bewältigbar zu machen und auch die Erfahrung zu teilen, riefen wir frühzeitig zwei „Permakultur-Werkwochen" aus und fragten unseren regionalen Lehmbau-Fachmann Franz Kloter aus Langnau an, der über weite Strecken den Bau des Ofens anleitete, den Ablauf strukturierte und sein Wissen über den Baustoff Lehm vermittelte.

Nachdem der Bau des Unterstandes vollendet war, ging es los und es fanden sich interessierte Helfer aus allen Himmelsrichtungen ein, um für ein paar Tage oder gar die ganze Zeit den Lehmofen-

Um die Lehmkuppel fertigstellen zu können, bedarf es einiger Akrobatik.

bau mitzubestreiten. Während für den runden Ofen, der an der Basis einen Außendurchmesser von 170 cm hat, eine Bodenplatte gegossen sowie ein Sockel gemauert wurde, begannen viele fleißige Hände und Füße, den Lehm einzusumpfen, ihn mit Sand abzumagern und mit Strohhäcksel zu mixen. Ziel war es, für den Rundbau sonnengetrocknete Ziegel zu produzieren, ca. 400 an der Zahl. Hierfür hatten wir aus dünnen Brettern 10er-Formen vorgebaut, in welche der Lehm tüchtig hineingepresst und mit Hämmern verdichtet wurde. Die Lehmziegel bekamen eine Größe von 12 × 25 cm und 6 cm Höhe, kamen nach einem Antrocknungstag aus der Form und lagerten stetig gewendet auf langen, stabilen Brettern in der zum Glück großzügigen Sonne.

Um dem Untergrund die notwendige Stabilität zu geben, betonierten wir eine Bodenplatte, mauerten mit schönen Flusssteinen rund 70 cm hoch auf und gossen einen armierten runden „Betontisch", auf welchem wir die gut angetrockneten soliden Steine mit Lehm aufmauerten. Über der

Das Lehmziegelgewölbe wird mit zwei Stroh-Lehm-Schichten überzogen.

Gestaltung schwebte die Idee des Drachen, dessen Maul das feurige Tor und dessen Schwanz der Kamin darstellt, der über den „Rücken" des Ofens durch das Dach weisen sollte, was auf zusätzlichen Wärmespeicher abzielte. Im Laufe des Aufbaus wurde zuerst ein 6 cm hoher Lehmboden gestampft und anschließend Sand in die runde Struktur gefüllt, um das Gewölbe daran abzustützen. Gleichzeitig entstand der Zug auf der Rückseite. Nachdem in zügiger Arbeit das Grundmauerwerk, in das das schmiedeeiserne Tor eingelehmt wurde, aufgebaut war, wurde ein verzinktes Drahtgeflecht aufgebracht und aufgeputzt. Der Kamin, der sich von hinten hinauf zum höchsten Punkt der Kuppel schwingt, wurde angemauert und eine isolierende Langstroh-Lehm-Schicht in zwei Schichten, eingeschlämmt mit wenig Sand, aufgebracht.

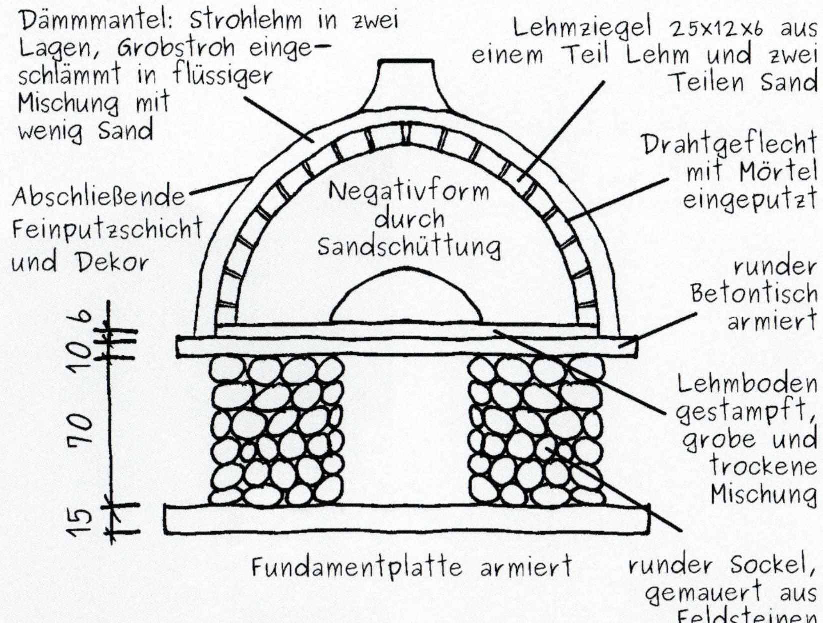

Der Brotbackofen wird mit einem Mosaik-Dekor verziert.

Es folgten der Verputz und ein Mosaik-Design, das dem Gesamtwerk seine Ästhetik verlieh. Nachdem der Sand durch das Ofenloch herausgeschaufelt war, erledigte eine yogaerfahrene Teilnehmerin den Innenausstrich, mit einer Stirnlampe durch das Ofenloch im Gewölbe liegend!

Seit der Fertigstellung unseres Brotbackofens wanderten hunderte Kilo von Brot und Pizzen in dankbare Münder.

AUSFLUGSZIEL:

Museum Tiroler Bauernhöfe

Im Museum Tiroler Bauernhöfe erleben die Besucher die Lebens- und Wirtschaftsweise der bäuerlichen Bevölkerung Tirols in der vorindustriellen Zeit. Der wirtschaftliche Aufschwung, den das Land seit den 1950er Jahren erlebte, führte gerade in der bäuerlichen Welt zu Umbrüchen. Die alten Bauernhöfe und ihre Nebengebäude wurden den neuen technischen Erfordernissen angepasst – und dafür vielerorts gänzlich abgerissen oder tiefgreifend verändert.

Um diese wertvollen architektonischen Zeitzeugnisse zu erhalten, wurde 1974 der Grundstein für das Freilichtmuseum in Kramsach gelegt.

Brotbackofen vom Einhof Gwiggen aus Wildschönau im Bezirk Kufstein

Museum Tiroler Bauernhöfe
Angerberg 10
6233 Kramsach
Österreich
T+43 (0)53 37 6 26 36
office@museum-tb.at
www.museum-tb.at

Brotbackofen vom Summerauer-Edinger-Gütl aus Haselbach in Hart im Zillertal

Ziegelgemauerter Brotbackofen vom Zetta Hof im Alpbachtal im Museum Tiroler Bauernhöfe

Beim Brotbackofen vom Zetta Hof im Alpbachtal (der Zetter oder auch Zehentner war der Einheber des kirchlichen Zehenten, wovon ⅓ an den Pfarrer und ⅔ an den Bischof ging) handelt es sich um einen in Tirol typischen freistehenden Brotbackofen aus Bruchsteinen aufgemauert. Der kuppelförmige Backraum ist mit Ziegeln gemauert. Der Backofen verfügt über ein flaches Satteldach mit Brettdachdeckung. Wie auch bei anderen Backöfen wurde hier der Backraum mit einem Feuer aufgeheizt, nach dem Entfernen der Glut wurde Brot gebacken. An der Funktion dieser typischen Steinbacköfen hat sich im Laufe vieler Jahrhunderte nur wenig geändert.

Rekonstruktion des Brotbackofens vom Zetta Hof

• 1 *Das Sichtmauerwerk des Steinsockels wird aufgemauert.*

• 2 *Das Gewölbe der Holzlage wird gebaut.*

• 3 *Der Boden des Mundlochs wird vorbereitet.*

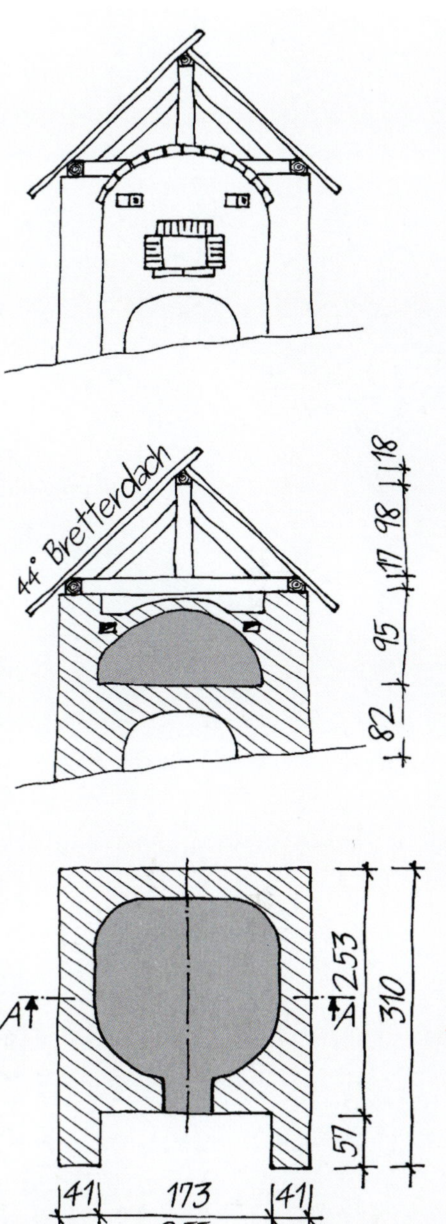

Skizze des Brotbackofens vom Zetta Hof
• 1 *Frontansicht*
• 2 *Schnitt*
• 3 *Grundriss*

Einer der freistehenden Brotbacköfen, hier aus Ziegeln aufgemauert, wie sie für Tirol typisch sind. Er stammt vom Zetta Hof im Alpbachtal und steht heute im Tiroler Bauernhöfemuseum in Kramsach.

• 4 Verlegung der Backfläche

• 5 Ansicht der Baustelle

• 6 Beginn mit dem Backkuppelaufbau

• 7 Ziegelstein für Ziegelstein wächst die Kuppel.

• 8 Biegsame Haselnussstöcke geben die Form vor.

• 9 Ansicht der Baustelle

• 10 Das Backgewölbe wird fertiggestellt.

• 11 Abschließend wird der Dachstuhl aufgesetzt.

Als Trennschicht zwischen Speicher- und Dämmschicht wird Schafwolle eingearbeitet.

Die Wärmedämmung des Brotbackofens

Die Dämmschicht

Beim Lehmbackofen bietet es sich natürlich an, auch für die Dämmschicht beim Baustoff zu bleiben. Als Zuschlag zum Lehm kommen wieder organische Materialien wie Strohhäcksel, Heuhäcksel, Getreidespelze, Hanffaser, Hackschnitzel, Hobelspäne, Sägemehl oder anorganisches Material wie Tonkugeln infrage. Da es hier mehr um Dämmung als um Feuerfestigkeit, Speicherung und Tragfähigkeit geht, kann der Anteil an Zuschlag stark erhöht werden und der Sandanteil der Mischung abnehmen. So kann entsprechend Leichtlehmbau gearbeitet werden und die Dämmschicht einen organischen Anteil von über 50 % aufweisen. Der Lehm muss nur noch seine Funktion als Kleber erfüllen können. Das organische Material ist allerdings oft sehr trocken, weshalb es notwendig ist, die Wasserzugabe zu erhöhen. So lässt sich das Material rascher mischen und natürlich auch einfacher verarbeiten.

Bei aus Ziegel oder Schamotte gemauerten Backöfen kann die Dämmung wie beim Lehmbackofen aufgebaut sein – es ist kein Problem, verschiedene Materialien zu mischen, jedoch wird meist nur Stein- oder Glaswolle zur Dämmung verwendet. Die Dämmung wird mit Drähten an der Backkuppelt befestigt und mit einem Kalkputz überzogen oder es wird eine zweischalige, gemauerte Backkuppel gebaut. Innere und äußere Kuppel sind durch Dämmstoff getrennt. Seit einigen Jahrhunderten werden Backkuppeln bei freistehenden Backöfen eingehaust, bei Indoorbacköfen verschwinden diese meist zur Gänze im Bauerwerk.

Das Einarbeiten der Schafwolle als Trennschicht erfordert etwas Geschicklichkeit.

Wärmebrücken vermeiden

Ähnlich wie beim Wohnbau, wo Kältebrücken vermieden werden, damit in der kalten Jahreszeit Wärme nicht nach außen und Kälte nicht in den Wohnraum übertragen werden kann, wird beim Brotbackofen auch darauf geachtet, dass keine Wärme an die Umgebung abgegeben wird. Speicher- und Dämmschicht können durch eine Trennschicht aus Schafwolle, Kokosfaser, Glaswolle oder Steinwolle getrennt werden. Wer nichts von diesem Material zur Hand hat, kann auch einen alten Wollteppich, eine alte Decker oder dergleichen verwenden. So entsteht zwischen Speicher- und Dämmschicht keine Wärmebrücke, an der Wärme nach außen hin verloren geht. Mehrfach erfolgreich habe ich in verschiedenen Projekten ungewaschene Schafwolle eingearbeitet. Nach Fertigstellung der Speicherschicht wird zwischen jeder Reihe Grünlinge der Dämmschicht zuerst Schafwolle an die Speicherschicht angedrückt und mit dem nächsten Grünling fixiert. Dies geschieht reihum, lediglich beim Mundloch oder dem Kaminauslass sollt die Dämmschicht ohne Trennschicht direkt an die Speicherschicht anstoßen. Mit dieser Trennschicht kann der Brotbackofen seine Wärme noch besser halten, sie ist jedoch nicht zwingend notwendig.

Unebenheiten ausgleichen

Grobe Unebenheiten an der Außenseite des Brotbackofens können bei einer Dämmschicht aus Strohlehm einfach korrigiert werden und sie können dem Ofen eine schöne organische Form geben. Im Prinzip können Sie die Dämmschicht nach Belieben modellieren. Die Oberfläche des Brotbackofens kann gleich nach der Fertigstellung mit einem Reibbrett geglättet werden, Unebenheiten werden so einfach ausgeglichen. Gefällt Ihnen die Optik nicht, können Sie den Ofen noch mit einer dünnen Schicht aus einer Sand-Lehm-Mischung verputzen. Solche Lehmputze haben einen Sandanteil von bis zu 80 %. Mir persönlich gefällt eine schöne, orga-

Brotbackofen mit Lehmputz überzogen

nische Form mit strukturierter Oberfläche, wo Zuschlagstoffe wie Stroh oder Getreidespelze gut erkennbar sind.

Dämmen bei eingehaustem Brotbackofen

Soll die Backkuppel des Brotbackofens hinter einem Mauerwerk verschwinden, kann der Zwischenraum zwischen Mauerwerk und Kuppel mit verschiedenstem Material wie Ziegelbruch, Porenbetonbruch, Tonkugeln, Glasbruch, Schaumglas, Holzasche, Strohlehm, Lehm mit Sägespänen und dergleichen hinterfüllt werden.

Nachbearbeitung des Brotbackofens

Schon während des Brotbackofenbauens sollte der Backofen vor zu starker Sonneneinstrahlung und Regen geschützt sein. Dasselbe gilt für die Zeit nach der Fertigstellung, speziell beim Trocknen. Überhaupt sollte der Backofen keinem Dauerregen ausgesetzt sein. Grundsätzlich braucht ein Lehmofen in den ersten beiden Wochen etwas Aufmerksamkeit. Je nach gewähltem Mischverhältnis aus Lehm, Sand und Stroh, beigegebenem Wasser und je nach Witterung können beim Lehmofen Risse auftreten. Diese sollten umgehend mit

Glätten der Oberfläche mit einem Reibbrett

leicht aufgebrachtem Druck in kreisrunden Bewegungen mit der Hand verschmiert werden, solange das Material noch plastisch ist. Dazu kann die feuchte Hand auch in Sand getaucht werden, um die Oberfläche so zu bearbeiten. Sind breite Risse entstanden, werden diese mit dem Daumen zusammengedrückt, die entstandenen Unebenheiten werden mit Resten der Baumasse aufgefüllt und die Oberfläche mit der Hand geglättet.

Entfernen der Schalung oder Sandform

Eigentlich sollte die Backkuppel oder das Backgewölbe nach Fertigstellung der Dämmschicht so stabil sein, dass Sandform oder Schalung umgehend entfernt werden können. Bei mit Ziegel oder Schamotte gemauerten Gewölben wird, wie bereits erklärt, am besten je nach Form mit einer Schablone bei Kuppelform – der Backraum bleibt frei – oder einer Schalung bei Walzenform gearbeitet. Die Schalung wird bei Errichtung mit Holzkeilen unterfüttert, welche nach Fertigstellung zuerst entfernt werden, dann folgt die ganze Schalung in einem Stück. Wurde beim Lehmbackofen mit einer sehr feuchten Mischung für die Speicherschicht gearbeitet, kann die Sandform auch ein paar Tage im Backofen verbleiben. Es ist aber darauf zu achten, dass beim Trocknen des Lehms Wasser verdunstet und die Masse dadurch schwindet. Ist währenddessen ein Widerstand vorhanden, der das Zusammenziehen verhindert, entsteht meist ein großer Riss durch die Backkuppel an der schwächsten Stelle über dem Mundloch.

In die Oberfläche der Dämmschicht können ornamentale Muster eingearbeitet werden.

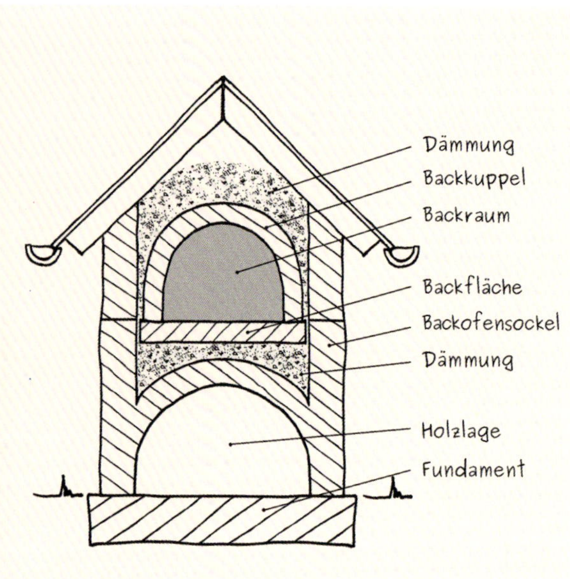

Skizze eines eingehausten Brotbackofens

Eingemauerter Brotbackofen im Garten von Margit Huemer

Entfernen der Sandform

Beim Entfernen der Sandform arbeitet man am einfachsten mit einer Maurerkelle, solange man das Material erreicht. Für die hinteren Bereiche benötigen Sie wahrscheinlich eine Feldhaue oder dergleichen. Zum Ausräumen stellt man am besten eine Schubkarre an den Sockel und legt auch noch eine Plane auf die Wiese, um diese vor dem Sand zu schützen. Denken Sie daran, dass Sie eine ganze Menge Sand aus dem Ofen holen werden. Ein Backofen mit einem Innendurchmesser zwischen 80 und 90 cm fasst gut vier Schubkarren Sand, ein Backofen mit 130 cm Innendurchmesser mindestens sieben Schubkarren Sand.

Beim Werkzeugeinsatz sollte darauf geachtet werden, dass die Kuppel nicht zu sehr beschädigt wird. Die Zeitungsschicht über der Sandform verhindert das aber relativ gut. Ist der Backofen erst einmal leer, kann die feuchte Zeitungsschicht, welche die Sandform beim Aufbau geschützt hat, von der Backkuppel gelöst werden. Bleiben Zeitungsstücke am Gewölbe kleben, ist das nicht schlimm, sie werden spätestens beim ersten Backen verbrennen.

Denken Sie daran, dass Sie eine ganze Menge Sand aus dem Ofen holen werden.

Mit einem rundlichen Stein kann die Oberfläche verdichtet werden.

Gekalkte Oberfläche, Brotbackofen im Permakultur Institut El Salvador

Abschließende Schritte

Oberflächenbehandlung beim Brotbackofen aus Lehm

Um die Oberfläche etwas wasserabweisender zu machen, kann diese während der Trocknungsphase mit einem rundlichen Stein unter leichtem Druck in kreisenden Bewegungen poliert werden. Die Backofenoberfläche wird dabei etwas verdichtet und Material wird verfrachtet. Wichtig ist, dass die Kuppel diffusionsoffen ist, dass also auch Feuchtigkeit vom Brot durch die Backkuppel nach außen kann. Eine Zementschicht verhindert dies zum Beispiel, die Backkuppel wird angegriffen und Material bröselt immer wieder in den Ofen. Ein Schutzanstrich aus Dispersionsfarbe ist nicht geeignet, da dieser Anstrich nicht diffusionsoffen ist. Kalk hingegen lässt noch genug Feuchtigkeit nach außen dringen und ist bis zu einem gewissen Grad wasserabweisend. Es besteht auch die Möglichkeit, mit natürlichen Anstrichen wie zum Beispiel mit einem Kaseinanstrich zu experimentieren.

Trockenzeit des Brotbackofens aus Lehmgemisch

Grundsätzlich ist es wichtig, den Brotbackofen aus Lehm vor dem ersten Frost trocken zu bekommen. Ansonsten besteht die Gefahr, dass er auffriert und dann zu zerbröseln beginnt. Wenngleich Lehm auf Holz imprägnierend wirkt, sollte das Stroh-Lehm-Gemisch der Dämmfläche nicht endlos feucht bleiben, da sie sonst zu schimmeln beginnt. Der Brotbackofen sollte aber auch nicht aggressiv ausgeheizt werden, da er so zu schnell zu viel Feuchtigkeit verliert und zu reißen beginnt. Nach dem Herausräumen des Sandes sollte man den Ofen mindestens eine Woche ruhen lassen. Um die Luftzirkulation im Backraum zu begünstigen und den

Das Abbrennen einer Kerze im Backofen regt die Zirkulation an.

Nach zwei Wochen kann täglich ein kleines Feuer abgebrannt werden.

Abtransport der Feuchtigkeit zu gewährleisten, kann eine Grabkerze unter die Kuppel gestellt werden. Die Flamme dieser lange brennenden Kerze verbrennt den Sauerstoff, warme, feuchte Luft entweicht durch das Mundloch, frische Luft strömt von außen nach und nährt die Flamme. Nach ein bis zwei Wochen, je nach Witterung und Luftfeuchtigkeit, kann täglich ein kleines Feuer mit ein paar dünnen Stücken Holz angefacht werden. Beginnt der Backofen um das Mundloch herum zu „schwitzen" – es drückt ihm förmlich die Feuchtigkeit aus allen Poren – sollte man das Feuer ausgehen lassen, bevor es dem Ofen erste Sprünge zufügt. Wird der

Die Plane sollte nie direkt auf dem feuchten Ofen aufliegen.

Backofen vor Fertigstellung des Daches gebaut und provisorisch abgedeckt, sollte die Plane nie direkt auf dem feuchten Ofen aufliegen. Es muss immer gewährleistet sein, dass frische Luft über den Ofen streichen kann.

Schwitzt der Backofen bei kleinem Feuer nicht mehr und ist auch die Masse nach ein paar Wochen nicht mehr plastisch, kann die Aufheizzeit verlängert und mit den ersten Backversuchen begonnen werden.

Trockenzeit eines Brotbackofens aus Ziegelsteinen oder Schamotte

Brotbacköfen aus Ziegelsteinen oder Schamottesteinen, die mit Lehmmörtel gemauert wurden, enthalten viel weniger Wasser als Lehmbacköfen. Meist ist der Lehmmörtel schnell getrocknet, da die Ziegel dem Mörtel Feuchtigkeit entziehen. Trotzdem sollten Sie auch diese Art des Ofens mindestens ein paar Tage trocknen lassen.

Schwitzt der Backofen bei kleinem Feuer nicht mehr und ist auch die Masse nach ein paar Wochen nicht mehr plastisch, kann die Aufheizzeit verlängert und mit den ersten Backversuchen begonnen werden.

REZEPT:

Rustikales Urkornbrot

von Anna Pevny

Mengenangaben für 6 Stück zu 0,5 kg Brot

Zutaten für den Sauerteig:

- 180 g Roggen (frisch vermahlen)
- 180 g Wasser (25 °C)

Zutaten für das rustikale Urkornbrot:

- 1500 g Roggenvollkornmehl
- 750 g Einkornvollkornmehl
- 0,5 l zimmerwarme Buttermilch
- 1 l warmes Wasser (ca. 28 °C)
- 70 g Salz
- 300 g flüssiger Sauerteig
- 50 g Hefe
- 50 g Schmalz oder Butter
- 200 g mehlige Kartoffeln, gekocht und gerieben
- 10 g Brotgewürz

Oberschlechtiges Wasserrad im Museumsdorf Bayerischer Wald

Zubereitung Sauerteig:

60 g Roggen und 60 g Wasser zu einem Teig mischen, 24 Stunden stehen lassen und diesen Grundteig nochmals mit 60 g Roggen und 60 g Wasser zu einem Teig vermischen. 24 Stunden stehen lassen und noch einmal mit 60 g Roggenmehl und 60 g Wasser vermischen. Dieser Teig bleibt 12 Stunden stehen, dann ist das Anstellgut, das sofort backfähig ist, fertig.

Zubereitung rustikales Urkornbrot:

Für den Hauptteig das Roggen- und Einkornvollkornmehl mit allen Zutaten zu einem geschmeidigen Teig mischen – Achtung, Salz nie zur Hefe geben! –, den Vollkornteig ca. 15 Minuten gut durchkneten, dann ca. 30 Minuten entspannen lassen. Den Teig nochmals kurz durchkneten, 15 Minuten entspannen lassen, in Teigstücke mit ca. 600 g auswiegen, in Einkornvollkornmehl wälzen und gedreht aufs Blech legen. Nun ca. 10 Minuten zugedeckt gehen lassen und vor dem Backen mit Wasser besprühen.

Backen:

Gefäß mit Wasser in den Ofen stellen. Brote bei 250 °C Ober- und Unterhitze einschießen, zurückschalten auf 220 °C, bis die gewünschte Farbe erreicht ist, und bei 170 °C fertigbacken. Die Backzeit beträgt insgesamt ca. 40 Minuten. Natürlich kann das rustikale Urkornbrot auch bestens im Holzofen gebacken werden!

Aus: „Natürlich backen. Brot, Kuchen und Kekse aus vollem Korn. Wohlfühlrezepte, die einfach guttun" von Anna Pevny

Eventuelle Probleme nach der Fertigstellung

Die Backkuppel sinkt zusammen

Wurde mit einem sehr feuchten Material gearbeitet, kann es bei Lehmkuppeln passieren, dass sie beim Ausräumen leicht nach unten zusammensinken. Als Erste-Hilfe-Maßnahme kann die Kuppel mit einem Wagenheber und mit einem abgeflachten Auflager ein wenig angehoben werden, allerdings nur so viel, dass keine gröberen Risse in der Kuppel entstehen. Unter Beobachtung verbleibt der Wagenheber im Backraum, bis der Backofen genügend Feuchtigkeit verloren hat und die Kuppel stabil freitragend stehen bleib.

Das freitragende Mundloch geht nieder

Beginnt das Mundloch beim Entfernen der Sandform durchzuhängen, ist es ratsam, zu stoppen und das Mundloch zu unterstützen. Dazu kann man einen passenden Eimer in das Mundloch stecken und den Eimer wiederum mit einem Holzbrett spreizen, damit dieser nicht zusammengedrückt wird. Dies kann gerade dann notwendig werden, wenn ein Kamin über dem Mundloch angebracht wurde und der Ofenmantel die Masse des modellierten Kaminstutzens nicht mehr tragen kann. Hat die ganze Masse nach ein paar Tagen erst einmal etwas angezogen, kann unter Beobachtung des Mundlochs zuerst der Eimer und dann der restliche Sand entfernt werden.

Nachschneiden und vergrößern des Mundlochs

Wurde das frei modellierte Mundloch beim Aufbau der Lehmkuppel verformt, kann es nach dem Ausräumen des Sandes noch nachbearbeitet werden.

Dazu verwendet man am besten ein langes Tortenmesser oder eine Machete. Eine Parabel stellt die stabilste Bogenform für ein Mundloch dar, am besten schneiden sie das Mundloch also in diese Form zu. Danach kann so lange am Mundloch modelliert werden, wie das Material plastisch bleibt. Bei Ausführungen, bei denen die Tür hinter dem Kamin angebracht wird, kann jetzt auch noch einen Wulst als Türanschlag für eine Holztür geformt werden. Dazu wird am Übergang zwischen Mundloch und Backkuppel rundum am Bogen Material zu einem Wulst zusammengedrückt. Dieser Wulst verhindert, dass eine Holztür zum Anlehnen in den Backraum bzw. auf das Backgut fallen kann. Ist der Baukörper erhärtet und das Material schrumpft nicht mehr, kann mithilfe einer Schablone aus Karton eine Tür aus einem mindestens fünf Zentimeter breiten Holzpfosten angefertigt werden. Diese Tür verschließt beim Backen das Mundloch und verhindert, dass Wärme entweichen kann.

Reparaturmaßnahmen bei einem Brotbackofen aus Lehm

Schenkt man den Backofen in den ersten Wochen nach dem Bau keine Aufmerksamkeit, kann es passieren, dass grobe Risse in der Kuppel entstehen oder flächig Material abplatzt. Mit etwas Aufwand kann der Ofen jetzt noch gerettet werden. Problematisch ist, dass sich trockenes Material nicht mehr gut mit feuchtem Lehmgemisch verbinden lässt. Am einfachsten ist es daher, wenn man eine weitere Schicht Strohlehm über den Brotbackofen gibt und die nächsten zwei Tage immer wieder nachsieht, ob alles in Ordnung ist.

Außerdem besteht natürlich noch die Möglichkeit, alles lose Material zu entfernen, die Oberfläche abzukehren und mit einer breiten Malerbürste gut anzufeuchten. Während die Feuchtigkeit einzieht, kann man eine Lehm-Sand-Schlämpe zubereiten, dazu wird etwas wässriger Lehmputz hergestellt. Jutesäcke werden zerschnitten und der Bund oder Stoß entfernt. Die Jute wird in den breiigen Lehmmörtel eingetaucht, gut durchtränkt und so auf die nachzubearbeitende Kuppel gebreitet. Der nächste getränkte Jutesack wird mit 7 bis 10 cm Überlappung angefügt. Zum Abschluss kann der restliche Lehmputz über der Jute mit den Händen gut verstrichen werden.

Wiederverwendung der getrockneten und teilweise gebrannten Lehmmischung für einen neuen Ofen

Soll der Brotbackofen aus Lehm komplett neu gebaut werden, kann natürlich auch das Material des alten Backofens wiederverwendet werden. Am einfachsten wird dazu zuerst die Dämmschicht abgetragen, dann die Speicherschicht und dann werden beide separat gelagert und verwendet. Das Holzfeuer im Backofen erreicht zwar über 1.000 °C, aber die Kuppel des Ofens wird trotzdem nur in den ersten 2 bis 3 Zentimetern leicht gebrannt. Am besten lässt man die Reste der alten Kuppel über den Winter einfach auffrieren und zerkleinert den Rest mit einem Hammer, schlämmt die Masse gut ein und lässt sie ziehen. Um wieder eine gute Plastizität zu erreichen, ist es wichtig, neuen Lehm beizumischen.

Der Brotbackofen stellt ein ummanteltes Herdfeuer dar.

Das Feuer im Backofen

Feuer ist eine Form der Oxidation brennbarer Stoffe mit Flammenerscheinung. Verbrennt Holz, werden Kohlenwasserstoff mit Sauerstoff als Oxidationsmittel zu Kohlenstoffdioxid und Wasser umgewandelt. Bei diesem Prozess wird dann Energie in Form von Wärme und Licht freigesetzt.

Der Mensch – Kind des Feuers

Erste eindeutige Spuren von Feuer zur Aufbereitung von Nahrung sind in Europa vor rund 400.000 Jahren zu finden. Es wird vermutet, dass erst das Feuer dem Homo Erectus die Möglichkeit bot, alpine und nördliche Teile Europas und Asiens zu besiedeln. Ursprünglich kam Feuer durch die zerstörerische Kraft von Vulkanen oder als Blitz auf die Erde. Von den Menschen wurde dieses Feuer gehütet, weil es bisher ungekannte Möglichkeiten eröffnete.

Feuer gibt Wärme, Licht in der Finsternis, macht Nahrung schmackhafter und besser verdaulich und bietet Schutz. Mithilfe des Feuers konnte der Mensch seine Werkzeuge härten, konnte seine Kleidung durch Räucherung witterungsbeständig und seine Nahrung haltbar machen. Durch das Ankohlen von Holzpfählen im Übergangsbereich

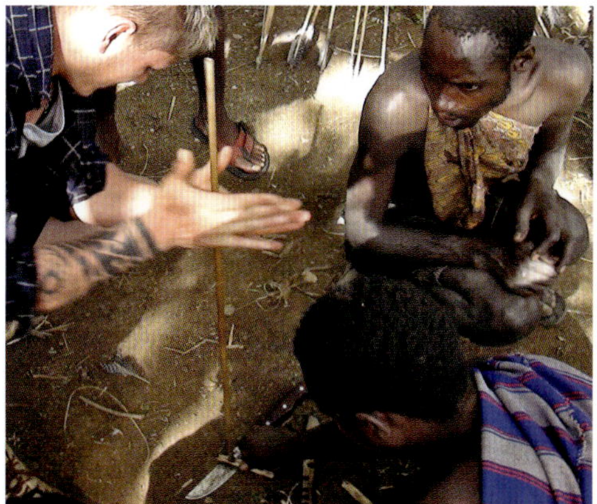

Wie zur Zeit unserer Vorväter wird in entlegenen Gegenden wie bei den Hadzabe am Eyasisee in Tansania noch heute Feuer gemacht.

Der zentrale Punkt der Hadzabe, einem Jäger- und Sammler-Volk in Ostafrika, ist der Feuerplatz.

Zwischen „Himmel und Hölle" werden Zaunpfähle zur längeren Haltbarkeit angebrannt.

Kochen im Freien über dem Feuer mit einem Dreibein

von Erdboden und Luft – zwischen „Himmel und Hölle", wie man sagte, konnten stabilere Häuser und Palisaden zum Schutz errichtet werden. Das offene Herdfeuer diente als Versammlungsplatz für Jung und Alt, Geschichten von der Jagd wurden erzählt, ihre Helden besungen, aus dem Rauch wurde die Zukunft gelesen. Die Sippe wurde am Feuer förmlich zusammengeschweißt.

Der Brotbackofen – das ummantelte Herdfeuer

Gutes Herdfeuer brennt umso besser und länger, je tiefer die Glut in der Holzasche liegt. Der Rost ist eine widersinnige Erfindung der Neuzeit, er war eigentlich nur für die Kohleverbrennung gedacht. Der Brotbackofen ist eine ummantelte Herdstelle, die nach dem Aufheizen der Backkuppel von Glut und Asche gereinigt wird. An alten Herdstellen wurden vom Backofen heraus Asche und Glutreste zur Herdstelle geschoben und dann das Brot eingeschossen. Wand und Backfläche

Der offene Herd – einst der zentrale Punkt im Haus, Salzburger Freilichtmuseum

nehmen die Energie des Feuers auf. Dicke, gedämmte Backkuppeln haben einen langsamen Wärmedurchfluss, sehr wenig Wärme geht an die Umgebung außerhalb verloren. Ist das Feuer aus, wandert die Wärme in den Backraum zurück. Dünne Brotbackofenwände haben eine kurze Durchströmzeit und wirken wie ein Stuben- oder Kachelofen. Sie erwärmen durch ihre Abstrahlung nach außen die Umgebung.

Brot im Elektroofen zu Hause in der Küche wird nur durch Konvektionswärme, also heiße Luft, die das Brot umwirbelt, und geringe Wärmeleitung durch das Backblech von unten gebacken. Im massiv ausgeführten Brotbackofen sind es größtenteils die Backkuppel mit ihrer Abstrahlung und die Backfläche mit ihrer Wärmeleitung, die das Brot backen. Elektrobackofen und Holzbackofen gemeinsam ist, dass ideale Backtage bei zunehmendem Mond sind, da geht der Teig sehr schön auf. An Luft- und Feuertagen lässt sich der Teig sehr gut verarbeiten.

Jeder Region ihr Holz zum Backen

Je nachdem, in welcher Region man lebt, wird behauptet, dass das jeweilige heimische Holz am besten zum Brotbacken geeignet ist, das Brot am besten aufgehen lässt, die beste Brotkruste bäckt und den besten Geschmack auf das Brot abgibt. Im Norden Europas wird man beispielsweise zur Birke greifen, da sie dort das meist vorkommende Holz ist. Birke hat den Vorteil, dass sie im feucht-nassen Zustand noch brennt und das Holz im

Brennwerte verschiedener Holzsorten

Holzart		Brennwert *in KWh/rm*	Brennwert *in KWh/kg*
Eiche	*Quercus*	2.100	4,2
Buche	*Fagus*	2.100	4,0
Esche	*Fraxinus*	2.100	4,1
Kastanie	*Castanea*	2.000	4,2
Ahorn	*Acer*	1.900	4,1
Birke	*Betula*	1.900	4,3
Ulme	*Ulmus*	1.900	4,1
Kirsche	*Prunus avium*	1.800	4,3
Lärche	*Larix*	1.700	4,4
Kiefer	*Pinus*	1.700	4,4
Douglasie	*Pseudotsuga*	1.700	4,4
Erle	*Alnus*	1.500	4,1
Linde	*Tilia*	1.500	4,2
Fichte	*Picea*	1.500	4,5
Tanne	*Abies*	1.400	4,4
Weide	*Salix*	1.400	4,1
Pappel	*Populus*	1.200	4,1

Quelle: www.kaminholz-wissen.de

Herd- oder Backofenfeuer nicht platzt. Dampf- oder Gasblasen, die durch das Zellgefüge des Holzes nicht entweichen können, besondere Wuchsformen, unterschiedlich starke Jahresringe und dergleichen lösen diese kleinen Explosionen aus, welche nicht zuletzt auch beim unbeachteten und ungeschützten Herd- oder Lagerfeuer verheerende Brände verursachen können. Besonders Fichten- und Tannenholz neigen dazu, Ahornholz zum Beispiel weniger. In Niederungen, wo an Bachläufen häufig Erlen wachsen, wird zum Brotbacken gerne auch auf dieses Holz zurück gegriffen.

Da Holz meist nach Raummeter (rm) gehandelt wird, schneiden Harthölzer wie Eiche, Buche und Esche beim Brennwert sehr gut ab. Vergleicht man aber den Brennwert der Holzarten nach Gewicht, so liegt Fichtenholz klar vorne, gefolgt von Lärche, Tanne, Douglasie und Kiefer.

Ein Raummeter entspricht einem geschlichteten Holzstapel mit Zwischenräumen im Ausmaß von 1 m × 1 m × 1 m. Ein Festmeter (fm) Holz würde einem geschlossenem Holzblock von 1 m × 1 m × 1 m entsprechen.

Gut abgelagertes Brennholz

Lebendes, wachsendes Holz enthält Zellsäfte mit Mineralsalzen in wässriger Lösung und gelöste, organische Verbindungen. Früher wurde Brennholz vor dem Trocknen eingewässert, um Mineralsalze aus der Zellstruktur zu lösen. Gutes Brennholz für den Backofen sollte wie Tischlerholz vier Jahre trocken gelagert werden, bevor es verwendet wird.

Die Brennholzstärke und Menge reguliert das Feuer

In alten Zeiten wurde das Feuer am Herd oder im Brotbackofen nicht über Luftschieber oder Drosselklappen reguliert. Die Stärke und Dauer des Feuers wurde über die Holzmenge, die Scheitstärke und die um das Glutnest angehäufte Asche bestimmt.

Grundsätzlich gilt:

- dünnes Holz – kurzes Feuer
- dickes Holz – langes Feuer
- viel Holz – starkes Feuer
- wenig Holz – schwaches Feuer

Im Brotbackofen brauchen wir ein Feuer, das von Backofenkuppel und Backfläche aufgenommen werden kann. Ein rasches Feuer mit dünnem Holz dringt nicht tief ein und gibt keine lange andauernde Strahlungswärme, mit welcher Brot gebacken werden kann. Solch ein „Strohfeuer" reicht vielleicht gerade für Pizza und Kleingebäck, weil die Temperatur sehr schnell wieder abfällt. Es ist aber auch nicht zielführend, den Backraum mit Holz

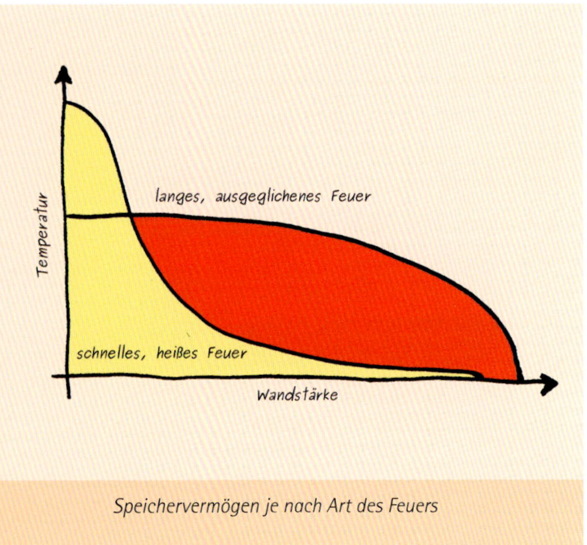

Speichervermögen je nach Art des Feuers

Bereitgelegte Holzscheite zum Verbrennen im Brotbackofen

aufzufüllen und die gesamte Menge in einem großen Feuer abzubrennen. Das tut dem eigens gebauten Backofen nämlich überhaupt nicht gut. Wichtig ist, ein gutes Feuer zu unterhalten, bei welchem die Rauchgase vollständig verbrennen können und eine lange anhaltende gleichmäßige Temperatur erzielt wird.

Die benötigte Brennholzmenge

Kein Elektroherd funktioniert wie der andere, und genauso ist es auch bei einem Holzbackofen. Es gibt keine Faustformel für das perfekte Feuer im Brotbackofen. Nicht nur Holzqualität und -quantität nehmen Einfluss, sondern auch die Stärke der Backkuppel, der Backfläche, deren Dämmung, die Bauausführung, die verwendeten Materialien, die Außentemperatur und die Witterung. Die benötigte Holzmenge ist im Versuch bei gleichbleibender Scheitlänge, Scheitstärke und Holzart zu ermitteln. Es gibt die Möglichkeit, das Holz zu wiegen und sich das Gewicht oder die benötigte Holzscheitstückzahl zu merken. Bei meinen Recherchen zu diesem Buch habe ich mich mit einigen Personen in meinem Umfeld über das Brotbacken unterhalten. Ein Rentner aus dem Nachbarort erzählte mir zum Beispiel, dass zum Brotbacken im Backofen auf dem Bauernhof, auf dem er aufgewachsen war, immer 17 Stück metrige, armdicke Scheiter Erlenholz verfeuert wurden, bevor das Brot eingeschossen wurde. Letztendlich müssen Sie einfach unter Miteinbezug aller wichtigen Informationen selbst ausprobieren, was in Ihrem Ofen am besten funktioniert.

Die Backraumtemperatur

Im Holzbackofen kann eine Backraumtemperatur von über 500 °C erreicht werden. Billige, handelsübliche Thermometer können diese Temperatur gar nicht erfassen. Ein Thermometer ist aber auch nicht zwingend notwendig, denn es gibt einige Zeichen, die die annähernd richtige Temperatur anzeigen. Zu Beginn eines Feuers versottet die Backkuppel und schwarzer Ruß lagert sich ab. Bei Temperaturen ab 300 °C beginnt der Ruß zu verbrennen, bei 400 °C sollte die Backkuppel leicht weiß glänzen.

Pizza, Fladenbrot und Flammkuchen wird bei über 350 °C bis 400 °C gebacken. Ist der Backofen

Den schwarzen Hund rausbrennen – Ist der Backofen „auf Temperatur", ist der schwarze Ruß in der Backkuppel verbrannt, das Gewölbe oder die Kuppel schimmert silbern.

„auf Temperatur", sollte die Pizza in zwei Minuten fertig sein, erkennbar an einem leicht bräunlichen Rand. Brot wird bei einer Temperatur von 280 °C bei einer Backzeit ab einer halben Stunde bis über einer Stunde gebacken. Die passende Backofentemperatur für das Brot wird mit einer Probe ermittelt. Dazu werden eine Getreideähre und etwas Mehl oder Sägespäne auf die Backfläche gelegt. Wird nichts davon umgehend schwarz, ist die Temperatur passend. Allerdings ist Vorsicht bei Mehl und Sägespänen geboten, werden sie unachtsam eingestreut, kann es zu einer kleinen Staubexplosion und somit einer Stichflamme kommen. Fleisch-, Fisch-, Gemüsegerichte und Kuchen können bei Backtemperaturen zwischen 90 °C und 200 °C erfolgen. Dörren von Obst, Gemüse und Pilzen geschieht bei Temperaturen bis 70 °C. In Rohkostqualität wird schonend bis maximal 40 °C getrocknet. Der erfahrene Holzbackofenbäcker erspürt die richtige Temperatur mit der kurz in den Backraum gestreckten Hand.

Werkzeug zum Reinigen des Brotbackofens: Hudelwisch und Backkrücke

REZEPT:

Pizzaschifferl

von Anna Pevny

Mengenangaben für ca. 15–20 Stück

Zutaten Pizzateig:

300 g Einkornvollkornmehl
700 g Weizenmehl T 480
20 g Salz
3 EL Sonnenblumenöl
1 TL Weinsteinbackpulver
40 g Hefe
600 ml Wasser

Zutaten Pizzabelag:

250 g Tomatenmark
Pizzagewürz
Salz
Galgant
200 g Schinken, kleinwürfelig geschnitten
100 g Salami, kleinwürfelig geschnitten
100 g Mais
1 Zwiebel, kleinwürfelig geschnitten
200 g Käse, gerieben

Getreidemühle unterschlechtiges Wasserrad vom Kappelhof aus Brennersried bei Arnbruck im Museumsdorf Bayerischer Wald

Getreidemühle im Museumsdorf Bayerischer Wald

Zubereitung:

Alle Pizzateig-Zutaten zu einem eher weichen, geschmeidigen Teig mischen und ca. 10 Minuten kneten. Diesen Teig ca. 10 Minuten entspannen lassen, dann in gleichmäßige Stücke teilen (ca. 100 g), zu Kugeln schleifen und kurz entspannen lassen. Für den Pizzabelag alle Zutaten bis auf den Käse miteinander mischen. Nun aus dem Teig Schifferl formen, mit Pizzabelag bestreichen und mit Käse bestreuen. Nochmals 10 Minuten gehen lassen anschließend mit Wasser besprühen.

Backen:

Ofen auf 200–220 °C Heißluft vorheizen. Pizzaschifferl in den Ofen mit einem Wassergefäß einschieben und 15–20 Minuten backen. Natürlich können die Pizzaschifferl auch bestens im Holzofen gebacken werden!

Aus: „Natürlich backen. Brot, Kuchen und Kekse aus vollem Korn. Wohlfühlrezepte, die einfach guttun" von Anna Pevny.

Brot wird in den Backofen eingeschossen.

Der Ablauf eines Backdurchgangs

Vom Feuer übers Brotbacken bis hin zum Nachtrocknen von Brennholz

Um einige zerknüllte Zeitungsseiten herum wird aus klein gespaltenem Holz direkt mitten unter der Backkuppel ein Stapel errichtet und entzündet. Ist dieser Stapel gut angebrannt, werden rundherum Holzscheite zur Hälfte auf das Feuer gelegt. Die aus Erfahrungswerten ermittelte Holzscheitmenge wird für eine Aufheizzeit des Backofens von zwei bis drei Stunden aufgeteilt, damit ein gleichmäßiges Feuer unterhalten werden kann. Am besten beginnen Sie mir vier bis sechs Scheiten. Da es beim ersten Backversuch noch keine Erfahrungswerte gibt, sollten mindestens 20 Stück Holzscheite zum Verfeuern bereit liegen und vielleicht mit Pizza, Kleingebäck und einer geringen Brotmenge begonnen werden. Bei großer Backfläche wird das Feuer, nachdem die ersten Scheite gut angebrannt sind, umplatziert und U-förmig im Backraum aufgebaut. Bei Backöfen mit einem Durchmesser bis um 100 cm verbleibt das Feuer in der Mitte, so wird der gesamte Backraum gut erhitzt.

Mit Hilfe eines kleinen Holzstapels aus Holzspänen wird das Feuer im Ofen entzündet.

Bei großer Backfläche wird das Feuer U-förmig aufgebaut.

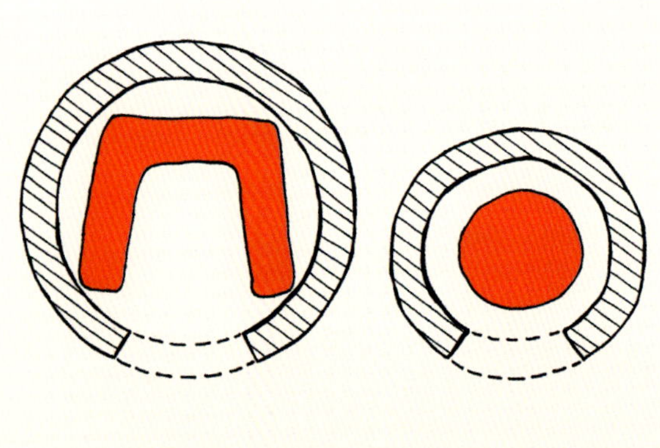

Je nach Backraumgröße wird das Feuer aufgebaut.

Ist die Holzmenge bis auf die Glut niedergebrannt, werden die glühenden Kohlestücke mit der Aschenkrücke auf die gesamte Backfläche verteilt und zwischen 20 Minuten und einer halben Stunde ziehen gelassen. Das gewährleistet eine gleichmäßige Verteilung der Wärme auf der Backfläche und in der Kuppel. Zum Pizzabacken wird die Glut an den Rand geschoben und kann bis zum Ende des Pizzabackens im Ofen bleiben. Bei größeren Backöfen kann auch während des Pizzabackens ein kleines Feuer in einer Hälfte der Backfläche unterhalten werden.

Nach dem Pizzabacken, bevor das Brot eingeschossen wird, wird die gesamte Glut und Asche mit der Backkrücke von der Backfläche entfernt und in die Aschenlade oder eine Metallwanne gezogen. Hat der Brotbackofen einen Kamin, wird dieser Abzug umgehend verschlossen. Mit einem Reisigbesen wird die Backfläche nachgekehrt.

Viele Holzofenbäcker schwören auf den immer frischen Nadelreisigbesen zum Herauskehren der Asche, welcher seine Ätherischen Öle an den Backraum und dann auch an das Brot abgibt. Grundsätzlich glaube ich dass es verschiedene Wege gibt, um zu einem sehr guten Ergebnis zu kommen und jeder darf auch sein kleines Geheimnis dazu haben.

Die Glut wird über die gesamte Backfläche verteilt und ziehen gelassen.

Vor dem Brotbacken wird die gesamte Glut und Asche aus dem Backofen entfernt.

Zu Beginn wird Pizza gebacken. In einem gut aufgeheizten Brotbackofen ist Pizza in zwei bis drei Minuten fertig.

Ist die Backfläche gereinigt, wird die Backtemperatur mit einer Mehlprobe kontrolliert und zur Not die Backfläche mit dem Hudelwisch, einem feuchten Tuch auf einem Stock, nass abgewischt, was auch als „Hudeln" bezeichnet wird. Beim raschen Heraushudeln wird der Backfläche durch die Verdunstung des Wassers Temperatur entzogen. Danach kann eine weitere Mehlprobe gemacht werden. Verbrennt das Mehl nicht mehr, kann eingeschossen werden. Die neben dem Backofen auf einem Tisch oder der Flegge, einem Brett mit zwei Beinen, welches an den Ofen gestellt wird, gelagerten Teiglinge werden aus dem Brotkörberl (Gärkörbchen) auf die mit Mehl gut eingestaubte Backschaufel, die sogenannte „Schießl", gestürzt. Je nach Brotsorte wird jetzt rasch mit der Gabel gestupft oder die Oberfläche des Teiglings eingeschnitten. Will man das Reißen der Brotkruste verhindern, stupft man das Brot mit einer Gabel mehrmals direkt vor dem Einschießen oder gibt mit Hilfe von Einschneiden der Teigoberfläche die

Traditionell werden zum Brotbacken geflochtene Strohkörbe verwendet.

Das zu backende Brot wird aus dem Strohkörberl, in dem der Teig rastet, direkt auf die Schießl, die Backschaufel, gestürzt.

Rissbildung vor und erhält so einen schönen Ausbund. Die Schießl wird mit dem Teigling an der gewünschten Stelle im Backofen positioniert und mit leichtem Ruck zurückgezogen. Jeder Brotlaib sollte möglichst so im Backofen liegen, dass er aufgehen kann und nicht mit anderen Broten zusammenbäckt oder an die Wand anstößt.

Das Schwaden des Brotes

Gleich nach dem Einschießen kann das Schwaden, die Zugabe von Wasser, welches Wasserdampf erzeugt, erfolgen. Wasserdampf kondensiert auf der Teigoberfläche, lässt das enthaltene Eiweiß gerinnen, die Stärke verkleistern und löst entstandene Dextrine, welche das Brot glänzen lassen. Die Brotkruste bleibt dadurch elastisch und reißt nicht auf. Beim Schwaden im Holzbackofen kann man, wenn vorhanden, die Holztür gut einwässern, die Teiglinge mit Wasser aus einer Sprühflasche besprühen oder einfach eine Wasserschüssel direkt auf die Backfläche stellen. Da der aus dem Backofen strömende Wasserdampf auch Wärme mitnimmt, sollte das Schwaden rasch vonstattengehen. Vor Backende sollte nicht mehr zu viel Wasserdampf im Backraum sein, damit das Brot eine knusprige Kruste erhält. Bei Roggenbrot kann auf das Schwaden verzichtet werden.

Das Umschießen des Brotes

Je nach Ausführung und Material des Brotbackofens kann es notwendig sein, das Brot umzuschießen. Das Umschießen erfolgt zur Halbzeit mit Hilfe der Schießl. Die Brotkruste kann während dieses Arbeitsschrittes nochmals mit einem nassen Pinsel bestrichen werden. Die Brotlaibe werden im Backofen umpositioniert, sodass am Ende alle gut durchgebacken sind. Das Umschießen sollte am besten nicht notwendig sein und ansonsten auf jeden Fall sehr rasch erfolgen, da auch hier Hitze verloren geht. Am Ende der vorgesehenen Backzeit wird ein Brot aus dem Backofen genommen und überprüft, ob es durchgebacken

Frisch gebackenes Brot mit natürlichem Ausbund zum Abkühlen auf der Flegge

Je nach Speichermöglichkeit und Dämmeigenschaften können im Brotbackofen ohne nachträgliches Aufheizen auch mehrere Chargen Brot gebacken werden.

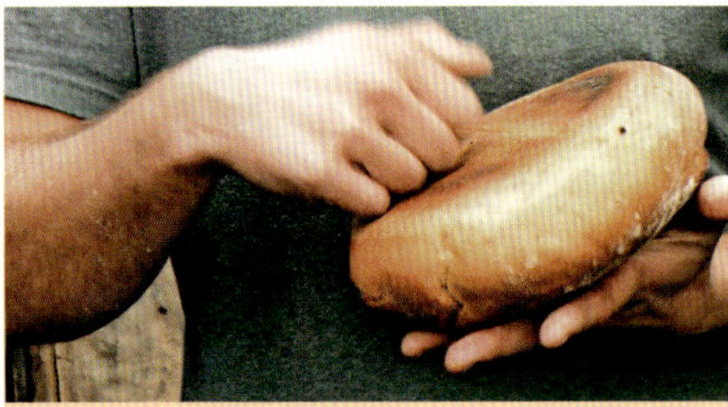

Fertig gebackenes Brot klingt hohl.

Zum Abschluss wird das Holz für den nächsten Backtag zum Trocknen in den Ofen eingeräumt.

ist. Dazu wird einfach auf den Brotboden geklopft – das fertige Brot sollte hohl klingen!

Weiteres Ausnutzen der Restwärme

Die Restwärme des Brotbackofens kann noch sehr gut für verschiedene Gerichte genutzt werden, daher sollte auch nachdem das Brot aus dem Ofen genommen wurde, darauf geachtet werden, dass dieser schnell wieder verschlossen wird. Jetzt ist der richtige Zeitpunkt für verschiedene Gerichte, die bei niedriger Hitze für ein paar Stunden im Backofen vor sich hin köcheln können. Das können Aufläufe, Braten oder auch Fischgerichte sein. Im Anschluss kann noch Obst gedörrt oder kleingeschnittenes Gemüse getrocknet werden. Ganz zum Schluss gibt man das Brennholz für den nächsten Backtag zum Trocknen in den Backraum.

Altes Brotbackofenwerkzeug im Freilichtmuseum Bayerischer Wald

Der öffentliche Brotbackofen in Kirchheim

Zubehör

Wenn man in einem Holzbackofen Brot backen will, braucht man dafür das geeignete Werkzeug. Traditionell gibt es dafür:

- **Backtrog:**
  Gefäß, in dem der Teig von Hand geknetet werden kann
- **Brotschießl:**
  auch Brotschaufel, zum Einschießen und Herausnehmen des Brotes
- **Ofenbesen:**
  zum Auswischen der Backfläche, verschiedenste Varianten und Ausführungen, z.B. mit Tannenreisig bestückt (die ausdunstenden ätherischen Öle des Tannenreisigs desinfizieren und geben dem Brot ein spezielles Aroma)
- **Backkrücke:**
  auch Glutschieber, zum Herausräumen der Asche, im Idealfall aus Holz, damit der Ofenboden nicht beschädigt wird

Eigenbau von Zubehör

von Josef Gierzinger,
Tischlermeister aus dem Innviertel

Bei uns im Ort gibt es einen öffentlichen Backofen. Als dieser gebaut wurde, fragte man mich als Tischler, ob ich nicht das benötigte Werkzeug dafür herstellen möchte. Sofort fiel mir wieder ein, wie ich als kleiner Junge zuhause beim Brotbacken dabei war und ich erinnerte mich, wie die Schießl, der Ofenbesen mit dem Holzgewinde und der Backtrog aussahen. Und bald merkte ich, dass nicht nur wir in Kirchheim das Backwerkzeug brauchten.

Wer handwerkliches Geschick besitzt, kann sich das Backwerkzeug auch selber bauen. Im Folgenden finden Sie darum Anleitungen für den Bau von Brotschießl, Ofenbesen, Glutschieber und Backtrog.

Anleitung zur fachmännischen Herstellung einer Brotschießl

Die Brotschießl hat den Namen vom Fachausdruck „einschießen" des Brotes in den Backofen bekommen.

1)

Die Platte mit ca. ø 32 cm aus Massivholz ausschneiden. Das Anschraubstück für den Stiel muss dabei mitbedacht und dran gelassen werden.

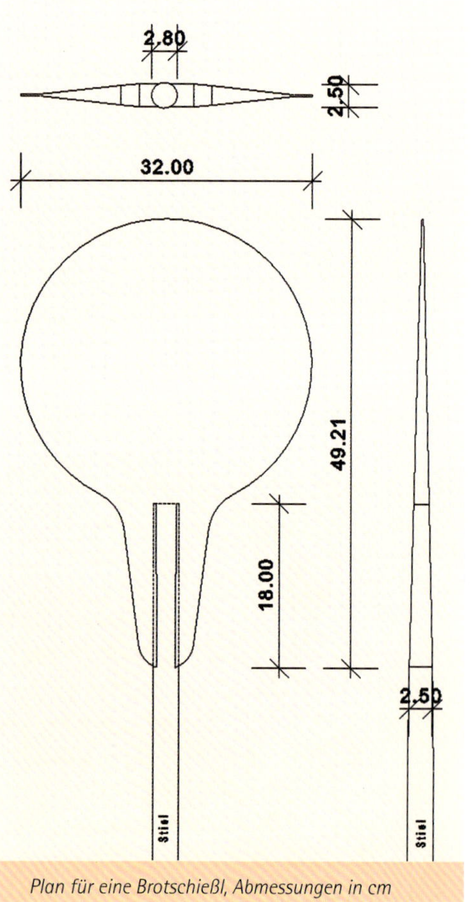

Plan für eine Brotschießl, Abmessungen in cm

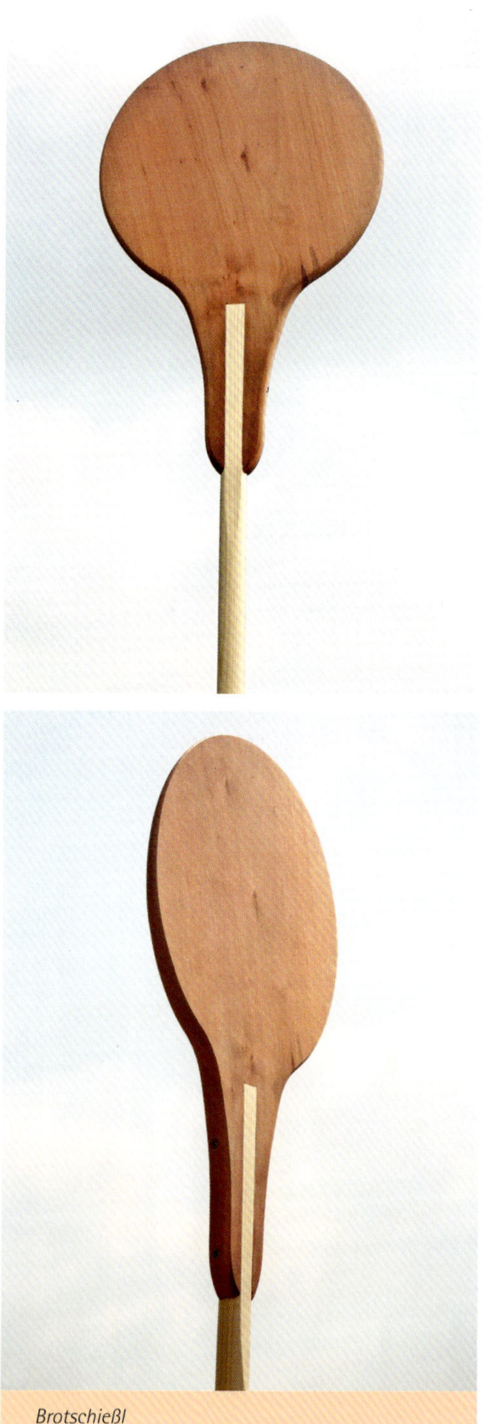

Brotschießl

2)
Nun muss die Platte konisch gehobelt werden. Dort, wo später der Stiel angemacht wird, sollte die Platte eine Höhe von etwa 25 mm haben, ganz vorne sollte die Fläche nur mehr rund 2 mm haben. Ich mache das mit einer Abrichthobelmaschine. Wenn man viel Geschick besitzt, kann man dies aber auch mit einer Handhobelmaschine machen.
3)
Nun wird das Loch für den Stiel am dafür vorgesehenen Ende mit dem richtigen Durchmesser ca. 18 cm weit in die Platte gebohrt. Die Kanten der Platte können jetzt geputzt und gerundet werden.
4)
Zum Schluss kann der runde Stiel in das gebohrte Loch eingeschoben und seitlich verschraubt werden. Fertige Stiele gibt es im Holzfachhandel oder Baumarkt zu kaufen.

Wenn Sie keinen passenden Bohrer für das Loch zur Verfügung haben, kann auch ein eckiger Schlitz in die Platte geschnitten, ein quadratischer Holzstiel in den Schlitz eingeschoben und die Flächen händisch mit Hobel und Reifmesser rund gearbeitet werden.

Anleitung zur fachmännischen Herstellung eines Ofenbesens

1)
Zwei Spanplatten in dreieckiger Form aus Massivholz ausschneiden.
2)
In der Mitte jeweils ein Loch mit ø 25 mm und in den drei Ecken die Löcher für die Führungsstifte mit ø 10 mm bohren. Am besten legen Sie die beiden Holzstücke beim Bohren übereinander. Die Kanten werden gerundet.
3)
Nun kommt der schwierigste Teil. Das Gewinde wird mit einem Holzgewindeschneider in ein rundes Holzstück mit einem Durchmesser von 25 mm geschnitten. Das Gegenstück für die Schraube wird aus einem Holzstück mit einem Loch von 22 mm geschnitten.

Der Gewindeschneider ist ein spezielles Tischlerwerkzeug und ist zum Beispiel oft in der Werkstatt von Drechslern zu finden. Dort können Sie sich das Gewinde auch einfach anfertigen lassen.
4)
Die drei Führungsstifte werden aus einer Buchen-Rundstange mit 10 mm Durchmesser geschnitten und etwas zugespitzt.

Ofenbesen

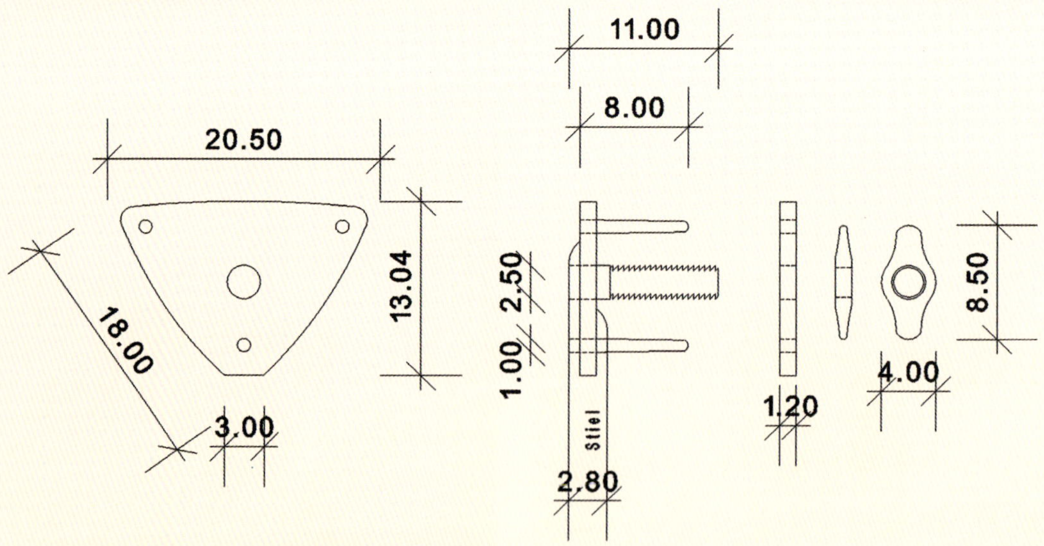

Bauplan für einen Ofenbesen, Abmessungen in cm

Das Holzgewinde und zwei der Führungsstifte werden in eine der beiden Platten eingeschlagen und hinten verkeilt.

5)

Nun wird in einen runden Stiel ein Schlitz geschnitten, der der Holzstärke der Platten entspricht. Dann wird die Platte mit der Spitze voran in den Schlitz gesteckt und verleimt.

6)

Jetzt wird das Loch, das nun vom Stiel überdeckt ist, wieder freigebohrt. Dafür wird die zweite Platte auf die verleimte Platte gesteckt und als Schablone benutzt. Nehmen Sie die zweite Platte wieder ab, schlagen sie den letzten Führungsstift ein und verkeilen Sie diesen.

7)

Zuletzt wird die zweite Platte wieder aufgesetzt, die Schraubenmutter in Form gebracht und aufgeschraubt.

Anleitung zur fachmännischen Herstellung einer Backkrücke

1)

Hartholz auf das Maß aushobeln und mit Fräse oder Kreissäge eine Hohlkehle, also eine negative Ausrundung der Kante, einfräsen.

2)

Runde Form ausschneiden und am geraden, nicht eingefrästen Teil in der Mitte ein Loch für den Stiel bohren. Stiel einstecken und verkeilen.

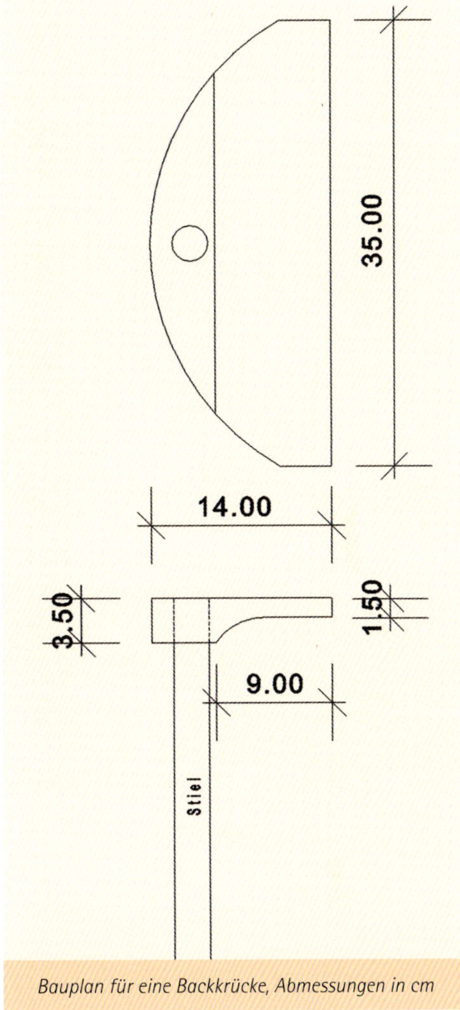

Bauplan für eine Backkrücke, Abmessungen in cm

Backkrücke

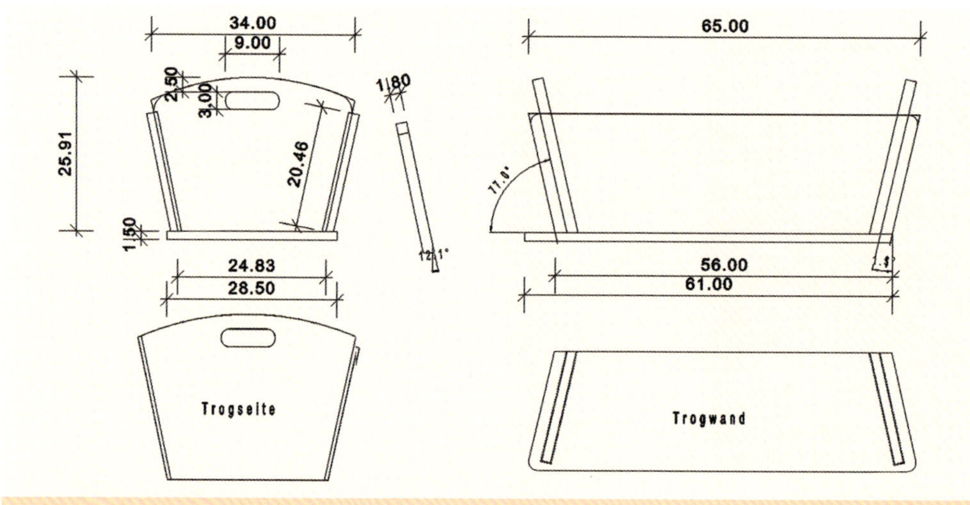

Backtrog für ca. 10 kg Brot, Abmessungen in cm

Anleitung zur fachmännischen Herstellung eines Backtrogs

1)

Pappelholz auf das angegebene Maß zuschneiden.

2)

Mit einer Oberfräse die Gratnut an der Trogwand einfräsen (Vorsicht, oben nicht durchfräsen). Genaues und exaktes arbeiten ist hier ganz wichtig.

3)

Die Seitenteile mit dem Grat versehen und jeweils das Griffloch ausschneiden oder ausfräsen. Der Grat muss etwas konisch gefräst werden und soll im letzten Drittel gut ziehen.

4)

Die Seitenteile gleichzeitig von unten in die Trogwand schieben und zusammenklopfen. Nun den Boden aufschrauben. Der Backtrog hält ohne Leim zusammen.

Einrichten mit Harmonie
Josef Gierzinger
Kirchengasse 27
4923 Lohnsburg
Österreich

Bildnachweis

Bis auf wenige unten angeführte Ausnahmen stammen alle Fotos aus dem umfangreichen Bildarchiv vom Autor.

Museum Tiroler Bauernhöfe 33: Bild 1 – Foto: Bruno Kerschner, Bilder 2 und 3 – Foto: Kurt Conrad, Bild 4 – Foto: Viktor Geramb
Museum Augusta Raurica 44
Szabadtéri Néprajzi Múzeum 34 (3× Bild 1)
Österreichisches Freilichtmuseum 34 (Bild 2)
Salzburger Freilichtmuseum 60, 64 (2×), 65
7 Bodenprofile erstellt von DI Peter Sommer, Landschaftsplanung und Landschaftsarchitektur 78 ff.

Foto: Marco Büttner 68 l.u., 189 (3×), 190 (2×), 191 (2×)
Foto: Jürgen Einramhof 98
Foto: Klaus Engelmayer 6
Foto: Maria Grabitzer 164 r.u., 165 (5×)
Foto: Helga Graef 186 r.u., 187 (5×), 188 (3×)
Foto: Marco Grimm 148 r. (3×), 153 r.u., 154, 155 (3×)
Foto: Fabian Gruber 24
Foto: Martin Gruber 192 (2×)
Foto: Roswitha Huber 48
Foto: Margit Huemer 200 l.u.
Foto: IDM Südtirol/Alto Adige 42 o.
Foto: József Kóbor 170 r.u., 171 (3×), 172 (2×), 173 (5×), 174 (5×), 175 (7×), 176 (6×), 177 (4×), 178 (6×), 179 (4×)
Foto: Wolfgang Leonhardsberger 9
Foto: © Rita Newman 16 (Detail)
Foto: Myriam Urtz 70 r.u.
Foto: Susanne Schenker 43, 44, 45 (2×)
Foto: Philip Surböck 26 o., 68 o., 73 l.o., 228
Foto: Josef Thür 94 l.o.

Zeichnungen: Bernhard Gruber, Clemens Schnaitl (S. 127), Sebastian Thiemann (S. 117), Josef Gierzinger (S. 222, 224, 225, 226)

Literaturverzeichnis

Franz Aigner, Brot aus dem Holzbackofen, Tennengauer Verlagsanstalt Krispl 1993

TECHNOSEUM, Landesmuseum für Technik und Arbeit in Mannheim (Hrsg.), Unser täglich Brot …: die Industrialisierung der Ernährung; Katalog zur Großen Landesausstellung 2011 Baden-Württemberg (Katalogredaktion: Kai Budde, Thomas Herzig, Nadine Ihle u.a.), Mannheim 2011

Michael Becker / Monika Brunner-Gaurek, Führer durch das Salzburger Freilichtmuseum, Eigenverlag Salzburger Freilichtmuseum Großgmain 2011

Kiko Denzer / Hannah Field, Lehm-Backöfen: Selbst gebaut!, 2. Auflage, Leopold Stocker Verlag Graz 2013

Alfred Eisenschink, Kleine Ofenkunde, Resch Verlag Gräfelfing 1997

Alfred Eisenschink, Richtig Holz heizen, Eigenverlag san cal Heiztechnik (www.alfred-eisenschink.de)

Anni Gamerith, Speise und Trank im südoststeirischen Bauernland (Grazer Beiträge zur europäischen Ethnologie; Bd. 1), Akademische Druck- und Verlagsanstalt Graz 1988

Werner Hürbin / Marianne Bavaud / Stefanie Jacomet / Urs Berger, Römisches Brot: Mahlen Backen Rezepte, Herausgeber: Amt für Museen und Archäologie des Kantons Basel-Landschaft, 2. Auflage, Römermuseum Augst 1994

Christian Kuhtz, Öfen ganz aus Lehm gebaut zum Backen, Kochen und für Töpferbrände. Einfache und ursprüngliche Bauweisen für Kuppel- und Gewölbeöfen. Heft 6 der Reihe Einfälle statt Abfälle, Diycase BBB, Packpapier Verlag von Christian Kuhtz, Kiel

Hanns Koren, Franz Lipp und Oskar Moser Hrsg., Österreichische Zeitschrift für Volkskunde, Neue Serie Band XXXIV, Gesamtserie Band 83, Herausgegeben im Selbstverlag vom Verein für Volkskunde in Wien 1980

J. König, Die menschlichen Nahrungs- und Genussmittel, Ihre Herstellung, Zusammensetzung und Beschaffenheit, nebst einem Abriss über die Ernährungslehre, Springer-Verlag Berlin 1904

Peter M. Kammer, Pflanzen einfach bestimmen, Schritt für Schritt einheimische Arten kennenlernen, Haupt Verlag Bern 2016

Eva Maria Lipp / Eva Schiefer, Brot backen einmal anders: Neue Ideen für Brot, Gebäck und Baguettes (av BUCH), CADMOS Verlag Schwarzenbek 2011

Jana Spitzer / Reiner Dittrich, Backöfen in Haus und Garten selbst gebaut, ökobuch Verlag & Versand Staufen 2012

Claudia Lorenz-Ladener Hrsg., Holzbacköfen im Garten: Bauanleitungen für Lehm- und Steinöfen, ökobuch Verlag & Versand Staufen 2008

Karl Mohs, Backofenbau – Die Entwicklung des Bachofens vom Back-Stein zum selbsttätigen Backofen, 4. Reprintauflage der Originalausgabe von 1926, Reprint-Verlag-Leipzig, Holzminden 1999

Hornos im Pueblodorf Taos

Gernot Minke, Handbuch Lehmbau: Baustoffkunde, Techniken, Lehmarchitektur, 8. Aufl., ökobuch Verlag & Versand Staufen, 2012

Toni Miller, Lehmbaufibel: Darstellung der reinen Lehmbauweisen, Reprint 1947, Bauhaus-Universitätsverlag Kromsdorf/Weimar

Viktor Herbert Pöttler, Österreichisches Freilichtmuseum, Selbstverlag des Österr. Freilichtmuseums Stübing bei Graz 1967

Landwirtschaftskammer für OÖ, Abteilung Ernährung und Direktvermarktung Hrsg., (Für den Inh. verantw. Christine Schober und Romana Schneider) Das Brotbackbuch: Wissenswertes rund ums Brotbacken; krachfrische Rezeptideen; Brotrezepte aus den 10 neuen EU-Ländern, Landwirtschaftskammer für OÖ Linz 2004

Myrtle Stedman, Adobe: Remodeling & Fireplaces, Sunstone Press Santa Fe, New Mexico 1986

Jana Spitzer / Reiner Dittrich, Backöfen in Haus und Garten selbst gebaut, 5. Auflage, ökobuch Verlag & Versand Staufen 2016

Carl Josef von Sazenhofen, Gerätefibel – Bauernküche, Staackman München 1979

John Seymour, Vergessene Haushaltstechniken, 4. Auflage, Urania Verlag 2011

Sabján Tibor, Kenyérsütö kemencék, NÉPI KULTÚRA, TERC Budapest 2013

Sabján Tibor, A búbos kemence, NÉPI KULTÚRA, TERC Budapest 2013

VDI Gesellschaft Hrsg., VDI-Wärmeatlas, 10. Aufl., Springer Berlin Heidelberg (Wiesbaden) 2005

A. Zimmermann, Backofenbau: Die Backmaschinen und Backöfen, Neu zusammengestellter Reprint nach der Originalausgabe Wilhelmshaven 1929. Reprint-Verlag-Leipzig (Holzminden) in Primus Verlag Darmstadt 2006

BEISPIELE AUS DER PRAXIS:

AUSFLUGSZIELE:

VERANSTALTUNGEN:

REZEPTE:

Welche Schritte muss ich beim Brotbacken in welcher Reihenfolge durchführen und wie schlägt sich das auf die Standortwahl nieder? Hier im Bild: Brotbackofen von Helga Graef im Vorgarten – im Nahbereich zur Küche.

Stichwortregister

Mundloch
(Szabadtéri Néprajzi Múzeum/Ungarn)